高等职业教育专科、本科计算机类专业新形态一体化教材

移动应用接口开发
（微信公众号及小程序）

李伟林　主　编
李　晶　副主编

電子工業出版社
Publishing House of Electronics Industry
北京 · BEIJING

内容简介

本书针对企业级移动应用的全栈开发需求，先概括介绍了移动应用接口开发的基础知识，然后介绍了 Spring Boot 接口开发的相关知识，之后以微信公众号和微信小程序为例阐述了基于互联网开放接口的前端应用二次开发技术，最后以一个电子商城小程序为例，综合展示了移动应用接口开发从前端到后端、从设计到实现的完整流程，旨在提升读者在知识综合应用方面的能力。

本书精选了乡村振兴、互联网行为规范等课程思政案例，鼓励读者积极承担社会责任，并激发读者勇于探索和创新的热情。

本书可以作为高职高专、应用型本科院校，以及软件开发培训学校小程序开发、公众号开发、移动应用接口开发、Web 全栈开发等相关课程的教材和实训指导书，也可以作为有一定 Web 前端、后端技术基础的网站开发人员和社会在职人员的参考书。

图书在版编目（CIP）数据

移动应用接口开发 ： 微信公众号及小程序 / 李伟林
主编. -- 北京 ： 电子工业出版社，2025. 1. -- ISBN
978-7-121-49253-2

Ⅰ. TN929.53

中国国家版本馆 CIP 数据核字第 2024DG0954 号

责任编辑：李　静
印　　刷：大厂回族自治县聚鑫印刷有限责任公司
装　　订：大厂回族自治县聚鑫印刷有限责任公司
出版发行：电子工业出版社
　　　　　北京市海淀区万寿路 173 信箱　　邮编：100036
开　　本：787×1092　1/16　印张：16.5　字数：383 千字
版　　次：2025 年 1 月第 1 版
印　　次：2025 年 1 月第 1 次印刷
定　　价：52.00 元

凡所购买电子工业出版社图书有缺损问题，请向购买书店调换。若书店售缺，请与本社发行部联系，联系及邮购电话：（010）88254888，88258888。

质量投诉请发邮件至 zlts@phei.com.cn，盗版侵权举报请发邮件至 dbqq@phei.com.cn。

本书咨询联系方式：（010）88254604，lijing@phei.com.cn。

前　言

党的二十大报告指出，推动战略性新兴产业融合集群发展，构建新一代信息技术、人工智能、生物技术、新能源、新材料、高端装备、绿色环保等一批新的增长引擎。

为贯彻落实党的二十大精神，以培养高素质技能人才助推产业和技术发展，建设现代化产业体系，编者依据新一代信息技术领域的岗位需求和院校专业人才目标编写了本书。

在移动互联网技术发展突飞猛进的今天，移动应用已经成为人们生活中不可或缺的组成部分。这些应用提供的丰富功能，无一不依赖于强大而精细的接口开发技术。本书旨在为移动应用接口开发者提供一本通用的移动应用接口开发手册，帮助读者深入理解移动应用接口开发中的接口四要素，并掌握必要的实践技能。

本书内容循序渐进，从移动应用接口开发的基础知识讲起，逐步深入，引导读者学习如何利用 Spring Boot 高效地开发移动应用接口，深入探讨如何进行微信公众号和微信小程序接口开发，并通过一个综合应用案例，将前文介绍的知识应用于实际项目开发中。每章均配备了详尽的代码示例和清晰的操作指导，以确保读者能够迅速掌握知识点并深刻理解。

期望本书能够成为移动应用接口开发者的宝贵参考资源，无论是对初出茅庐的新手还是对已经有一定基础的开发者，都能提供有价值的信息。在编写本书的过程中，编者努力确保内容的精确性和实用性，且注重表达清晰和易于理解。

鉴于接口开发是一个持续演进的领域，本书介绍的技术可能会随着时间的推移而发展。因此，建议读者在学习本书的同时持续关注技术的最新动态，以便及时了解和掌握最新的开发技巧。

本书在编写过程中得到了广东工程职业技术学院的朱珍、徐博龙、吴巧雪等教师，以及广州新华学院的李晶、胡铁君、刘德嘉等教师的大力支持，同时在知识点的编排和案例的选择等方面听取了校企合作单位深圳市一诺软件有限公司的赵昌勇等多位工程师的宝贵意见。没有他们的帮助，本书难以顺利完成。由于编者的学识和经验有限，因此书中可能存在不足之处，在此编者真诚地期待读者的反馈，以便不断改进和更新内容。

说明：根据计算机类教材的阅读习惯，本书中类、库、工具包在正文描述中一般遵循首字母大写形式，但在代码中根据实际情况加以区分，因此会出现大小写不一致的情况，请读者注意。

教材资源服务交流 QQ 群

（QQ 群号：684198104）

如果读者在学习过程中有问题，请联系邮箱（lwl_tech@126.com）。

目　　录

第 1 章 移动应用接口开发概述

【知识目标】

1. 掌握移动应用接口开发中的接口四要素
2. 了解 3 种接口安全认证

【技能目标】

1. 熟悉常见移动应用场景下的接口
2. 掌握接口文档的内容及编写规范

【素质目标】

1. 理解和遵守接口文档的编写规范，养成认真、严谨的科学态度
2. 通过接口各方的密切配合，养成良好的团队精神

1.1 常见移动应用场景下的接口

在互联网发展早期，API（应用程序接口）作为专有协议，往往被用在不同的程序、异构网络或安全区域之间交换数据。Web 2.0 出现后，基于 Web 环境的各种场景的应用大量出现，开始使用 REST（Representational State Transfer）这种社区开发规范构建实际的 API（符合 REST 风格的 Web API 被称为 RESTful API）。步入 Web 3.0 时代后，这类 API 也被广泛用在以物联网（IoT）和人工智能（AI）驱动的设备之间交换数据。目前，常见移动应用场景下的接口如下。

1. 应用系统前后端接口

前后端分离是目前热门的开发方式，大部分互联网应用系统都会采用前后端分离的方式开发。传统的 Java Web 开发过程，无论是 JSP（Java Server Page，Java 服务器页面）还

是 Thymeleaf，都会把服务器编译执行后的结果直接添加到页面标签中，这样的方式把业务逻辑的表达和页面样式的展示混在一起，耦合度太高，开发效率很低，不利于分清开发边界，在一些业务逻辑比较复杂的应用系统开发中会增加沟通成本。而采用前后端分离的方式，后端只要关注业务逻辑的实现，并把数据处理功能的接口调用方式告诉前端即可；前端可以用不同的形态展示，如可以是传统的网页，也可以是 App、小程序、HTML5 实现的移动端页面，甚至单页应用，只需要负责数据展示和用户交互即可。

2．企业内部私有 API

企业内部私有 API 是一种企业内部各业务系统之间的数据交换接口。企业内部私有 API 允许企业内部通过业务流程重组，先将复杂的功能分解为易于处理且可重复利用的微型资源，再通过这些企业内部私有 API 实现内部各个层次级别的高效通信。

3．企业开放 API

为了适应基于物联网的信息交换需求，一些流程自动化程度较高的企业会发布一些开放 API，这使得企业能够创建直接面向消费者的应用，且最大化与外界的通信交流效益。同时，开放 API 允许客户端根据自身业务模型特点扩展各种定制行为，这使得业务流程得以充分解耦，并可以在不增加成本的前提下，提高用户与自动化流程的互操作性，逐步建立由企业主导的行业生态。微信开放平台就是这一类型的典型代表。

1.2　接口四要素

近年来，为将自身产品打造成业界生态，微信、微博、支付宝、百度等大型平台类厂商逐步开放二次开发接口，而基于这种接口进行二次开发的移动应用，也受到广大企事业单位和政府部门的青睐，它们纷纷上线微信公众号、微信小程序、支付宝小程序、线上快捷支付、机器人客服、在线翻译等各种体现自身业务特点的个性化应用，以达到更加便捷的公众宣传、用户交互、业务拓展和移动办公等的目的。正因此，催生了行业市场对移动应用接口开发需求与日俱增。主流的互联网开放平台如图 1-1 所示。

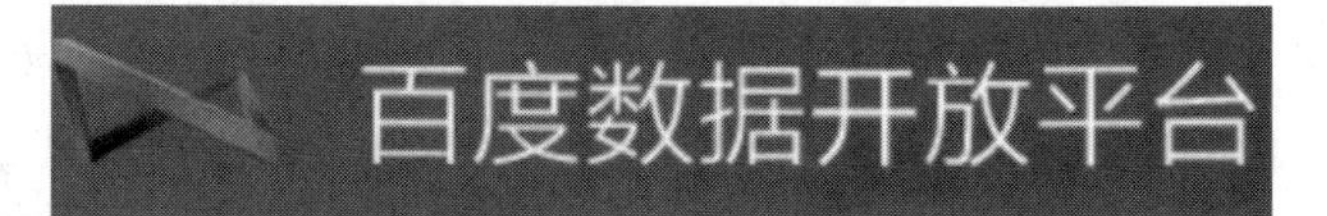

图 1-1　主流的互联网开放平台

从各大开放平台提供的接口文档上看，尽管主流厂商提供的接口功能众多，形式多样，但其原理基本上是相通的。移动应用接口是移动设备应用与其他业务系统应用之间按约定的规则进行数据交互的工具。从接口角色上看，接口两端有主从之分，分别是提供接口服务的服务器（响应端）和请求接口服务的客户端（请求端）。从接口功能上看，接口可以分为查询类接口、操作类接口、上传/下载类接口、消息推送类接口。

查询类接口是指客户端向服务器传递一些参数，服务器根据参数前往数据库查询结果并返回数据的接口。

操作类接口是指客户端进行一些增删改操作的接口。增删改操作如新增、删除、修改客户信息。服务器一般返回执行的状态（成功/失败），有些需要返回执行结果的一些特定信息。

上传/下载类接口是涉及文件传输的接口。例如，在上传头像时，需要上传图片到服务器中，服务器根据需求响应，保存文件并返回结果；又如，在显示头像时，需要读取服务器中的图片文件，在移动端显示。

消息推送类接口是指服务器在某个业务事件触发后主动向客户端发送通知的接口。

移动应用接口开发的主要流程包括数据交互规则的设计、代码的实现、环境的部署，以及接口的维护等。移动应用接口开发中的接口四要素如下。

（1）请求地址，即服务器提供的接口访问地址，包括协议（HTTPS、HTTP 等）、域名、端口和接口路径。在设计时，应尽量避免出现重复或类似的接口，以降低接口维护的复杂度。

（2）请求方法，即访问接口的方法，可选的请求方法通常有 POST、GET 等。在一般情况下，当希望从服务器中获取的数据量较小且安全性要求不高时，推荐直接使用 GET 方法；当向服务器发送的数据量超过 1024 字节，或安全性要求较高时，推荐使用 POST 方法。

（3）请求参数，即发送给接口的数据。可选的数据格式有 JSON（JavaScript Object Notation）、XML（Extensible Markup Language）、TEXT 等，推荐使用 JSON 格式，这是因为 JSON 格式不仅具有较好的跨平台特性、占用字节较少等优点，而且构建和解析成本低、可读性较强。客户端在发起请求接口操作时，应尽量减少传递的参数，如当某些操作在只需要传递参数 id 而不需要传递其他参数时，应该只传递参数 id。除此之外，还应该清楚地约定参数的类型和编码格式，如是否可以为空或有默认值等。

（4）返回结果，即获取接口请求的返回结果，可以使用回调方式，也可以使用 Promise 方式，还可以使用文件字节流方式。一般来说，返回结果应当包括规范的响应代码和必要的提示信息，以统一地标识请求成功或失败的结果。

接口服务的供需双方在确定上述接口四要素时，应遵循易用性和实用性原则，形成正式的接口文档，以提高接口使用效率和稳定性，降低沟通成本。

1.3 接口文档的内容及编写规范

接口文档的内容一般包括目录、文档修订历史、名词解释、系统构建要素、符号定义、接口请求参数、接口响应参数、业务接口描述信息、常见错误码等。

（1）目录：编写目录是为了让 App 开发者快速定位需要的接口信息，使开发者在最短的时间内找到需要的接口，同时提高后期维护和修改效率。

（2）文档修订历史：在记录的日期、文档版本、修改内容、修订人等信息中，每版变更的内容都应该以红色文字标记，以便于阅读。

（3）名词解释：对文档中一些关键词的解释，以便在编写特定业务接口时直接使用，无须再次进行说明。

（4）系统构建要素：操作系统、手机标识、当前客户端版本号、手机系统版本号、手机型号、数字签名、接口版本号。

（5）符号定义：强制域、条件域和选用域的定义。

（6）接口请求参数：数据格式、字段意义说明、编码和数据类型。

（7）接口响应参数：响应码、响应消息和业务数据。

（8）业务接口描述信息：接口名称、接口介绍、请求方法、测试地址、生产地址、备注。

（9）常见错误码：约定系统错误码及错误描述。

接口文档要清晰明了，包括多少个接口，每个接口的地址、请求方法、参数、数据交换格式、返回结果等都要写清楚，对参数推荐采用表格的形式进行规范说明，每版的接口文档都应该有与需求文档对应的版本号。

1.4 接口安全认证

在移动应用接口开发中，安全性是需要重点考虑的因素。在通常情况下，接口提供者需要对接口请求者进行授权管理，以防接口被非法访问。因此，在访问接口之前，需要先验证接口请求者的真实身份，以确保系统安全。目前，接口安全认证主要有基于主机的认证、基于用户名和密码的认证、OAuth（Open Authorization，开放授权）认证 3 种，其中 OAuth 认证最常见。

1．基于主机的认证

基于主机的认证通过验证主机或服务器的合法来源，确保只有经过验证的请求才能访问部署在服务器中的资源接口。这种认证不需要任何密钥，但要求资源服务器有能力识别接口请求者，或鉴别 DNS 欺骗、路由欺骗，以及 IP 欺骗等事件。

2．基于用户名和密码的认证

基于用户名和密码的认证是一种直接的接口安全认证。由于客户端发送带有预构建标头的 HTTP 请求，因此基于用户名和密码的认证使用 HTTP 和进程，请求和验证用户名、密码等凭据。基于用户名和密码认证往往是在浏览器驱动的环境中完成的，身份认证使用的凭据信息默认都是以明文模式在互联网上共享或仅使用 Base64 进行编码的，安全性较低。

3. OAuth 认证

作为一种可定制的开放式接口安全认证，OAuth 认证可以通过验证访问令牌来确认请求者身份和定义授权标准，实现资源接口的交互。

OAuth 认证的 3 个关键要素为 OAuth 认证服务提供者、OAuth 客户端和 OAuth 用户（资源所有者）。

OAuth 客户端先向 OAuth 认证服务提供者请求一个临时登录凭证，然后将临时登录凭证连同 OAuth 用户授权的身份信息向 OAuth 认证服务提供者申请获取一个长效访问令牌，并凭此访问令牌访问授权的接口资源。

在身份认证过程中，通过 OAuth 认证可以很容易地解析到使用不同资源的用户数据，可以根据认证目的，部署到基于 Web 端、移动端及桌面的程序或设备中。目前，大部分的开放平台对用户的认证都使用 OAuth 作为支撑，或以此为基础进行拓展。在后续的章节中将介绍腾讯接口安全认证的相关知识，如如何获取微信用户标识、如何获取小程序用户标识等。

第 2 章

Spring Boot 接口开发

【知识目标】

1. 掌握 Maven 的基础知识
2. 掌握 Spring Boot 中控制器路径匹配规则和带参数控制器
3. 熟悉 Spring Boot 中的请求体和响应体注解
4. 熟悉 Spring Boot 与 DRUID、MyBatis、MyBatis-Plus 集成的工作原理和执行流程

【技能目标】

1. 熟练掌握 Maven 的配置
2. 熟练搭建 Spring Boot，能根据项目需要选择合适的制品
3. 熟练配置 Spring Boot 与常用数据库访问插件的集成
4. 熟练使用集成框架快速实现对数据库的操作

【素质目标】

1. 通过制品的版本管理和集成开发，树立历史、辩证、创新的科学思维
2. 通过国内镜像的配置理解自主创新技术，增强文化自信，提升民族自豪感

“工欲善其事，必先利其器。”要进行接口开发，需要先搭建开发和测试环境。

要开发接口需要解决接口运行所需的 Web 容器问题，且应能方便地对所需工具包的版本进行管理，尽量简化各种复杂的环境和路由配置。因此，要开发接口应首选“开箱即用”的 Spring Boot。Spring Boot 内嵌 Tomcat 或 Jetty 等 Web 容器，可以提供自动配置的 starter 项目对象模型（POMS），以简化 Maven 的配置；可以自动配置容器，创建独立的 Spring 应用，以较好地满足开发接口的上述需求。

为了便于在网络环境中对已开发的接口进行测试，还需要使用一个接口测试工具，即 Postman。在测试接口时，Postman 相当于一个客户端，可以模拟用户发起的各种请求，将请求数据发送至接口，获取对应的响应结果，通过对比响应结果与预期是否匹配，以验证接口的正确性，确保开发者能够及时修复接口中的缺陷，进而保证接口上线之后的稳定性和安全性。

为了将接口调试工作延伸到互联网环境中，在没有公网 IP 地址的情况下，还可以通过第三方的内网穿透工具，如 NATAPP 等，使用临时生成的互联网域名地址作为远程访问本地接口的地址。

本章首先介绍包管理工具 Maven 的使用方法，然后逐步深入，介绍如何使用 Spring Boot 构建能够与后端数据库进行数据交互的接口项目。

2.1 Maven

Maven 是一种目前世界上使用较多的项目构建工具。它只通过简单地配置项目对象模型，就可以自动从互联网上下载项目所需的依赖包（Java Web 中用到的 JAR 包等），而无须手动下载、导入和部署。Maven 项目用到的依赖被称为制品，Maven 项目可以使用互联网上的制品仓库，也可以使用企业局域网内部署的制品仓库或本地仓库。

2.1.1 配置 Maven

扫一扫，看微课

开发者可以在 Apache 官网上下载 Maven 到本地。下载完成并解压缩后，在 MyEclipse 中先点击“Windows”→“Preferences”→“MyEclipse”→“Maven”选项，再分别点击左侧的“Installations”选项和“User Settings”选项，指定 Maven 本地路径和 settings.xml 文件所在路径，如图 2-1、图 2-2 所示。

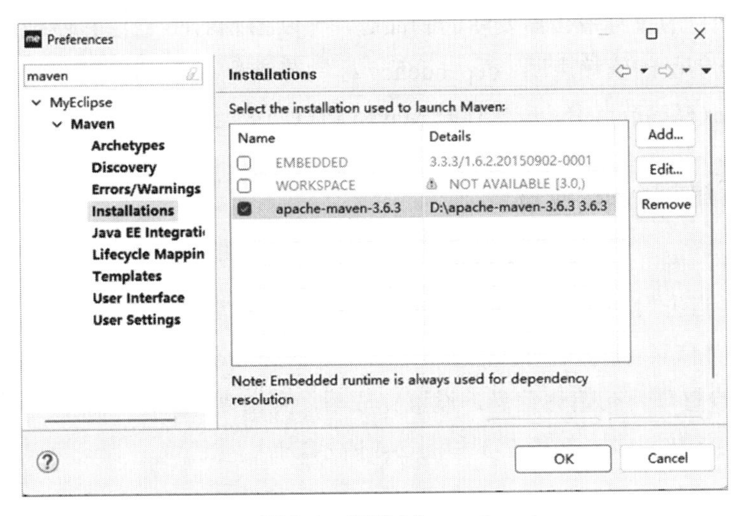

图 2-1　配置 Maven 1

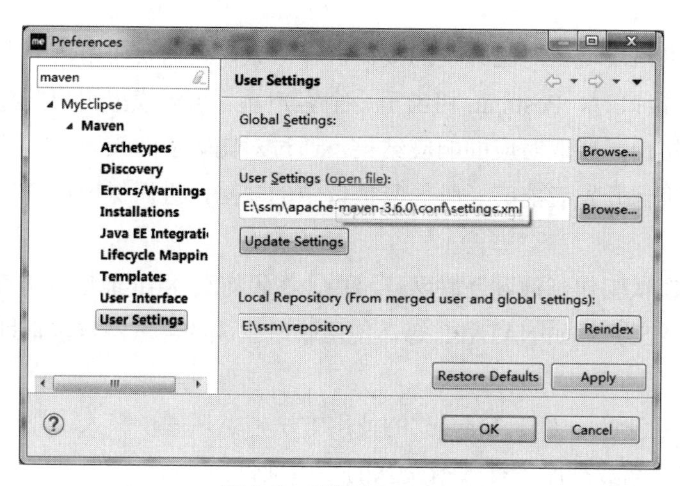

图 2-2　配置 Maven 2

下面在 settings.xml 文件中配置本地仓库的路径和首选的下载源镜像地址。

在 settings.xml 文件的 localRepository 标签节点中配置本地仓库的路径，参考代码如下。

```
<localRepository>D:\ssm\repository</localRepository>
```

如果本地仓库中没有所需的制品，那么 Maven 会自动从互联网上下载所需的制品到本地仓库中。为了加快下载速度，可以在 settings.xml 文件的 mirror 标签节点中配置国内制品仓库的下载源镜像。以配置阿里云镜像为例，只需要在配置文件的 mirrors 标签节点中添加如下 mirror 标签节点即可，参考代码如下。

```
<mirror>
  <id>aliyunmaven</id>
  <mirrorOf>*</mirrorOf>
  <name>阿里云公共仓库</name>
  <url>https://maven.aliyun.com/repository/public</url>
</mirror>
```

后续搭建项目的过程中在需要新的制品时，可以在 Maven 仓库官网或阿里云公共仓库镜像网站中搜索制品的依赖声明（dependency 标签节点），并将其复制到项目的 pom.xml 文件的 dependencies 标签节点中，在保存时 Maven 将自动从上述镜像中下载制品到本地仓库中。

2.1.2　新建 Maven 项目

扫一扫，看微课

打开“New”窗口，先在“Wizards”文本框中输入“maven”，搜索并在下方列表框中点击“Maven Project”选项，再点击“Next”按钮，打开“New Maven Project”窗口，在下方列表框中先点击“maven-archetype-quickstart”选项，再点击“Next”按钮，设置项目初始化信息，设置完成后，点击“Finish”按钮，完成项目的新建，生成项目资源初始化目录，如图 2-3 和图 2-4 所示。

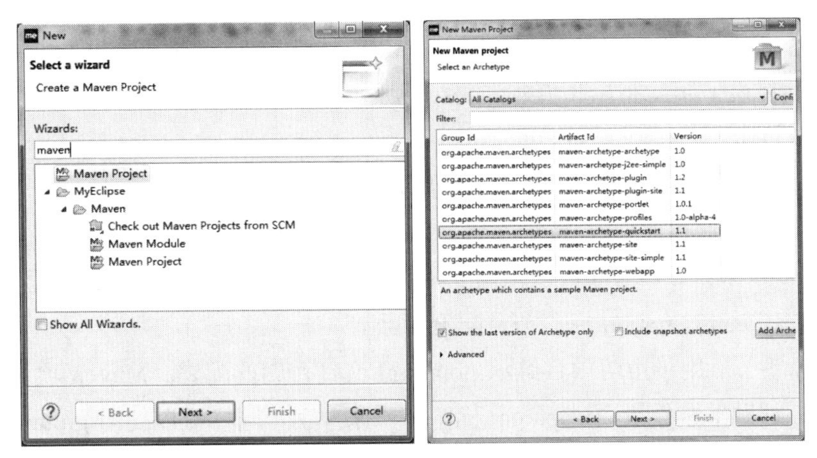

图 2-3　新建 Maven 项目 1

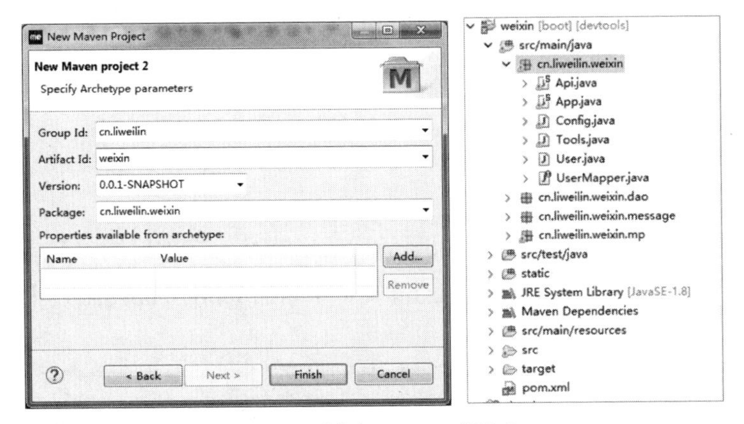

图 2-4　新建 Maven 项目 2

其中，pom.xml 文件是 Maven 项目的配置文件，根据向导自动生成。pom.xml 文件主要包括如下标签节点。

modelVersion：Maven 模块版本。

groupId：整个系统的名称，这里为 cn.liweilin。

artifactId：子模块名称，这里为 weixin。

version：　模块的版本号，这里为 0.0.1-SNAPSHOT。

packaging：项目打包的后缀，其中 war 用于将项目发布为 Web 应用，jar 用于将项目发布为可以在 Java 环境中独立执行的文件。

name 和 url：相当于项目描述（可以删除）。

上述标签节点主要用于描述项目模块的基本信息，其中 groupId+artifactId+version 是项目在仓库中的坐标。

dependencies 标签节点用于声明项目的所有依赖包，即项目需要引入的 JAR 文件。每个依赖都被声明为一个独立的 dependency 标签节点，每个 dependency 标签节点中的 groupId+artifactId+version 都是 JAR 包在仓库中的坐标。默认添加的 JUnit 依赖包中还有一个 scope 标签节点，代表该包的作用范围，默认值为 compile，适用于开发和测试的所有阶段，会随着项目被一起发布。其值若为 test，则指该 JAR 包仅在测试 Maven 项目时使用，发布 Maven 项目时会忽略该 JAR 包。

build 标签节点用于声明新建项目时需要引入的插件。

plugins 标签节点和 dependencies 标签节点一样，plugins 标签节点中可以有多个 plugin 标签节点。plugin 标签节点同样可以使用 groupId+artifactId+version 指定其在仓库中的坐标，此外还可以使用 configuration 标签节点配置参数。

parent 标签节点用于声明项目继承 pom.xml 文件声明的配置。Maven 项目之间允许存在继承关系，这种继续关系通过 parent 标签节点来声明，同样可以使用 groupId+artifactId+version 指定的其在仓库中的坐标。

此外，pom.xml 文件中还可以有一些细节的配置，如 reporting 标签节点用于设置包冲突的告警信息，resource 标签节点用于指定新建项目时需要用到的资源等。

2.1.3 引入 Spring Boot

1. 引入 Spring Boot 和 Web 制品

扫一扫，看微课

根据项目需要，下面引入 Spring Boot 和 Web 制品，使项目同时具备 Spring Boot 和 Web 的功能特性。在 pom.xml 文件中增加 spring-boot-starter 和 Web 的依赖包，参考代码如下。

```
<parent>
       <groupId>org.springframework.boot</groupId>
       <artifactId>spring-boot-starter-parent</artifactId>
       <version>2.2.3.RELEASE</version>
</parent>
<dependencies>
   <dependency>
       <groupId>org.springframework.boot</groupId>
       <artifactId>spring-boot-starter-web</artifactId>
   </dependency>
</dependencies>
```

也可以参阅 Spring 官网，从 Spring 官网上找到 Spring Boot 手册，直接复制 pom.xml 文件的声明代码，如图 2-5 所示。

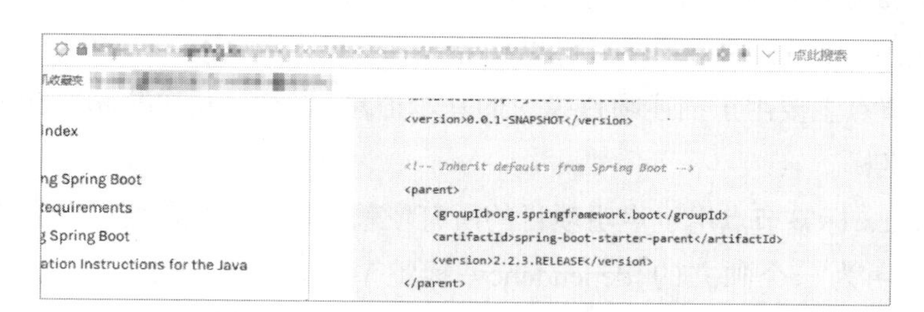

图 2-5 Spring 官网提供的 pom.xml 文件的声明代码

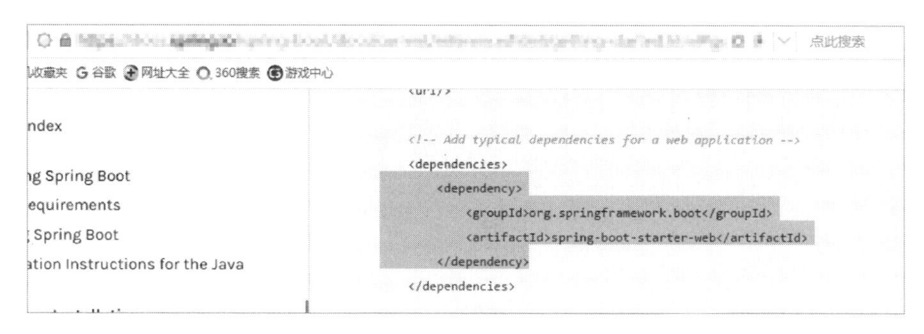

图 2-5　Spring 官网提供的 pom.xml 文件的声明代码（续）

在本地 pom.xml 文件中保存时，系统会自动下载相应的 JAR 包，如图 2-6 所示。

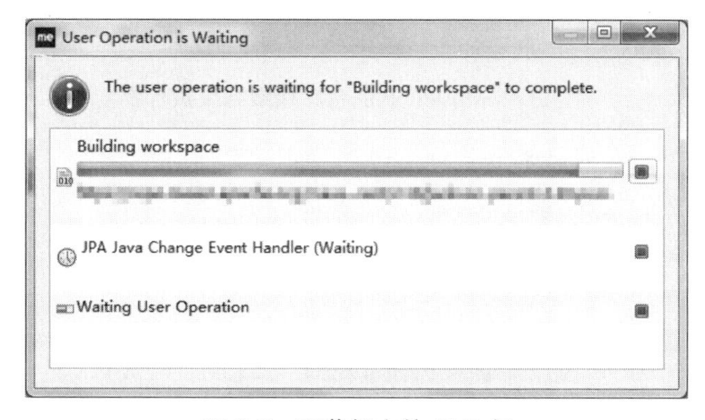

图 2-6　下载相应的 JAR 包

下载完成后，项目的 Maven Dependencies 目录下就有了刚刚下载的 JAR 包，也就是说，这是一个获得 Spring Boot 和 Web 的功能特性支持的项目了。

2．引入其他制品

完成了项目框架的构建以后，如果后续还需要继续增加其他 JAR 包的支持，那么只需要将所需制品的 dependency 标签节点添加到 pom.xml 文件的 dependencies 标签节点中即可，制品对应的 JAR 包将在 pom.xml 文件保存后自动下载。

例如，要给项目的实体类扩展 setters 方法和 getters 方法，以往的做法是在同一个 Java 类中生成这些方法，这使得 Java 类中出现大量样板代码。而要解决这个问题，只需要引入一个 Lombok 制品，使用这个制品的一个@Data 注解就可以产生干净、简洁且易于维护的 Java 类。可以在 Maven 制品仓库中检索 Lombok 制品，选择合适的版本号后获取 pom.xml 文件的声明代码。Maven 制品仓库检索结果页示例如图 2-7 所示。

将图 2-7 中的代码复制到项目的 pom.xml 文件的 dependencies 标签节点中，保存后自动下载 JAR 文件到 Maven Dependencies 目录下。这个组件在 MyEclipse 中生效需要进行简单的安装，步骤如下。

右击 Maven Dependencies 目录下的“lombok-1.18.24.jar”文件，在弹出的快捷菜单中点击“Run As”→“2 Java Application”命令，如图 2-8 所示。

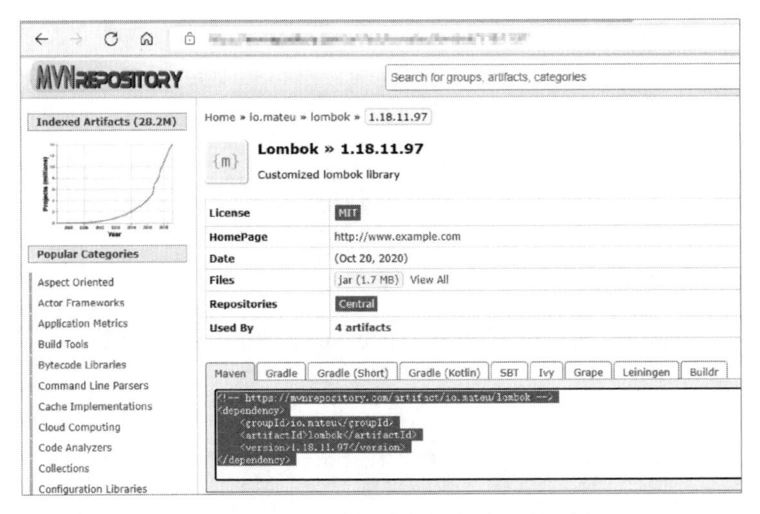

图 2-7　Maven 制品仓库检索结果页示例

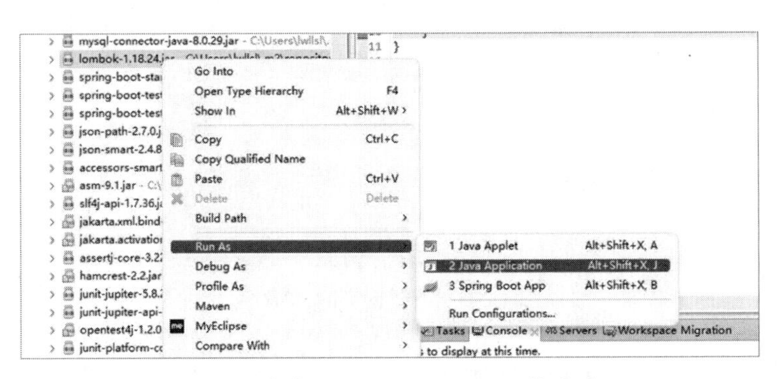

图 2-8　点击“2 Java Application”命令

在打开的如图 2-9 所示的“Project Lombok v1.18.24-Installer”窗口中，点击“Specify location”按钮，选择 MyEclipse 所在的安装目录，点击“Install/Update”按钮，即可完成安装。重启 MyEclipse 后，即可使用 Lombok 制品。

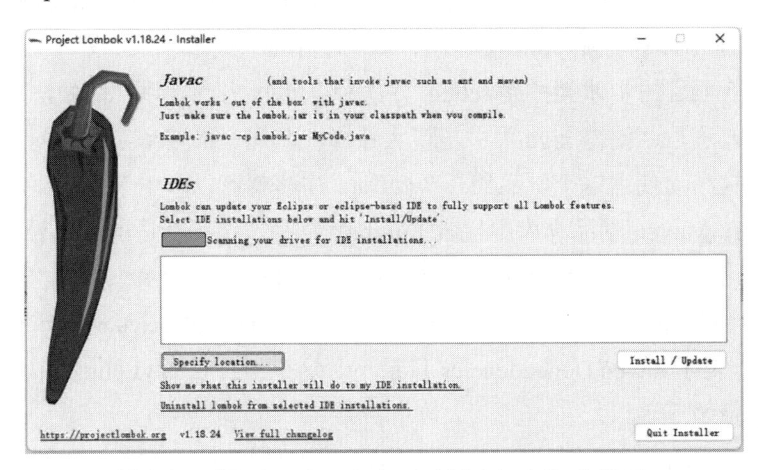

图 2-9　“Project Lombok v1.18.24-Installer”窗口

例如，下面的示例中要用到的 User.java，可进行如下定义。

```
//User模型类
@Data
public class User {
private String username;
private String password;
public User check(){
    //省略鉴权逻辑
    return this;
}
```

User.java 文件中如果没有@Data 注解，那么需要手动生成 setters 方法和 getters 方法。

2.2 Spring Boot 的基础知识

Spring Boot 的优势之一是不需要进行复杂的 XML 文件配置，只需要使用注解自动完成所需的配置即可。

例如，使用@EnableAutoConfiguration 注解，先将项目的 App.java 文件当成一个可以进行 Spring Boot 自动化配置的 Bean，然后在 main 函数中加入一条启动代码启动 Spring Boot，同时会启动内嵌的 Tomcat，参考代码如下。

```
package cn.liweilin.weixin;
import org.springframework.boot.SpringApplication;
import org.springframework.boot.autoconfigure.EnableAutoConfiguration;
@EnableAutoConfiguration
public class App
{
   public static void main( String[] args )
   {
       System.out.println( "Hello World!" );
       SpringApplication.run(App.class,args);
   }
}
```

运行 main 函数后，控制台的输出结果如图 2-10 所示。

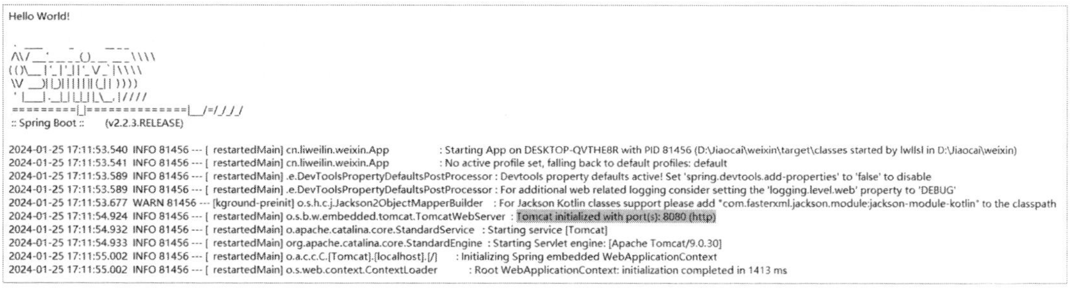

```
Hello World!

  .   ____          _            __ _ _
 /\\ / ___'_ __ _ _(_)_ __  __ _ \ \ \ \
( ( )\___ | '_ | '_| | '_ \/ _` | \ \ \ \
 \\/  ___)| |_)| | | | | || (_| |  ) ) ) )
  '  |____| .__|_| |_|_| |_\__, | / / / /
 =========|_|==============|___/=/_/_/_/
 :: Spring Boot ::        (v2.2.3.RELEASE)

2024-01-25 17:11:53.540  INFO 81456 --- [  restartedMain] cn.liweilin.weixin.App                   : Starting App on DESKTOP-QVTHE8R with PID 81456 (D:\Jiaocai\weixin\target\classes started by lwllsl in D:\Jiaocai\weixin)
2024-01-25 17:11:53.541  INFO 81456 --- [  restartedMain] cn.liweilin.weixin.App                   : No active profile set, falling back to default profiles: default
2024-01-25 17:11:53.589  INFO 81456 --- [  restartedMain] .e.DevToolsPropertyDefaultsPostProcessor : Devtools property defaults active! Set 'spring.devtools.add-properties' to 'false' to disable
2024-01-25 17:11:53.589  INFO 81456 --- [  restartedMain] .e.DevToolsPropertyDefaultsPostProcessor : For additional web related logging consider setting the 'logging.level.web' property to 'DEBUG'
2024-01-25 17:11:53.677  WARN 81456 --- [kground-preinit] o.s.h.c.j.Jackson2ObjectMapperBuilder    : For Jackson Kotlin classes support please add "com.fasterxml.jackson.module:jackson-module-kotlin" to the classpath
2024-01-25 17:11:54.924  INFO 81456 --- [  restartedMain] o.s.b.w.embedded.tomcat.TomcatWebServer  : Tomcat initialized with port(s): 8080 (http)
2024-01-25 17:11:54.932  INFO 81456 --- [  restartedMain] o.apache.catalina.core.StandardService   : Starting service [Tomcat]
2024-01-25 17:11:54.933  INFO 81456 --- [  restartedMain] org.apache.catalina.core.StandardEngine  : Starting Servlet engine: [Apache Tomcat/9.0.30]
2024-01-25 17:11:55.002  INFO 81456 --- [  restartedMain] o.a.c.c.C.[Tomcat].[localhost].[/]       : Initializing Spring embedded WebApplicationContext
2024-01-25 17:11:55.002  INFO 81456 --- [  restartedMain] o.s.web.context.ContextLoader            : Root WebApplicationContext: initialization completed in 1413 ms
```

图 2-10　控制台的输出结果

可见，项目启动了 Tomcat，默认端口是 8080，在浏览器的地址栏中输入本地访问地址，按 Enter 键，访问结果如图 2-11 所示。

图 2-11　访问结果

可以发现，Spring Boot 在不需要修改任何 XML 文件配置的情况下启动了 Tomcat。

下面继续使用@RestController 注解和@RequestMapping 注解，实现一个 Spring Boot 的控制器，其功能相当于传统 Java Web 中的 Servlet。

首先，在类前加上@RestController 注解，表示这是一个控制器，且将函数的返回结果直接填入 HTTP 响应体中。

其次，在类中的函数前加上@RequestMapping 注解，表示提供路由信息，告诉 Spring Boot 将指定的 URL（Uniform Resource Locator，统一资源定位符）请求定向到该函数上。这里将采用“/”作为访问路径，即根路径，参考代码如下。

```
//App.java文件
import org.springframework.boot.SpringApplication;
import org.springframework.boot.autoconfigure.EnableAutoConfiguration;
import org.springframework.web.bind.annotation.RequestMapping;
import org.springframework.web.bind.annotation.RestController;
@EnableAutoConfiguration
@Spring BootApplication
@RestController
public class App
{   @RequestMapping("/")
    public String index(){
    return "Hello World!";
    }
   public static void main( String[] args )
   {
      System.out.println( "Hello World!" );
      SpringApplication.run(App.class,args);
   }
}
```

重新运行项目后，刷新浏览器，显示结果如图 2-12 所示。

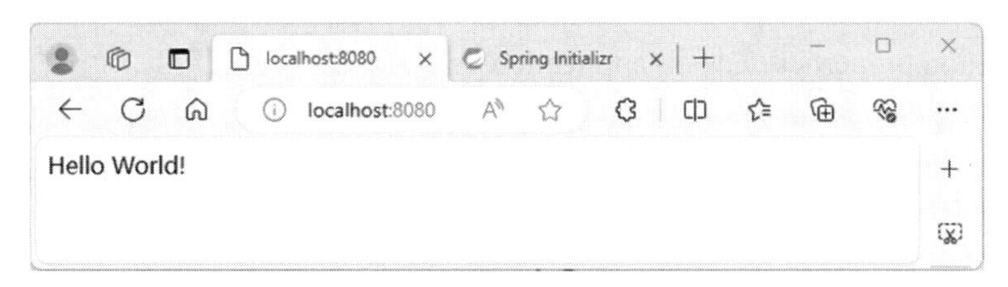

图 2-12　显示结果

2.2.1　Spring Boot 的配置

扫一扫，看微课

启动 Spring Boot 时会在项目的 src/main/resources 目录下扫描配置文件（项目默认的配置文件名为 application.properties），并根据配置文件的键值对加载一些配置。例如，如果需要修改 Spring Boot 默认的 Web 端口（8080），那么可以在 src/main/resources 目录下新建一个 application.properties 文件，内容为 server.port=80。重新启动项目后，Tomcat 将在端口 80 上运行。修改 Web 端口后重新启动项目时控制台的输出结果如图 2-13 所示。

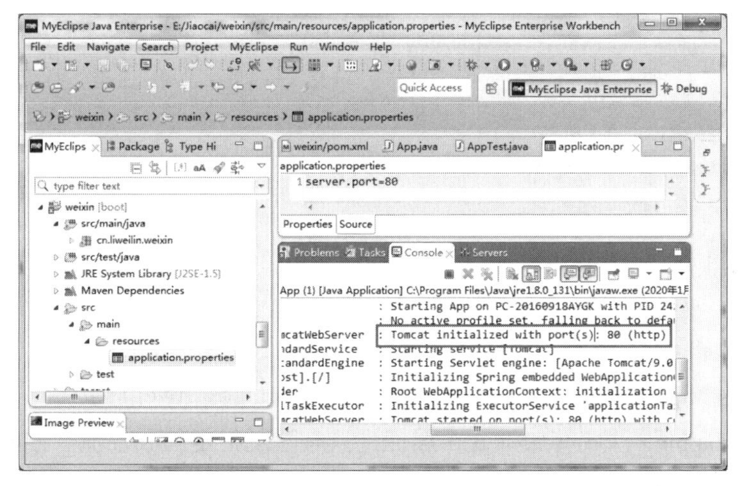

图 2-13　修改 Web 端口后重新启动项目时控制台的输出结果

若采用上述配置，则浏览器在访问项目时 URL 可以省略端口号，这是因为 HTTP 的默认端口就是 80。

不过，Spring Boot 推荐使用更具层次感的 application.yml 文件代替 application.properties 文件。因此，后续将使用 application.yml 文件作为配置文件。例如，上述对默认端口的修改写法为：

```
server:
  port: 80
```

YML 文件使用缩进表示层级结构，在缩进时不允许使用 Tab 键，只允许使用空格键，缩进的空格的数量不重要，只要相同层级的元素左侧对齐即可。YML 文件的格式是大小写敏感的，且冒号后面一定要加一个空格。

当 application.properties 文件和 application.yml 文件同时存在时，前者的优先级是高于后者的，也就是说，在二者对相同的配置项进行配置时，后者是无效的。

后续将在 application.yml 文件中加入更多配置，如数据库连接的配置、Spring 的初始化配置等。

2.2.2 控制器路径匹配规则

扫一扫，看微课

@RequestMapping 注解的完整的格式可以写成：

```
@RequestMapping(value="/",method=RequestMethod.GET)
```

上述代码表示控制器将处理所有以 GET 方法对“/”进行访问的请求。

@RequestMapping 注解是一个用来处理请求地址映射的注解，可用于方法（函数）中，也可以用于类中。当用于类中时，表示类中所有响应的请求的控制器方法都是以该地址作为父路径的。例如，若将上述 App.java 文件中的代码改为：

```
@EnableAutoConfiguration
@RestController
@RequestMapping("liweilin")
public class App
{
@RequestMapping(value="abc")
public String abc(){     return "Hello World!"; }
@RequestMapping(value="123")
public String abc2(){   return "Hello World!"; }
//…
}
```

则 abc 函数和 abc2 函数的访问路径分别为根路径后加 liweilin/abc 与 liweilin/123，如本地访问路径为 http://localhost/liweilin/abc 与 http://localhost/liweilin/123。

@RequestMapping 注解有如下 6 个属性，只有匹配指定的属性值，才执行对应的控制器方法。

params：指定 request（请求对象）中必须包含指定的参数值（组）。

headers：指定 request 中必须包含指定的 header 值（组）。

value：指定请求的 URI 地址（组），指定的可以是 URI（Uniform Resource Indentifier，统一资源标识符）Template 模式的，支持“*”。

method：指定请求的类型，常使用 RequestMethod.GET 这样的静态常量值。除可以使用 RequestMethod.GET 外，还可以使用 RequestMethod.POST、RequestMethod.PUT、RequestMethod.DELETE 等请求类型。

consumes：指定提交请求的内容类型（Content-Type），如 application/json、text/html、multipart/form-data、application/x-www-form-urlencoded 等，或使用其对应的静态常量值，如 MediaType.APPLICATION_JSON_VALUE、MediaType.TEXT_HTML_VALUE、MediaType.

MULTIPART_FORM_DATA_VALUE、MediaType.APPLICATION_FORM_URLENCODED_VALUE。

produces：指定返回的内容类型，只有 request 请求头的类型中包含该指定类型才返回，也可以在此参数中指定返回的编码类型。

有一个常用的技巧，即当需要将多个不同的 URI 映射到同一个方法中时，可以使用 value 的 URI 数组和通配符。例如：

```
@RequestMapping(value = { "",  "/user", "user*", "user/*"})
String userController() {
    return "Return from user.";
}
```

此时，浏览器访问多个不同的 URI 被映射到同一个方法中，如图 2-14 所示。

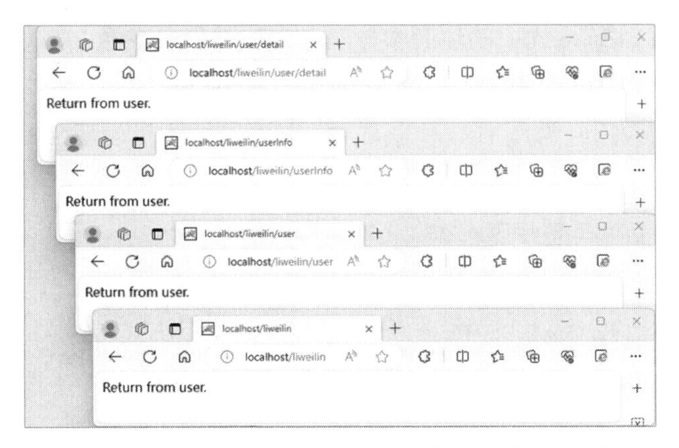

图 2-14　浏览器访问多个不同的 URI 被映射到同一个方法中

2.2.3　带参数控制器

扫一扫，看微课

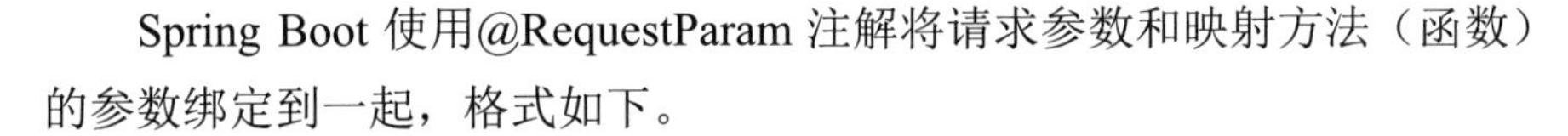

Spring Boot 使用@RequestParam 注解将请求参数和映射方法（函数）的参数绑定到一起，格式如下。

```
函数名（
@RequestParam(value="注解参数名1", defaultValue="默认值1") 类型 函数参数名1,
@RequestParam(value="注解参数名2", defaultValue="默认值2") 类型 函数参数名2,
…
) {
//方法体
}
```

在上述格式中，注解参数名 1 与函数参数名 1、注解参数名 2 与函数参数名 2 进行了绑定，执行时自动从请求体中把注解参数指定的值赋给相应的函数参数。例如：

```
@RequestMapping(value="/addUser")
String addUser(
@RequestParam(value="id",defaultValue="0") Integer id,
@RequestParam(value="name", defaultValue="unnamed") String name){
```

```
    return "id:"+id+",name:"+name;
}
```

在浏览器中输入带参数的URI为http://*********/liweilin/addUser?id=1&name=liweilin时，输出结果为id:1,name:liweilin。

当URI不带参数，即为http://*********/liweilin/addUser时，输出结果为id:0,name: unnamed。

当函数需要一个参数，但是在请求体中没有提供且没有默认值时，如上述删除的defaultValue属性，将返回400。如果这个参数非必要，那么可以在@RequestParam注解的参数声明中加入required=false，参考代码如下。

```
@RequestParam(value="id",required=false) Integer id
```

此时，如果请求参数中不包括参数id，那么其值为null，但不会报错。

@RequestParam注解格式中的注解参数名与对应的函数参数名可以相同（此时可以省略参数value），也可以不同（此时一定要指定参数value）。

RESTful架构的应用经常从URI中获取参数值，这时可以使用@PathVariable注解，格式如下。

```
@RequestMapping(value="URI/{URI参数1}/{URI参数2}")
函数名(
@PathVariable(value="注解参数名1") 类型 函数参数名1,
@PathVariable(value="注解参数名2") 类型 函数参数名2,
…
){
//方法体
}
```

使用上述注解，执行时将从URI对应的位置上获取字符串，将其作为同名注解参数值，赋给对应的函数参数。例如：

```
@RequestMapping(value="/{operate}/{id}")
String delUser(
@PathVariable(value="operate")String operate,
@PathVariable(value="id")String id){
        return "operation:"+operate+",ID:"+id;
 }
```

在浏览器中输入带参数的URL为http://*********/liweilin/update/2时，浏览器的输出结果为operation:update,id:2。

同样地，@PathVariable注解格式中的注解参数名与对应的函数参数名可以相同，也可以不同，当不同时不可以省略参数value。

@PathVariable注解搭配@RequestMapping注解支持从一个URI中获取多个值，即支持在一个URI中存在多个“{参数名}”格式的参数名，甚至使用“{参数名:正则表达式}”匹配对应的请求，或忽略不符合请求格式的URL，返回404。例如，上述示例中的参数id，如果仅支持数字，那么可以改为：

```
@RequestMapping(value="/{operate}/{id:[0-9]+}")
```

其中，“{id:[0-9]+}”表示这个参数只能由 0～9 的数字组成，如果使用其他字符，那么会返回 404。

2.2.4　请求体和响应体注解

扫一扫，看微课

在移动应用接口开发中，接口两端（请求端和响应端）交换数据的主要格式是 JSON，与传统的 XML 格式相比，JSON 格式同样具有跨平台特性，且更易于封装和解析。在处理请求时经常需要将 JSON 格式的请求参数封装成 JavaBean，以便按照面向对象的思想处理业务逻辑，而在处理响应时又经常需要将 JavaBean 的返回结果构建为 JSON 对象，以便请求方（移动端浏览器、小程序等）解析。

Spring Boot 中有请求体的@RequestBody 注解和响应体的@ResponseBody 注解，用来实现上述功能。请求体的注解和响应体的注解的执行流程如图 2-15 所示。

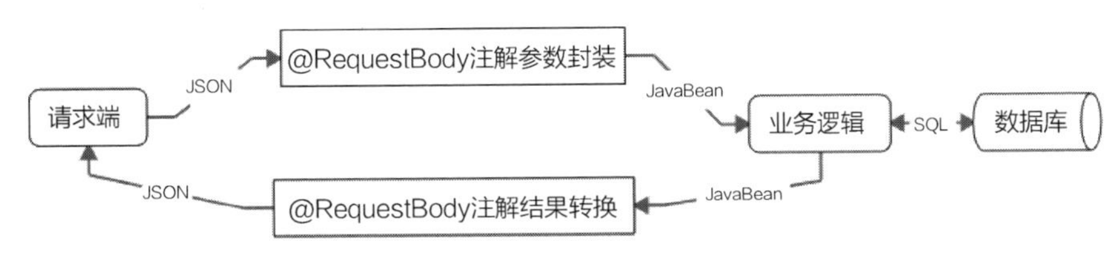

图 2-15　请求体的注解和响应体的注解的执行流程

例如，在 Spring Boot 中构建如下代码：

```
@RequestMapping(value="login",method=RequestMethod.POST)
  @ResponseBody
  User login(@RequestBody User user){
   return user.check();
  }
```

后端运行上述代码后，前端可以构建请求代码实现交互。以 jQuery 的 Ajax 方法为例，实现浏览器请求过程的参考代码如下。

```
 <script src="https://cdn.staticfile.org/jquery/1.10.2/jquery.min.js"></script>
 <script>
$(function(){
 $.ajax({
 url:'http://localhost/liweilin/login',
 data:JSON.stringify({'username':'Liweilin','password':'123456'}),
 type:'post',
 headers:{'Content-Type':'application/json'},
 success:function(r){
 console.log(r);
 },
 fail:function(e){
 console.log(e)
```

```
        }
      });
    }
  });
  </script>
```

控制台的输出结果如图 2-16 所示。

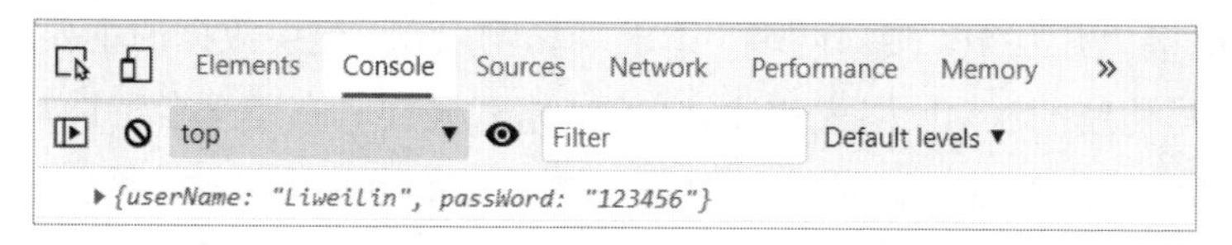

图 2-16　控制台的输出结果

当然，也可以在 Postman 中测试接口，无须额外编写测试代码，如图 2-17 所示。

图 2-17　在 Postman 中测试接口

2.3　Spring Boot 与 DRUID 的集成

扫一扫，看微课

传统的 JDBC（Java 数据库互连）编程，往往包括建立连接、创建语句、执行语句并处理返回结果等步骤。为了避免这些烦琐的操作，同时方便对数据库连接对象的管理，开源社区提供了很多 JDBC 连接池组件和操作数据库的持久层框架。

DRUID 是 JDBC 连接池组件，可用于在高并发场景下快速查询数据。下面简单介绍 DRUID 的使用步骤。

首先，在 pom.xml 文件中引入 DRUID 的依赖及 MySQL 驱动程序的依赖，参考代码如下。

```
<dependency>
    <groupId>com.alibaba</groupId>
    <artifactId>druid</artifactId>
    <version>1.2.10</version>
</dependency>
```

```
<dependency>
    <groupId>mysql</groupId>
    <artifactId>mysql-connector-java</artifactId>
    <scope> 5.1.49</scope>
</dependency>
```

其次，在 application.yml 文件中添加数据库连接信息，参考代码如下。

```
server:
  port: 80
spring:
  datasource:
    driver-class-name: com.mysql.cj.jdbc.Driver
    url: jdbc:mysql://localhost:3306/db2020 ?serverTimezone=Asia/Shanghai
    username: root2
    password: 123456
```

上述配置表示已经在本地安装了 MySQL 驱动程序，并新建了名为 db2020 的数据库，其访问用户名为 root2、密码为 123456。db2020 数据库中有包含 username 字段和 password 字段的用户表（users）。

再次，新建配置类文件，让 DRUID 从该文件中获取数据库连接信息并自动在容器中装配数据源对象，参考代码如下。

```
@Configuration
public class MyConfig {
    @Bean
    @ConfigurationProperties(prefix="spring.datasource")
    public DataSource druid(){
        return new DruidDataSource();
    }
}
```

上述代码使用了 3 个注解，其中@Configuration 注解声明了这是一个配置类文件，@Bean 注解声明了数据源（DataSource）对象将成为容器中的一个实例化对象，@ConfigurationProperties 注解声明了实现数据源对象的配置参数将在 application.yml 文件的以 spring.datasource 为前缀的属性中找到，并被装配到该数据源对象中。

最后，使用@Autowired 注解自动注入数据源对象，来获取数据库连接对象并执行其他 JDBC 任务，示例的参考代码如下。

```
@RestController
public class MyController {
    @Autowired
    DataSource dataSource;
    @GetMapping("/getUsers")
    public ArrayList<User> index(){
        ArrayList<User> list=new ArrayList<User>();
        try {
            Connection con=dataSource.getConnection();
```

```
            ResultSet rs=con.createStatement().executeQuery("select * from users");
            while(rs.next()){
                User user=new User();
                user.setUsername(rs.getString("username"));
                user.setPassword(rs.getString("password"));
                list.add(user);
            }
            rs.close();
        } catch (SQLException e) {
            e.printStackTrace();
        }
        return list;
    }
}
```

保存代码并重新运行程序后，访问 http://*********/getUsers 将获取 db2020 数据库的用户表中由所有用户的 username 字段和 password 字段组成的 JSON 数组，结果如图 2-18 所示。

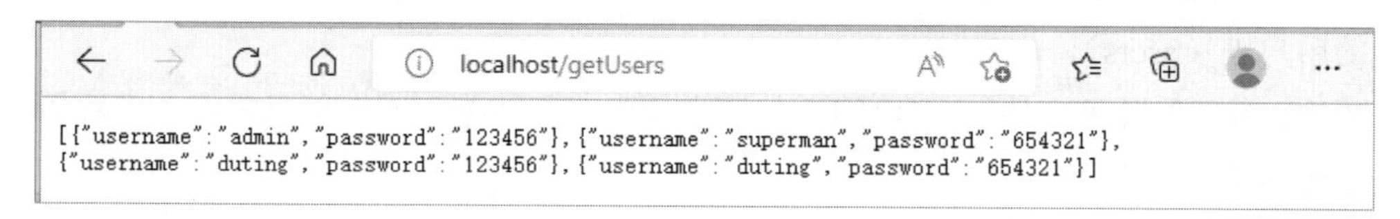

图 2-18　获取由所有用户的 username 字段和 password 字段组成的 JSON 数组的结果

2.4　Spring Boot 与 MyBatis 的集成

扫一扫，看微课

在上述示例的参考代码使用中，DRUID 解决了 JDBC 连接的问题，但是在获取连接后仍然需要通过手动编写烦琐的代码来执行后续查询操作。下面介绍一种简化这种操作的框架——MyBatis。

MyBatis 是一种支持定制化 SQL、存储过程及高级映射的持久层框架。使用 MyBatis 可以省去几乎所有 JDBC 代码和参数的手工配置，以及最后对结果集的检索与封装。MyBatis 可以使用注解或简单的 XML 格式，用于配置映射关系，即将接口和 Java 的 POJO（Java 对象）映射成数据库中的记录。使用 MyBatis 可以简化烦琐的 JDBC 操作。

访问 Maven 仓库官网，搜索 mybatis-spring-boot-starter，找到需要的版本号及其在 pom.xml 文件中的引入代码，参考代码如下。

```
<dependency>
   <groupId>org.mybatis.spring.boot</groupId>
   <artifactId>mybatis-spring-boot-starter</artifactId>
   <version>2.2.2</version>
</dependency>
```

将上述代码复制到 pom.xml 文件的 dependencies 标签节点中，保存文件后将自动下载 mybatis-spring-boot-starter 的依赖。

下面继续以上述用户表为例介绍 MyBatis 的使用方法。

在启动类文件所在的同一个包下创建一个映射接口文件，参考代码如下。

```
@Mapper
public interface UserMapper {
@Select("select username,password from users")
ArrayList<User> getAllUsers();

@Select("select username,password from users where username=#{un}")
User getUser(String un);

@Insert("insert into users(username,password) values(#{un},#{pwd})")
void addUser(@Param("un")String un,@Param("pwd")String pwd);

@Update("update users set password=#{pwd} where username=#{un}")
void updatePassword(@Param("un")String un,@Param("pwd")String pwd);

@Delete("delete from users where username=#{un}")
void deleteUser(String un);
}
```

上述代码使用了 MyBatis 的@Mapper 注解，对接口与数据库表建立了映射关系，并在接口文件中的接口函数前加上了对应的@Select 注解、@Insert 注解、@Update 注解、@Delete 注解，执行了相应的查询、插入、更新和删除操作。在注解中，可以通过“#{参数}”的方式获取接口函数的参数，令其参与到 SQL 语句中，实现对数据库的动态操作。在接口函数中，如果参数超过一个，那么需要使用@Param 注解，如上述的 addUser 函数和 updatePassword 函数的参数均超过了一个。

有了这个接口文件，只需要使用@Autowired 注解自动注入接口生成一个对象实例，调用实例相应的接口方法，即可自动完成对数据库的操作。例如：

```
    @Autowired
    UserMapper userMapper;
    @GetMapping("/getUsers2")
    public ArrayList<User> getUsers2(){
        return userMapper.getAllUsers();
    }
    @GetMapping("/delUser")
    public String delUser(@RequestParam(value="un")String un){
        userMapper.deleteUser(un);
        return "删除用户成功！";
    }
    @GetMapping("/addUser")
public String addUser(@RequestParam("un")String un,@RequestParam("pwd")String pwd){
        userMapper.addUser(un, pwd);
        return "添加用户成功";
    }
```

上述代码在第一行出现了@Autowired注解，这样系统在运行时将自动注入一个实现了UserMapper接口的名为userMapper的对象，并在相应的控制函数中调用其方法完成相应的操作。访问结果如图2-19所示。

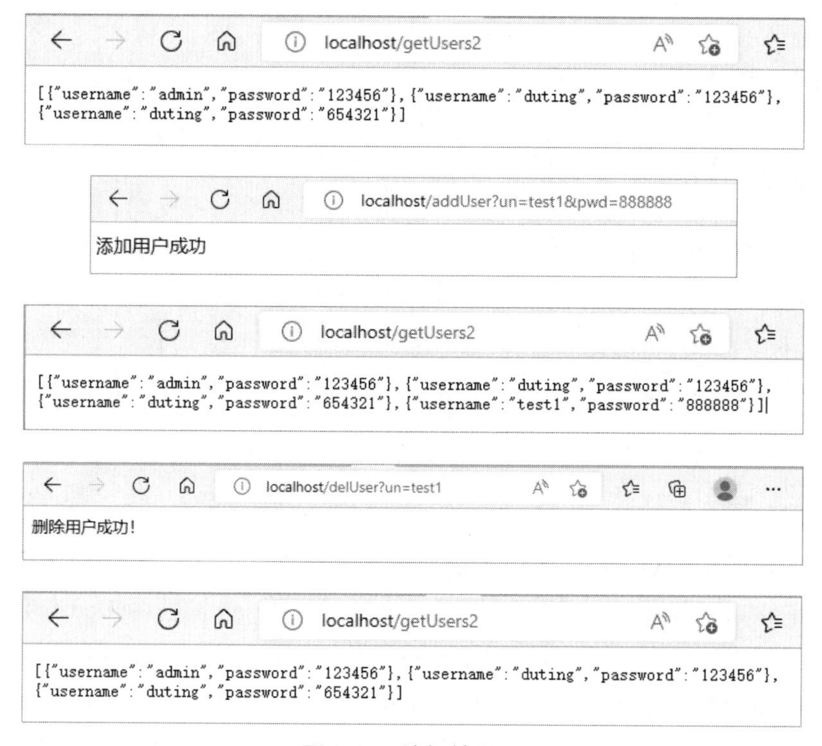

图2-19　访问结果1

当然，在查询时也可以使用一些统计功能，返回HashMap类型的键值对。例如，在UserMapper.java文件中增加如下接口函数。

```
@Select("select count(*) as cnt from users")
HashMap<String,Long> getUserCount();
```

在控制器类中增加供客户端调用的getUserCount方法，在该方法体内直接返回调用上述接口函数的结果，参考代码如下。

```
@GetMapping("/getUserCount")
public HashMap<String,Long> getUserCount(){
    return userMapper.getUserCount();
}
```

访问结果如图2-20所示。

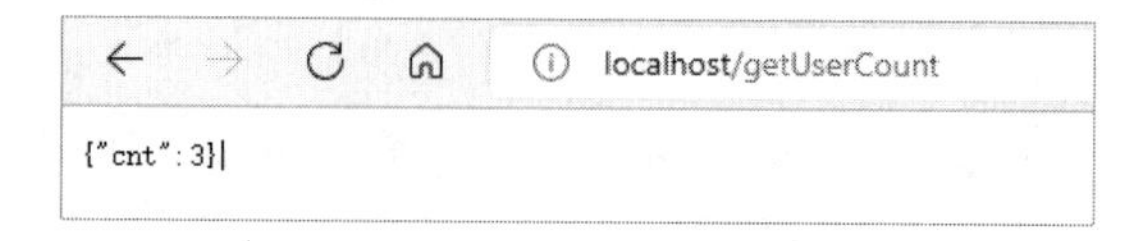

图2-20　访问结果2

针对 MyBatis 对 JDBC 的操作，除可以在接口文件中直接使用@Select 注解、@Insert 注解、@Update 注解、@Delete 注解指定操作数据库的 SQL 语句外，还可以在 application.yml 文件中指定专门的*Mapper.xml 文件，以解耦接口文件与 SQL 语句。在 UserMapper.java 文件中增加一个根据参数 id 的值查找用户表的接口函数，但不使用@Select 注解，参考代码如下。

```
User Sel(Integer id);
```

在 application.yml 文件中进行如下配置，指定 MyBatis 要扫描的映射文件的位置，参考代码如下。

```
mybatis:
  mapper-locations:
    - classpath:mappers/*.xml
```

在 src/main/resources 目录下新建 mappers 目录，并在 mappers 目录下新建 UserMapper.xml 文件，参考代码如下。

```
<?xml version="1.0" encoding="UTF-8"?>
<!DOCTYPE mapper PUBLIC "-//mybatis.org//DTD Mapper 3.0//EN" "http://mybatis.org/
dtd/mybatis-3-mapper.dtd">
<mapper namespace="cn.liweilin.weixin.UserMapper">
    <select id="Sel" resultType="cn.liweilin.weixin.User">
        select * from users where id = #{id}
    </select>
</mapper>
```

上述文件中的参数 namespace 指定了对应接口文件的命名空间，select 标签节点中的参数 id 用于表示接口文件中对应的接口函数名，参数 resultType 用于指定返回结果的类型。这样，MyBatis 会扫描到 UserMapper.xml 文件，并自动关联到对应的 cn.liweilin.weixin.UserMapper，根据 mapper 标签节点中的 select 标签节点、update 标签节点、insert 标签节点或 delete 标签节点的参数 id 的值匹配对应的接口函数。

在控制器类中增加一个映射地址，调用接口函数，直接返回执行结果即可，参考代码如下。

```
@GetMapping("/Sel")
public User Sel(@RequestParam(value="id")Integer id){
    return userMapper.Sel(id);
}
```

访问结果如图 2-21 所示。

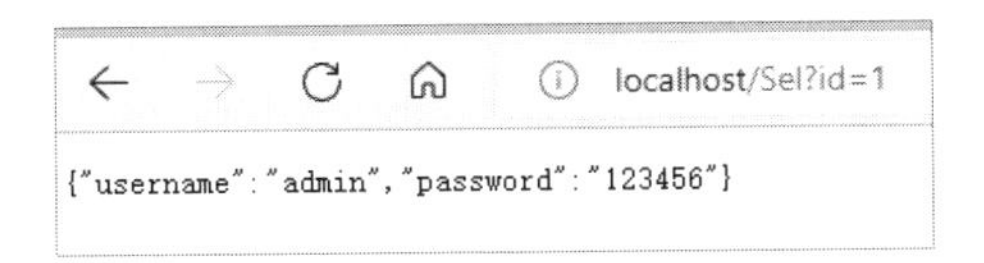

图 2-21　访问结果 3

2.5 Spring Boot 与 MyBatis-Plus 的集成

扫一扫，看微课

MyBatis 封装了 JDBC 底层访问数据库的细节，使得开发者不需要直接与 JDBC API 打交道，通过 SQL 语句即可轻松地访问数据库，这大大减少了代码量。

那么，能不能再简化一点呢？数据库表的操作在大多数情况不是通用的增删查改操作，有没有可能把这些通用的操作简化了呢？如果可以，那么就连基本的 SQL 语句都不需要编写了（除个性化操作或复杂操作外）。MyBatis-Plus 给出了解决方案。

MyBatis-Plus 是 MyBatis 的增强工具。使用 MyBatis-Plus 可以在不改变 MyBatis 原有功能的基础上进一步简化开发流程，提高效率。

下面继续以检索用户表为例介绍 MyBatis-Plus 的使用方法。

在 pom.xml 文件中引入 MyBatis-Plus 的依赖，参考代码如下。

```
<dependency>
    <groupId>com.baomidou</groupId>
    <artifactId>mybatis-plus-boot-starter</artifactId>
    <version>3.5.2</version>
</dependency>
```

为了配合 MyBatis-Plus 对数据库表的自动化操作，需要对原来的模型类进行完善，使其与用户表绑定，参考代码如下。

```
@Data
@TableName(value="users")      //与对应的数据库表绑定
public class User {
@TableId(type=IdType.AUTO)     //自动递增主键
private Integer id;
private String username;
private String password;
}
```

上述代码使用@TableName 注解声明了模型类绑定的数据库表名，使用@TableId 注解将模型类的成员属性与数据库表中的主键字段进行了绑定，且在参数中声明了这是一个自动递增的主键。当模型类的成员属性名与数据库表中的字段名不一致但需要一对一绑定时，可以在成员属性前使用@TableField(value="数据库表中的字段名")注解声明。使用@TableField 注解甚至可以声明数据库表中不存在的字段，以在模型类中扩展一些属性，不过此时需要在注解参数中加入 exist=false。当然，也可以在模型类中隐藏数据库表中的字段，使在查询结果中不显示被隐藏的字段，此时应在注解参数中加入 select=false。

和 MyBatis 一样，MyBatis-Plus 也需要在 application.yml 文件中指定*Mapper.xml 文件所在的位置（也可以添加其他配置项，暂时使用默认配置），参考代码如下。

```
mybatis-plus:
mapper-locations: classpath:mappers/*.xml
```

下面只需要在 UserMapper.java 文件中继承 BaseMapper<User>这个 MyBatis-Plus 基础

接口，UserMapper 接口就会自带执行 JDBC 操作。

```
public interface UserMapper extends BaseMapper<User>{}
```

继承后，在控制器类中修改 Sel 函数，将原来调用自定义的 Sel(id)改成调用自动继承来的 selectById(id)，参考代码如下。

```
@GetMapping("/Sel")
    public User Sel(@RequestParam(value="id")Integer id){
        return userMapper. selectById(id);
    }
```

可以看到，继承了 BaseMapper 接口的 UserMapper<User>接口自动增加了很多增删查改的代码补全功能，如图 2-22 所示。

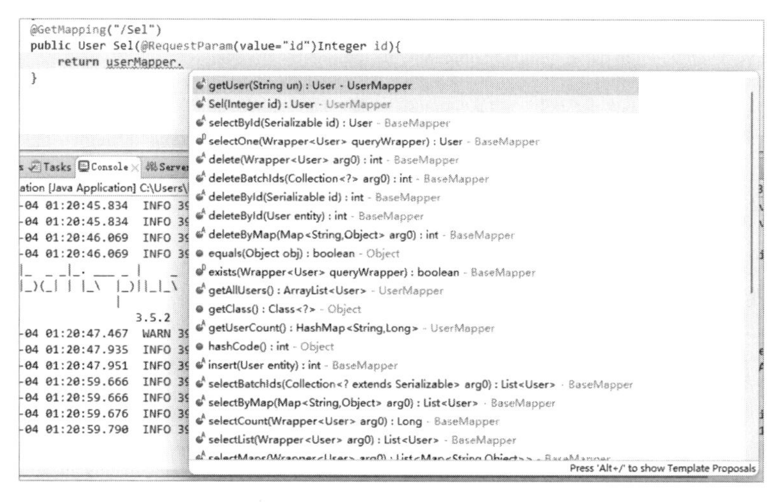

图 2-22　自动增加的代码补全功能

这些功能使开发者不需要书写 SQL 语句即可直接调用接口函数完成基本的 JDBC 操作。如果有个性化的 JDBC 操作需求，那么既可以在 UserMapper.java 文件中使用 MyBatis 的@Select 注解、@Insert 注解、@Update 注解、@Delete 注解扩展接口的功能，又可以结合使用 mappers 目录下的 XML 文件，补充这些个性化操作所需的 SQL 语句。

根据 MVC（Model View Controller）模式，一般在开发有一定规模的软件项目的过程中，建议在控制器或其他需要调用数据操作接口的位置与映射接口之间增加一个服务，其接口和实现类分别继承 MyBatis-Plus 的 IService<T>接口、ServiceImpl<TMapper,T>类，用于组合或封装一些办理业务所需的功能。因此，控制器或其他调用者中直接注入和调用的是服务接口，而非映射接口。

关于 JDBC 编程，上面循序渐进地介绍了 CRUID、MyBatis 和 MyBatis-Plus，后续还可以使用 MyBatis-Generator 自动生成映射接口文件、模型类文件和映射文件等。

本章介绍了如何使用 Spring Boot 构建 REST 风格的接口，掌握了这些知识后基本能够满足后续在各种场景下的接口构建和使用需求。接下来以微信公众号和微信小程序接口开发为例介绍如何在开放平台上使用移动应用接口开发技术构建企业运营生态。

第 3 章

微信公众号及接口开发

【知识目标】

1. 了解以微信公众平台为代表的第三方开放平台提供的接口服务和接入方式
2. 了解公众号运营的非开发者模式和开发者模式
3. 熟悉微信网页授权流程

【技能目标】

1. 掌握微信公众号在非开发者模式下运营时提供的基础的互动功能
2. 读懂微信公众号接口文档，能依据微信公众号接口文档熟练构建接口请求和处理返回结果
3. 掌握微信公众号在开发者模式下开发常用接口的能力
4. 熟练使用百度智能云接口扩展智能化应用

【素质目标】

1. 通过学习移动应用接口开发的信任机制，提高信息安全责任意识
2. 通过学习微信公众号接口在不同场景下的应用，培养创新思维

3.1 微信公众平台概述

扫一扫，看微课

微信公众平台是目前典型的第三方开放平台，是为开发者提供基于其生态的基础消息服务、认证服务，以及支持业务拓展的金融支付、电商物流、电子发票、智能物联等服务接口的大型互联网平台。这里以微信公众平台的典型应用为例，介绍移动应用接口开发的通用知识。

微信公众平台是腾讯为企业或个人运营者通过公众号为微信用户提供资讯和服务的平

台，而微信公众平台开放接口则是提供服务的基础。开发者在微信公众平台上创建公众号、获取接口权限后，可以根据其提供的接口文档进行二次开发，使用微信公众平台提供的公众号中的网页授权、消息服务等功能拓展线上业务。微信公众平台注册选项如图 3-1 所示。

图 3-1　微信公众平台注册选项

根据微信公众平台的规约，个人用户目前仅能申请订阅号类型的公众号和小程序。

订阅号用于为媒体和个人提供一种信息传播方式，主要功能是给用户传达资讯（功能类似报纸、杂志，发布新闻信息或娱乐趣事）；服务号用于为组织提供更强大的业务服务与用户管理能力，主要偏向服务类交互（功能相当于传统 App，用于绑定信息、进行服务交互）。订阅号 1 天内最多可群发 1 条消息，而服务号 1 个月（自然月）内最多可群发 4 条消息。

相比服务号，订阅号接口和开放功能在权限上有较多限制（部分接口不可用，接口每日的调用频次受限等），且暂不支持认证。

为了不影响开发，个人开发者可以先通过测试号申请系统，即快速申请一个和服务号功能类似但不能用于运营的接口测试号，并立即开始接口测试开发。在开发过程中，个人开发者可以使用接口调试工具在线调试某些接口的功能。公众号后台的开发者工具页如图 3-2 所示。

图 3-2　公众号后台的开发者工具页

为了识别用户，每个公众号都会针对一个用户产生一个安全的用户标识。测试号后台如图 3-3 所示。如果需要在微信公众号和其他移动应用之间进行用户共通，那么需要前往微信开放平台（见图 3-4），将其绑定到一个开放平台账号上。绑定后，一个用户虽然对多个公众号和其他移动应用有多个不同的用户标识，但是其对所有这些同一开放平台账号下的公众号和其他移动应用，只有一个唯一的联合标识。

测试号二维码

请用微信扫描关注测试公众号

用户列表（最多100个）

序号	昵称	微信号	操作
1	不困	[illegible]	移除
2	Phenethylamine	[illegible]	移除
3	蒸汽牛奶	[illegible]	移除
4	~~	[illegible]	移除
5	搞搞鬼	[illegible]	移除

图 3-3　测试号后台

图 3-4　微信开放平台

3.2　公众号运营的非开发者模式

扫一扫，看微课

新申请的公众号默认以非开发者模式运营，可以提供基础的互动功能。下面简单描述一下这些基础的互动功能。

1. 文章推送功能

如图 3-5 所示的图文消息编辑窗口，支持先将图片、视频、音频等上传到素材库中，然后撰写图文消息发布或群发给关注公众号的用户。发布的内容不会被推送，不占用群发次数，也不会被展示在公众号主页中，但可以通过链接转发。群发时可以选择不同的分组用户或全部用户，每日有次数限制。

对发送给用户的消息可以定制格式。对原创性文章可以进行原创声明，如图 3-6 所示。此外，对文章可以暂存，在正式发布前向关注公众号的特定用户发送预览效果。

图 3-5 图文消息编辑窗口

图 3-6 原创声明

2．自动回复功能

运营的非开发者模式的公众号提供基于固定规则的消息自动回复功能，包括用户在关注公众号时自动回复、用户在公众号中输入指定规则关键词时回复和默认回复。回复的内容可以是已发表内容、文字、图片、音频、视频、视频号动态等。关键词回复编辑窗口如图 3-7 所示。

3．自定义菜单功能

运营者可以在公众号的会话页面底部设置自定义菜单。自定义菜单编辑窗口如图 3-8 所示。对于菜单，运营者可以按需设置，并可以设置响应动作。用户可以通过点击菜单触发设置的响应，如收取消息、跳转链接等。一个公众号下最多可以创建 3 个一级菜单，一级菜单名称应不多于 4 个汉字或 8 个字母，一级菜单下最多可以创建 5 个二级菜单，二级菜单名称应不多于 8 个汉字或 16 个字母。当用户点击菜单时，可以发送消息，也可以跳转到网页中，还可以跳转到小程序中。所有公众号均可以在自定义菜单中直接选择素材库中的图文消息作为跳转对象，对于认证订阅号和服务号还可以直接输入网址作为跳转对象。

图 3-7　关键词回复编辑窗口

图 3-8　自定义菜单编辑窗口

4．投票功能

投票功能用于收集微信用户关于比赛、选举、表决等活动的意见，且同一个投票模板、同一个微信用户仅支持投票一次，这样可以防止刷票行为的出现。投票问题的选择方式有单选和多选两种，且可以选择向所有人开放投票权限，也可以选择仅向指定人群开放投票权限。投票编辑窗口如图 3-9 所示。

编辑好的投票可以被嵌入图文消息中群发出去，或发布后被转发出去。编辑图文消息时插入投票如图 3-10 所示。在公众号后台可以看到投票的统计结果。

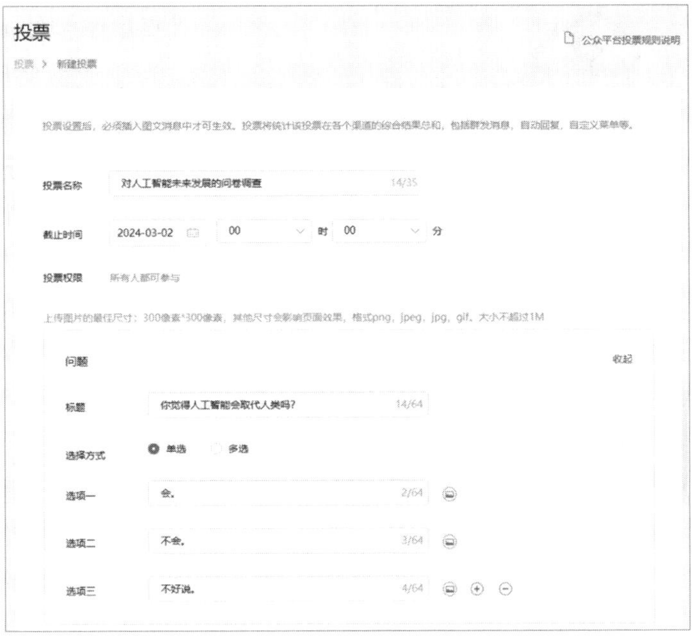

图 3-9　投票编辑窗口

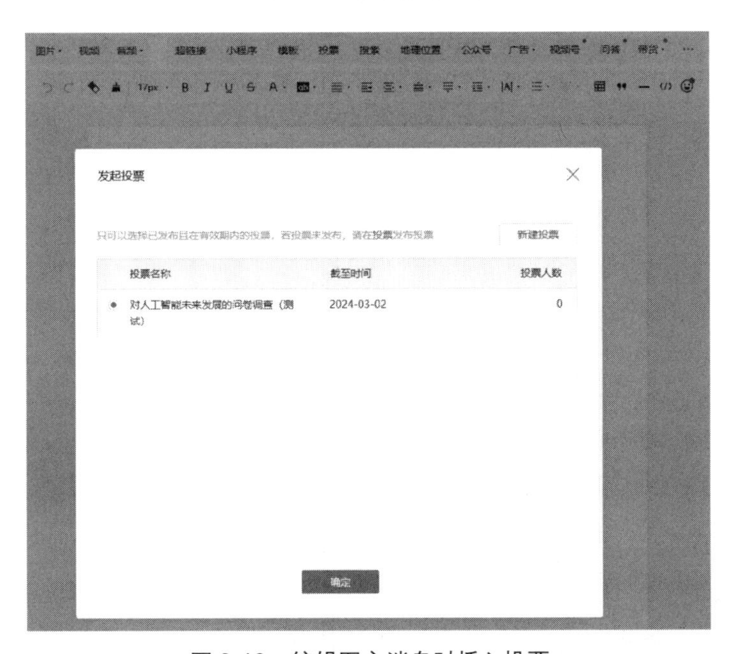

图 3-10　编辑图文消息时插入投票

3.3　公众号运营的开发者模式

在公众号运营的开发者模式下，开发者应有一台可以被互联网访问的服务器（开发者服务器），用于接收并处理微信服务器发送过来的消息，并向微信服务器发送请求，向关注公众号的用户发送消息，以及获取用户身份信息等。公众号、开发者服务器和微信服务器

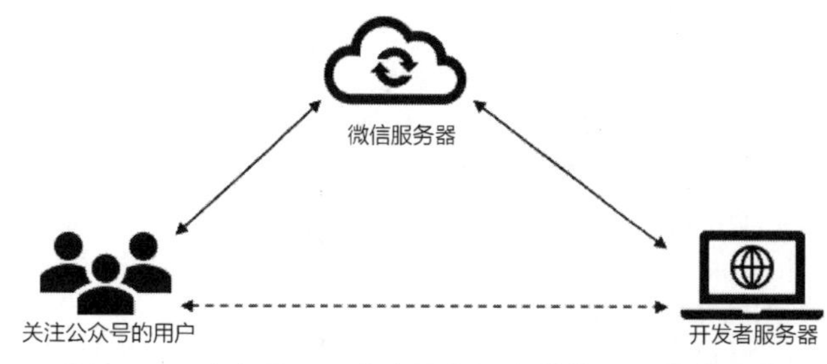

图 3-11　公众号、开发者服务器和微信服务器的关系

的关系如图 3-11 所示。

为了让微信服务器能随时找到开发者服务器所在的位置，需要给开发者服务器配置可以被互联网访问到的 URL，并在开发者服务器中启动 Web 服务。

为了便于测试，在没有独立的公网 IP 地址的情况下，可以使用一些内网穿透工具，通过软映射的方式对外开放 Web 端口。常见的内网穿透工具有花生壳、NATAPP 等。下面以 NATAPP 为例介绍如何搭建一个可以被互联网访问的服务器。

访问 NATAPP 官网，按提示信息完成注册，由于涉及可以向互联网提供网站内容的服务，因此还需要进行实名认证，只有这样才能使用 NATAPP 提供的内网穿透服务。点击“我的隧道”按钮，申请一个隧道号，在“客户端下载”中下载相应操作系统下的 natapp.exe 文件和 config.ini 文件，将下载的这两个文件放在本地计算机的同一个目录下，修改 config.ini 文件，将申请到的隧道号复制并粘贴到“authtoken=”的后面，保存后退出即可。config.ini 文件如图 3-12 所示。

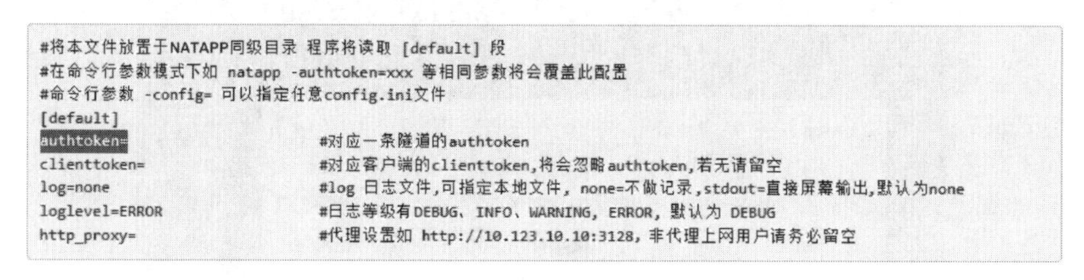

```
#将本文件放置于NATAPP同级目录 程序将读取 [default] 段
#在命令行参数模式下如 natapp -authtoken=xxx 等相同参数将会覆盖此配置
#命令行参数 -config= 可以指定任意config.ini文件
[default]
authtoken=                      #对应一条隧道的authtoken
clienttoken=                    #对应客户端的clienttoken,将会忽略authtoken,若无请留空
log=none                        #log 日志文件,可指定本地文件, none=不做记录,stdout=直接屏幕输出,默认为none
loglevel=ERROR                  #日志等级有DEBUG、INFO、WARNING, ERROR, 默认为 DEBUG
http_proxy=                     #代理设置如 http://10.123.10.10:3128, 非代理上网用户请务必留空
```

图 3-12　config.ini 文件

运行 natapp.exe 文件，将打开一个命令行窗口，如图 3-13 所示，说明 NATAPP 已经正常运行了，监听端口 80（默认的 HTTP 端口）。通过复制其 URL 并将其在浏览器中打开，可以看到如图 3-14 所示的界面。

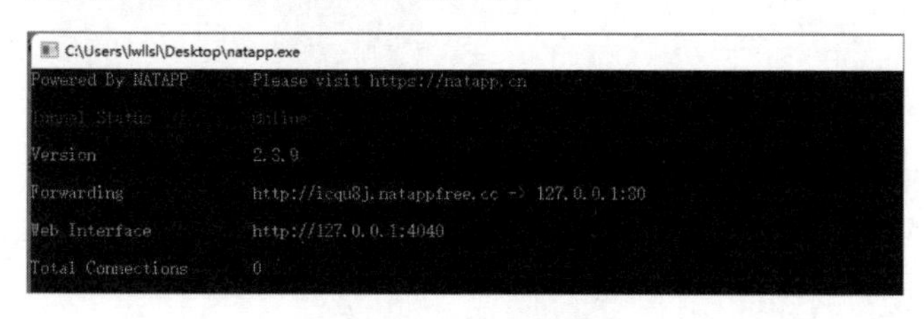

图 3-13　命令行窗口

隧道 http://icqu8j.natappfree.cc 无效
无法连接到**127.0.0.1:80**. 此端口尚未提供Web服务
Powered By natapp.cn

图 3-14　NATAPP 运行后未开启端口 80 的 Web 服务时访问的结果

此时，只需要在本地开启端口 80 的 Web 服务，就可以通过上述 URL 在互联网范围内访问本地的端口 80。

3.3.1 开发者模式的配置

扫一扫，看微课

在公众号后台的“开发与设置”→“基本配置”界面（见图 3-15）中，可以启用公众号运营的开发者模式并对其进行配置。

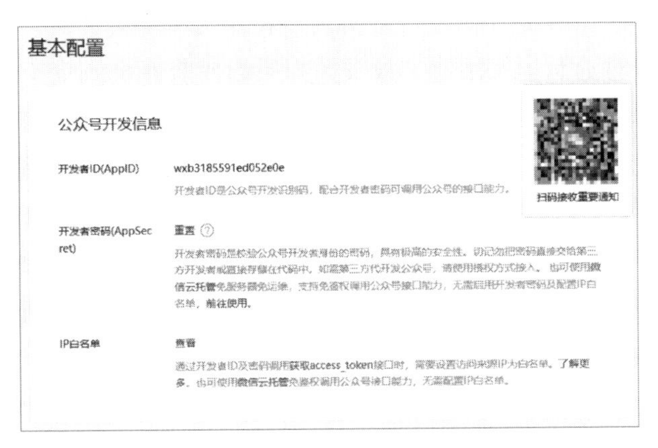

图 3-15 “开发与设置”→“基本配置”界面

其中，“开发者 ID（AppID）”表示开发者标识，配合“开发者密码（AppSecret）”使用可以调用公众号接口；“开发者密码（AppSecret）”表示验证公众号开发者身份的密码，具有极高的安全性。微信服务器为了确保访问来源确实来自合法的开发者服务器，需要开发者在“IP 白名单”中添加开发者服务器的 IP 地址作为合法 IP 地址。

点击“服务器配置”按钮，可以进行与开发工作有关的配置。公众号服务器的基本配置如图 3-16 所示。

图 3-16 公众号服务器的基本配置

其中，“URL”指开发者服务器的地址，即上述 NATAPP 生成的地址（包含访问目录及文件名的完整路径），用户在公众号内进行的交互式操作将由微信服务器转发到这个 URL 中。

“Token”是开发者预留在公众号后台的标识，用于生成签名，校验消息来源的合法性。

“EncodingAESKey”由开发者手动填写或随机生成，作为消息体加解密的密钥。同时，开发者可以选择消息的加解密方式：明文模式、兼容模式和安全模式。加解密方式的默认状态为明文模式，即对消息体使用明文收发。如果选择兼容模式或安全模式，那么需要提前配置好相关的加解密函数。模式的选择与服务器的配置在提交后会立即生效。

当配置完上述信息后，点击“提交”按钮时，微信服务器会校验配置的合法性。

其验证规则如下。

微信服务器向开发者服务器访问地址（所填写的 URL）发送 timestamp（时间戳）、nonce（随机数）、echostr（随机字符串），以及由 timestamp、nonce 和预留的 token 生成的签名（假设为 signature），共计 4 个字符串。

开发者服务器尝试接收上述 4 个字符串，并使用一样的签名算法将接收的 timestamp、nonce 和预留的 token 生成签名（假设为 signature2）。

签名的生成算法是：将 timestamp、nonce 和预留的 token 按字典顺序排序，拼接成 1 个字符串，对拼接成的字符串进行 SHA1 加密，生成 signature2。

对比 signature 与 signature2 是否一致，若一致且 echostr 不为空，则返回 echostr 给微信服务器；若一致且 echostr 为空，则接收消息，完成其他业务逻辑。

下面介绍如何在开发者服务器中实现这个验证过程。开发者服务器对发送的消息是否来自微信服务器的验证过程如图 3-17 所示。

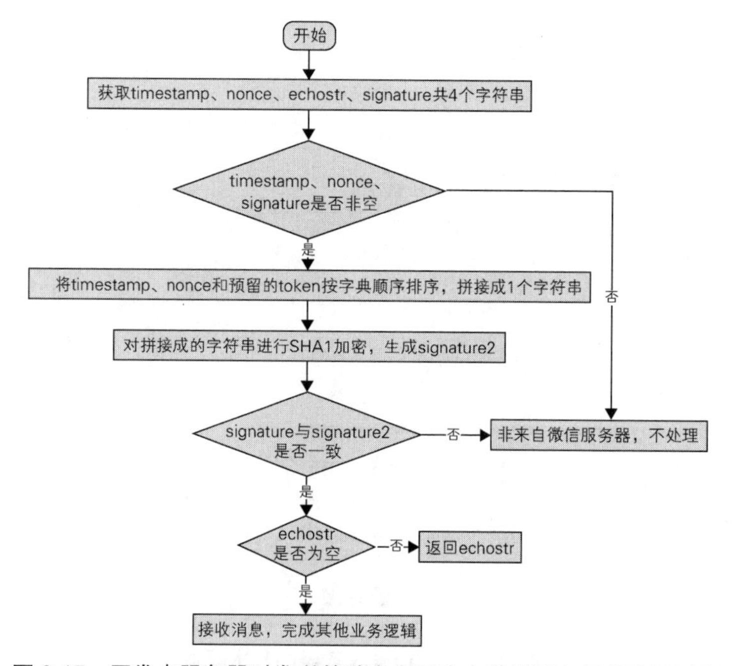

图 3-17　开发者服务器对发送的消息是否来自微信服务器的验证过程

由于验证过程需要使用 SHA1 加密，因此应在项目的 pom.xml 文件中加入 commons-codec 的依赖，参考代码如下。

```
<dependency>
  <groupId>commons-codec</groupId>
  <artifactId>commons-codec</artifactId>
</dependency>
```

在 Spring Boot 中新增一个 Api.java 文件，并在其中增加一个控制器，映射地址就是上述配置在公众号后台的 URL，参考代码如下。

```
@Controller
public class Api {
@GetMapping("/")
@ResponseBody
    public String index(@RequestParam(required = false) @RequestBody Map<String,
String> map) {
        String signature = map.get("signature");
        String nonce = map.get("nonce");
        String timestamp = map.get("timestamp");
        String echostr = map.get("echostr");
        if (signature == null || timestamp == null || nonce == null) {
            return "验证不通过";
        } else {
            String token = "goodgoodstudy";
            ArrayList<String> list = new ArrayList<String>();
            list.add(nonce);
            list.add(timestamp);
            list.add(token);
            Collections.sort(list);              // 对3个字符串按字典顺序排序
String signature2 = DigestUtils.sha1Hex(list.get(0) + list.get(1) + list.get(2));
// 进行SHA1加密
            if (signature.equals(signature2)) {// 判断，如果签名一致
                if (echostr != null)
                    return echostr;
            } else {
                return "验证不通过";
            }
            return "继续后续操作";
        }
    }
}
```

使用上述代码，启动 Spring Boot，即可在公众号后台提交配置的参数并使配置即时生效。配置生效后的公众号，在发生新用户关注、用户向公众号发送消息、操作自定义菜单等事件时，微信服务器会向开发者配置的 URL 推送相应的事件消息，开发者可以依据自身业务逻辑进行响应，如回复消息等。

3.3.2 获取访问令牌

上述接口配置和签名验证是对来自微信服务器的消息进行的验证。开发者服务器要访问微信服务器，也要通过微信服务器的验证，且允许申请一个具有一定时效的访问令牌（access_token），此后在一定时效内再访问微信服务器时，只需要带上这个访问令牌就可以了。

根据接口文档可知，访问令牌是公众号的全局唯一接口访问令牌，公众号在调用各接口时都需要使用访问令牌，开发者需要对其进行妥善保存。访问令牌的存储至少要占用 512 个字符空间，目前有效期约定为 7200 秒，需定时刷新，重复获取将导致上次获取的访问令牌失效。

从接口文档中获取请求地址、请求方法、请求参数和返回结果，如表 3-1 所示。

表 3-1 接口要素及内容

接口要素	内容	备注
请求地址	https://api.******.qq.com/cgi-bin/token?grant_type=client_credential&appid=APPID&secret=APPSECRET	
请求方法	GET	

请求参数	{
	"grant_type":"获取访问令牌填写 client_credential",
	"appid":"开发者标识",
	"secret":"开发者密码"
	}
		URL 带值

返回结果	{
	"access_token":"访问令牌",
	"expires_in":"令牌有效期（单位：秒）"
	}
		JSON 格式

这是微信服务器开放的 API，为了访问该接口，可以在项目中加入 HTTP 的请求客户端工具包，即 HttpClient，同时为了便于对 JSON 格式的返回结果进行操作，应引入一个工具包，即 FastJSON。将这两个工具包的依赖加入 pom.xml 文件的声明如下。

```
<dependency>
   <groupId>org.apache.httpcomponents</groupId>
   <artifactId>httpclient</artifactId>
   <version>4.5.13</version>
</dependency>
<dependency>
   <groupId>com.alibaba</groupId>
   <artifactId>fastjson</artifactId>
   <version>2.0.21</version>
</dependency>
```

下面使用 HttpClient 执行 GET 请求，以获取访问令牌，参考代码如下。

```
String url="https://api.weixin.qq.com/cgi-bin/token?grant_type=client_
credential&appid=APPID&secret=APPSECRET";
url=url.replace("APPID", "wx305b5ae0c3f8d370")
```

```
.replace("APPSECRET","4af6007b1196bee050eb69b565937136");        //替换请求参数
        CloseableHttpClient httpclient = HttpClients.createDefault();//新建请求工具
        HttpGet httpGet = new HttpGet(url);              //新建请求对象
        CloseableHttpResponse response=null;             //初始化返回结果
        try {
            response = httpclient.execute(httpGet);      //执行请求
           if(response.getStatusLine().getStatusCode()==200){      //如果顺利返回
            HttpEntity entity = response.getEntity();//获取返回实体对象
            String result=EntityUtils.toString(entity, "utf-8");  //转换为字符串
            System.out.println(result);                  //输出结果
           }
           response.close();                             //关闭返回结果
        } catch(IOException e){
            System.out.println("IO错误！");
        }
```

输出结果如下。

```
{"access_token":"64_EmXjI4toS5Y_nZvrSxA79G2-wxUTCQws2O4B0l1Vc3ENH501N_
gRqWwerMYSKNJrVTLbKW_PlY7vFwwGEG-jHejuHd5moJHkaxkNvbgugmsKKtkj9g0HE0N-
FhAAVFbAJAKFP","expires_in":7200}
```

上述代码已经能正确获取访问令牌了。使用 HttpClient 执行 GET 请求的代码在后续接口开发中的使用频率非常高。为了提高代码的复用率，可以将它封装成一个以拼接好请求参数的 URL 为参数、以 JSON 字符串为返回结果的函数，并置于项目新建的 Tools.java 文件中，以便后续作为工具函数调用该函数。基于此，上述代码可以优化为：

```
public static String get(String url){
    String result=null;
    CloseableHttpClient httpclient = HttpClients.createDefault();  //新建请求工具
    HttpGet httpGet = new HttpGet(url);              //新建请求对象
    CloseableHttpResponse response=null;             //初始化返回结果
    try {
        response = httpclient.execute(httpGet);      //执行请求
        if(response.getStatusLine().getStatusCode()==200){        //如果顺利返回
        HttpEntity entity = response.getEntity() ;//获取返回实体对象
        result=EntityUtils.toString(entity, "utf-8");             //转换为字符串
        }
        response.close();                            //关闭返回结果
    } catch(IOException e){
        System.out.println("IO错误！");
    }
    return result;
}
```

根据接口文档可知，访问令牌在 7200 秒（2 小时）内无须重复申请。因此，可以将令牌和生成时间保存到全局变量、会话变量，甚至数据库中。当业务需要使用访问令牌时，先检查是否存在有效期内的访问令牌，若是，则直接返回访问令牌，执行对其他公众号接口

的访问请求。否则，重新拼接 GET 请求参数，调用 GET 函数，更新访问令牌和生成时间。

可以进一步优化获取访问令牌的流程，如图 3-18 所示。

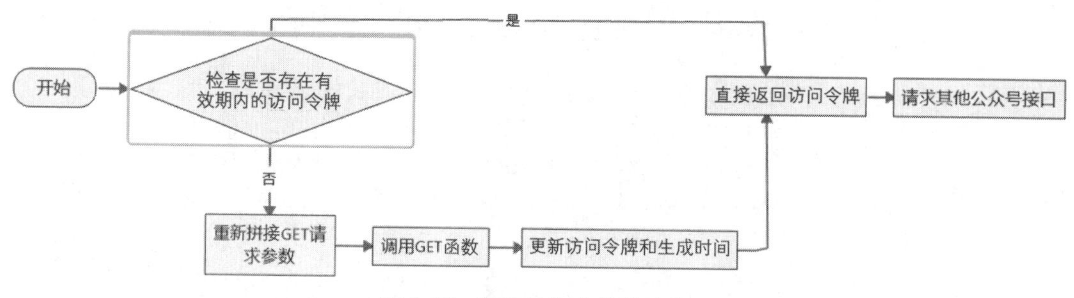

图 3-18　获取访问令牌的流程

参考代码如下。

```
private static String access_token=null; //保存成全局访问令牌
private static long createtime=0l;          //初始化访问令牌的生成时间
public static String getAccess_token(){
long now=new Date().getTime();              //获取当前时间戳
if(access_token==null||now-createtime>7000000){//当访问令牌为空或超过7000秒时，重新获取
String url="https://api.weixin.qq.com/cgi-bin/token?grant_type=client_
credential&appid=APPID&secret=APPSECRET";
url=url.replace("APPID", "wx305b5ae0c3f8d370").
replace("APPSECRET","4af6007b1196bee050eb69b565937136"); //重新拼接GET请求参数
String result=get(url);                     //调用GET方法
JSONObject json=JSONObject.parseObject(result);
if(json.getInteger("errcode")==null||json.getInteger("errcode")==0){
    access_token=json.getString("access_token");        //更新访问令牌
    createtime=now;                         //更新生成时间
    }
}
    return access_token;
}
```

有了上述代码，在需要访问令牌的位置直接调用 getAccess_token 函数即可拿到访问令牌。后续可以将访问令牌保存到数据库中，制作成可以供多个系统使用的令牌中央控制服务器，这样就不会使同一个公众号下的多个应用因其中某个应用更新了访问令牌而导致其他应用的访问令牌失效。

3.3.3　获取用户列表

扫一扫，看微课

有了访问令牌，即可用它来访问很多微信服务器公开的接口。接下来尝试通过获取用户列表接口来获取公众号的关注者列表。关注者列表由一串用户标识（每个用户对每个公众号的用户标识都是唯一的）组成。一次最多拉取 10000 个关注者的用户标识，可以通过多次拉取来满足获取全部用户列表的需求。

从接口文档中获取请求地址、请求方法、请求参数和返回结果，如表 3-2 所示。

表 3-2　接口要素及内容

接口要素	内容	备注
请求地址	https://api.******.qq.com/cgi-bin/user/get?access_token=ACCESS_TOKEN&next_openid=NEXT_OPENID	
请求方法	GET	

请求参数	{
	access_token：接口访问令牌
	next_openid：第一个拉取的用户标识，默认从头开始拉取
	}
		URL 带值

返回结果	{
	"total":关注该公众号的总用户数,
	"count":拉取的用户标识的个数，最大值为 10000,
	"data":{
	"openid":[列表数据，由用户标识组成的列表]},
	"next_openid":"拉取列表的最后一个用户标识"
	}
		JSON 格式

下面将接口的访问代码封装成可重复调用的函数，返回公众号下全部关注者由用户标识组成的列表，参考代码如下。

```
public static ArrayList<String> getAllUsers(String next_openid) {
ArrayList<String> list = new ArrayList<String>();     //初始化结果
String url = "https://api.weixin.qq.com/cgi-bin/user/get?access_token=ACCESS_
TOKEN&next_openid=NEXT_OPENID";
url = url.replace("ACCESS_TOKEN", getAccess_token()).replace("NEXT_OPENID",
next_openid);
String result = get(url);                              //调用GET方法
JSONObject json = JSONObject.parseObject(result);      //将返回结果转换为JSON格式
//如果返回结果无误
if (json.getInteger("errcode") == null || json.getInteger("errcode") == 0) {
    System.out.println("总关注者: " + json.getIntValue("total") + ", 本次获取:" +
json.getIntValue("count"));
//获取由用户标识组成的列表
JSONArray openids = json.getJSONObject("data").getJSONArray("openid");
    openids.forEach(openid ->  {                       //循环获取用户标识
                list.add((String) openid);
        });
    }
    return list;
}
```

在 main 函数中调用上述函数，并以 Java Application 方式运行测试，参考代码如下。

```
public static void main(String[] args) {
    System.out.println(getAllUsers(""));//参数为空字符串，表示从第一个开始拉取
}
```

控制台的输出结果如图 3-19 所示。

```
总关注用户：77，本次获取:77
[oGEOC6j4qIuqCd5SVP16EyHvREBE, oGEOC6hVb2a49xDu4IQ7dt7Tl51A
```

图 3-19　控制台的输出结果

3.3.4　发送文本消息及群发消息

扫一扫，看微课

上述示例均以 GET 方法访问公众号接口，下面介绍一个以 POST 方法访问公众号接口的示例。

POST 方法与 GET 方法略有不同，除需要将访问令牌拼接到 URL 外，还需要将请求参数封装成 Entity 类的实体对象，并将请求参数注入请求对象中，一并发送给接口。为了提高代码的复用率，同样将请求过程代码封装成一个包括请求地址和请求参数的函数，参考代码如下。

```
public static String post(String url,String params){  //参数为请求地址和请求参数
    String result=null;
    CloseableHttpClient httpclient = HttpClients.createDefault();  //新建请求工具
    HttpPost httpPost = new HttpPost(url);             //新建请求对象
    CloseableHttpResponse response=null;               //初始化返回结果
    try {
        //将请求参数封装成Entity类的实体对象
        StringEntity se=new StringEntity(params,"utf-8");
        httpPost.setEntity(se);                        //在请求对象中注入请求参数
        response = httpclient.execute(httpPost);       //执行请求
        if(response.getStatusLine().getStatusCode()==200){         //如果顺利返回
        HttpEntity entity = response.getEntity();      //获取返回实体对象
        result=EntityUtils.toString(entity, "utf-8");//转换为字符串
        }
        response.close();                              //关闭返回结果
    } catch(IOException e){
        System.out.println("IO错误！");
    }
    return result;
}
```

有了 POST 方法，即可根据接口文档调用 POST 方法，向接口发送请求。

公众号接口提供“客服消息”功能，当用户和公众号产生特定动作的交互时（用户向公众号发送消息、点击菜单项等），允许公众号向用户发送文本、图片、音频、视频、卡券、小程序，甚至交互式菜单消息。

以发送简单的文本消息为例，从接口文档中获取请求地址、请求方法、请求参数和返回结果，如表 3-3 所示。

表 3-3　接口要素及内容

接口要素	内容	备注
请求地址	https://api.******.qq.com/cgi-bin/message/custom/send?access_token=ACCESS_TOKEN	URL 带值
请求方法	POST	
请求参数	{ "touser":"接收者标识", "msgtype":"消息类型", "text": { "content":"文本消息" } }	JSON 格式
返回结果	{ "errcode":错误码, "errmsg":"错误消息" }	JSON 格式。错误码为 0，表示正常送达

这里请求参数要被构建为 JSON 对象，可以借助 FastJSON 来逐级构建，参考代码如下。

```
public static boolean sendText(String openid,String msg){
    boolean r=false;
    String url="https://api.weixin.qq.com/cgi-bin/message/custom/send?access_
token=ACCESS_TOKEN";
url=url.replace("ACCESS_TOKEN", getAccess_token());   //获取访问令牌，替换URL
    JSONObject params=new JSONObject();                //构建JSON格式的请求参数
    params.put("touser", openid);                      //接收者标识
    params.put("msgtype", "text");                     //消息类型
    JSONObject content=new JSONObject();//
    content.put("content", msg);                       //文本消息
    params.put("text", content);
    String result=post(url,params.toJSONString());
    JSONObject json=JSONObject.parseObject(result);
    if(json.getInteger("errcode")==null||json.getInteger("errcode")==0){
        r=true;
    }else{
        System.out.println(json);
    }
    return r;
}
```

上述代码实现了一个向用户发送文本消息的功能函数 sendText(String openid,String msg)，该函数的第一个参数 openid 表示接收者标识，第二个参数 msg 表示文本消息，返回结果为发送成功与否的结果。在 main 函数中调用上述功能函数并观察程序运行结果，参考代码如下。

```
public static void main(String[] args) {
```

```
System.out.println(sendText("oGEOC6g9c9EewdpWOgCvYh6JuFZA","这是来自公众号的消息"));
}
```

如果控制台输出 true，那么说明发送成功，否则输出错误信息和 false。错误信息为{"errcode":45015,"errmsg":"response out of time limit or subscription is canceled"}，表示回复时间超过限制或已经取消关注，此时可能用户近 48 小时内并未与公众号有过互动行为，不可以主动推送消息，以免打扰没有接收消息意愿的用户，也可能用户已经取消关注公众号了。

可以尝试使用上述获取用户列表和发送文本消息这两个功能，简单地实现向有过互动的用户群发消息，即对批量获取的用户列表进行逐个循环，向每个用户发送文本消息，参考代码如下。

```
public static void main(String[] args) {
    int n=0;
    for(String openid:getAllUsers("")){
        if(sendText(openid,"这是来自公众号的消息"))n++;
    }
    System.out.println("成功向"+n+"位用户发送了消息");
}
```

3.3.5 发送自定义模板消息

扫一扫，看微课

模板消息可以在公众号向用户发送重要的服务通知时使用，用于符合通知要求的服务场景。开发者在微信公众后台的模板库中，先选择模板，获得模板 ID，再根据模板 ID 向用户主动推送通知。其中，模板中参数的内容以.DATA 结尾，模板保留符号{{ }}。

公众号的模板详情及增加模板后的模板 ID 如图 3-20 所示。选择“模板消息”选项，把模板详情复制下来，为测试号新增一个和这个模板一样的自定义模板（为正式号申请新增模板的操作与此类似）。测试号新增的自定义模板如图 3-21 所示。

图 3-20　公众号的模板详情及增加模板后的模板 ID

图 3-20　公众号的模板详情及增加模板后的模板 ID（续）

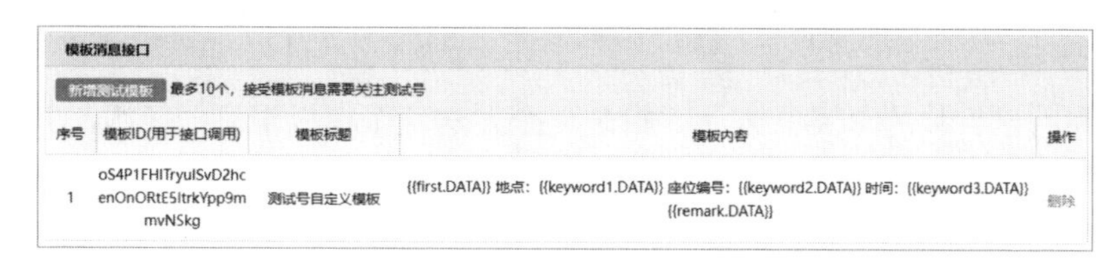

图 3-21　测试号新增的自定义模板

下面以上述为测试号新增的自定义模板为例说明发送模板消息的过程。

首先，将模板库中的相应模板添加到“我的模板”中，复制模板 ID。在测试号中直接复制新增的模板 ID 即可。

其次，向接口发送请求。从接口文档中获取请求地址、请求方法、请求参数和返回结果，如表 3-4 所示。

表 3-4　接口要素及内容

接口要素	内容	备注
请求地址	https://api.******.qq.com/cgi-bin/message/template/send?access_token=ACCESS_TOKEN	URL 带值
请求方法	POST	

请求参数	{
	"touser":"接收者标识",
	"template_id":"模板 ID",
	"url":"点击模板消息跳转到的 URL",
	"data":{
	"first":{
	"value":"显示在模板{{ first.DATA}}位置的文本",
	"color": "文本的颜色值"
	},
	"keyword1":{
	"value":"显示在模板{{ keyword1.DATA}}位置的文本",
	"color": "文本的颜色值"
	},
	…
	"remark":{
	"value":"显示在模板{{ remark.DATA}}位置的文本",
	"color": "文本的颜色值"
	}
	}
	}
		请求参数为 JSON 对象，其中，消息体 data 的内容也为 JSON 对象，其字段与模板内容字段一一对应，其值也为 JSON 对象，包括 value 字段和 color 字段。
		点击模板消息除可以跳转到指定的 URL 外，还可以跳转到指定的小程序中，此时需要使用 miniprogram 字段，并将其值设置为要跳转到的目标小程序标识和默认页面路径

续表

接口要素	内容	备注

返回结果	{
	"errcode":错误码,
	"errmsg":"错误消息"
	}
		JSON 格式。错误码为 0，表示正常送达

再次，利用已封装的 POST 方法，封装一个发送这个模板消息的函数，其中 JSON 格式的请求参数的字段较多，可以使用之前引入的 FastJSON 构建，参考代码如下。

```
public static boolean sendTemplate(String openid,String fv,String kw1,String
kw2,String kw3,String rm){
        boolean r=false;                        //初始化处理结果

        String url="https://api.weixin.qq.com/cgi-bin/message/template/send?access_
token=ACCESS_TOKEN";
        //获取访问令牌，替换URL
        url=url.replace("ACCESS_TOKEN",Tools.getAccess_token());
        JSONObject params=new JSONObject();  //构建JSON格式的请求参数
        params.put("touser", openid);         //接收者标识
    //模板ID
    params.put("template_id", "oS4P1FHlTryuISvD2hcenOnORtE5ItrkYpp9mmvNSkg");
        params.put("url", "https://www.liweilin.cn");//用户点击转到的URL
        //构建模板内容的字段(.DATA的内容)
        JSONObject data=new JSONObject();
        JSONObject first=new JSONObject();first.put("value", fv);first.put
("color", "#000000");
        JSONObject keyword1=new JSONObject();keyword1.put("value", kw1);keyword1.
put("color", "#000000");
        JSONObject keyword2=new JSONObject();keyword2.put("value", kw2);keyword2.
put("color", "#ff0000");
        JSONObject keyword3=new JSONObject();keyword3.put("value", kw3);keyword3.
put("color", "#000000");
        JSONObject remark=new JSONObject();remark.put("value", rm);remark.put
("color", "#000000");
        data.put("first", first);data.put("keyword1", keyword1);data.put
("keyword2", keyword2);
        data.put("keyword3", keyword3);data.put("remark", remark);
        params.put("data", data);
        //调用POST方法向接口发送请求
        String result=Tools.post(url, params.toJSONString());
        JSONObject json=JSONObject.parseObject(result);//将返回结果转换为JSON格式
        if(json.getInteger("errcode")==null||json.getInteger("errcode")==0){
            r=true;
        }else{
            System.out.println(json);
        }
```

```
        return r;
    }
```

最后，在 main 函数中调用上述功能函数并观察程序运行结果，参考代码如下。

```
public static void main(String[] args) {
    //格式化当前时间
    SimpleDateFormat sdf=new SimpleDateFormat("yyyy年MM月dd日 HH:mm");
    String time=sdf.format(new Date());
    //调用函数
    boolean r=Tools.sendTemplate("oGEOC6g9c9EewdpWOgCvYh6JuFZA","您好，您已预约成功",
"自修室一","A029",time,"请在指定时间之前到图书馆进行预约确认");
    if(r){
        System.out.println("模板消息发送成功");
    }else{
        System.out.println("模板消息发送失败");
    }
}
```

运行程序后，用户将接收如图 3-22 所示的模板消息，点击模板消息，将跳转到 URL 指向的网页中。

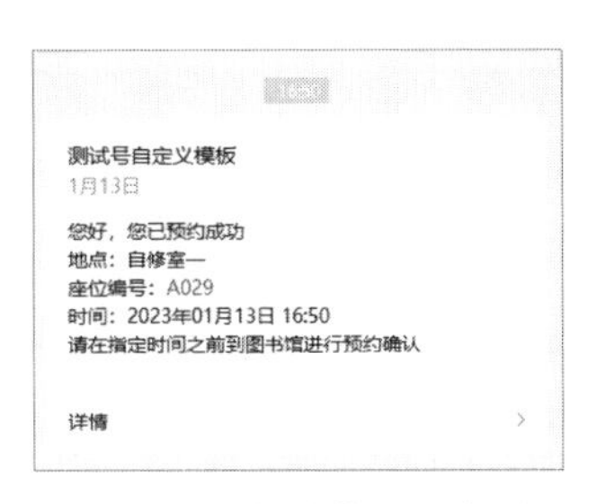

图 3-22　用户接收的模板消息

3.3.6　创建自定义菜单

扫一扫，看微课

在非开发者模式下创建的菜单，只能够实现简单的交互操作，无法实现扫码、选择相册、调用摄像头、发送位置等丰富的操作。而在开发者模式下，开发者可以通过创建自定义菜单，让公众号生成更丰富的页面，让用户更直观地体验公众号的功能。

公众号的菜单有如下多种类型，可以响应不同的事件。

click 组件：普通点击事件按钮，相当于网页元素中的 button 元素，开发者需要给每个按钮都定义一个 key 值，开发者服务器可以通过 key 值区分不同的按钮，与用户进行交互。

view 组件：跳转点击事件按钮，相当于网页元素中的超链接元素，开发者需要给按钮一个 URL。用户点击按钮后，微信客户端将会打开这个 URL 指向的网页。

scancode_push 组件或 scancode_waitmsg 组件：扫码事件按钮。用户点击按钮后，微信客户端将调用扫一扫工具，完成扫码操作后，显示扫描结果（如果是 URL，那么进入 URL 指向的网页），且会将扫码结果传递给开发者服务器，开发者服务器收到扫描结果后下发消息。

pic_sysphoto 组件、pic_photo_or_album 组件或 pic_weixin 组件：拍照或选择相册中的相片发送事件按钮。用户点击按钮后，微信客户端将调用系统相机或调出相册，用户完成拍照或选择操作后，会将相片发送给开发者服务器，开发者服务器收到相片后下发消息。

location_select 组件：地理位置选择事件按钮。用户点击按钮后，微信客户端将调用地理位置选择工具，完成选择操作后，将选择的地理位置发送给开发者服务器，同时收起地理位置选择工具，开发者服务器收到地理位置信息后下发消息。

miniprogram 组件：跳转到小程序事件按钮，开发者需要指定要跳转到的目标小程序标识和默认页面路径。用户点击按钮后，微信客户端将打开指定目标小程序标识的小程序，并定位到默认页面路径指定的页面中。

下面介绍如何为公众号设计一组菜单，这里尽量把常用类型的菜单都用上。从接口文档中获取请求地址、请求方法、请求参数和返回结果，如表 3-5 所示。

表 3-5　接口要素及内容

接口要素	内容	备注
请求地址	https://api.******.qq.com/cgi-bin/menu/create?access_token=ACCESS_TOKEN	URL 带值
请求方法	POST	

请求参数	{
	"button": [{
	"name": "一级菜单标题",
	"sub_button": [{
	"name": "二级菜单标题",
	"type": "按钮类型",
	"key": "key 值",
	…
	}, {
	"name": "二级菜单标题",
	"type": "按钮类型",
	"key": "key 值",
	…
	}]
	}, {
	"name": "一级菜单标题",
	"sub_button": [{
	"name": "二级菜单标题",
	"type": "按钮类型",
	"key": "key 值"
	},
	…
	]},
	…
	]
	}
		请求参数为 JSON 对象

续表

接口要素	内容	备注

返回结果	{
	"errcode":错误码,
	"errmsg":"错误消息"
	}
		JSON 格式。错误码为 0，表示正常送达

接口的请求参数是用 JSON 格式表达级联菜单层级结构的，菜单层级结构很容易被混淆，为了厘清其层级结构，需要借助 FastJSON 构建菜单层级。菜单层级结构如表 3-6 所示。

表 3-6　菜单层级结构

菜单	一级菜单标题	一级菜单名称	二级菜单标题	按钮类型	二级菜单名称	key 值	备注	组名
button	我的班级	m1	班级主页	view	m11	m11	指定跳转到的 URL	m1s
			上传相片	pic_photo_or_album	m12	m12	从相册中或通过拍照上传相片	
			班级小程序	miniprogram	m13	m13	指定要跳转到的目标小程序标识和默认页面路径	
	班级活动	m2	我在这里	location_select	m21	m21	发送定位信息	m2s
			扫码签到	scancode_push	m22	m22	打开扫码工具并扫描活动二维码	
	我的	m3	绑定信息	view	m31	m31	将 URL 指定给网页授权链接	m3s
			校园卡余额	click	m32	m32	查询余额并以文本形式返回	

根据如表 3-6 所示的菜单层级结构，逐级构建一级菜单、二级菜单，并将其赋给一级菜单的 sub_button 字段，参考代码如下。

```
public static void createMenu(){
        String url="https://api.weixin.qq.com/cgi-bin/menu/create?access_token=
ACCESS_TOKEN";
        url=url.replace("ACCESS_TOKEN", Tools.getAccess_token());
        JSONObject params=new JSONObject();  //定义参数
        JSONArray button=new JSONArray();    //定义整体为JSON数组
        //构建第1个一级菜单及其对应的二级菜单
        JSONObject m11=new JSONObject(),m12=new JSONObject(),m13=new JSONObject();
        m11.put("name", "班级主页");m11.put("type", "view");m11.put("key", "m11");
        m11.put("url", "https://www.liweilin.cn");//指定跳转到的URL
        m12.put("name", "上传相片");m12.put("type", "pic_photo_or_album");m12.put
("key", "m12");
        //小程序与公众号只有进行关联操作后才能执行
        m13.put("name", "班级小程序");m13.put("type", "miniprogram");m13.put("key",
"m13");
        //指定要跳转到的目标小程序标识和默认页面路径
        m13.put("url","https://www.liweilin.cn/");
```

```
        m13.put("appid", "wx850d7a7282dda4d8");m13.put("pagepath", "index");
        JSONArray m1s=new JSONArray();
        m1s.add(m11);m1s.add(m12);//m1s.add(m13);
        JSONObject m1=new JSONObject();
        m1.put("name", "我的班级");
        m1.put("sub_button", m1s);
        //构建第2个一级菜单及其对应的二级菜单
        JSONObject m21=new JSONObject(),m22=new JSONObject();
        m21.put("name", "我在这里");m21.put("type", "location_select");m21.put("key",
"m21");
        m22.put("name", "扫码签到");m22.put("type", "scancode_push");m22.put("key",
"m22");
        JSONArray m2s=new JSONArray();
        m2s.add(m21);m2s.add(m22);
        JSONObject m2=new JSONObject();
        m2.put("name", "班级活动");
        m2.put("sub_button", m2s);
        //构建第3个一级菜单及其对应的二级菜单
        JSONObject m31=new JSONObject(),m32=new JSONObject();
        m31.put("name", "绑定信息");m31.put("type", "view");m31.put("key", "m31");
        String uri="https://open.weixin.qq.com/connect/oauth2/authorize?appid=
APPID&redirect_uri=URI&response_type=code&scope=snsapi_userinfo&state=STATE#wechat_
redirect";
        uri=uri.replace("APPID", "wx305b5ae0c3f8d370").replace("URI","https://
www.liweilin.cn/api");
        m31.put("url", uri);

        m32.put("name", "校园卡余额");m32.put("type", "click");m32.put("key", "m32");
        JSONArray m3s=new JSONArray();
        m3s.add(m31);m3s.add(m32);
        JSONObject m3=new JSONObject();
        m3.put("name", "我的");
        m3.put("sub_button", m3s);
        //将m1、m2、m3一起放到button组件中
        button.add(m1);button.add(m2);button.add(m3);
        params.put("button", button);

        //调用POST方法向接口发送请求
        String result=Tools.post(url, params.toJSONString());
        JSONObject json=JSONObject.parseObject(result);//将返回结果转换为JSON格式
        if(json.getInteger("errcode")==null||json.getInteger("errcode")==0){
            System.out.println("创建菜单成功");
        }else{
            System.out.println("创建菜单失败，原因是："+json);
            System.out.println(params);
        }
    }
```

此时，只需要在 main 函数中调用 createMenu 函数即可创建支持扫码、拍照、选择相册、发送地理位置等功能的交互式菜单。创建的自定义菜单如图 3-23 所示。

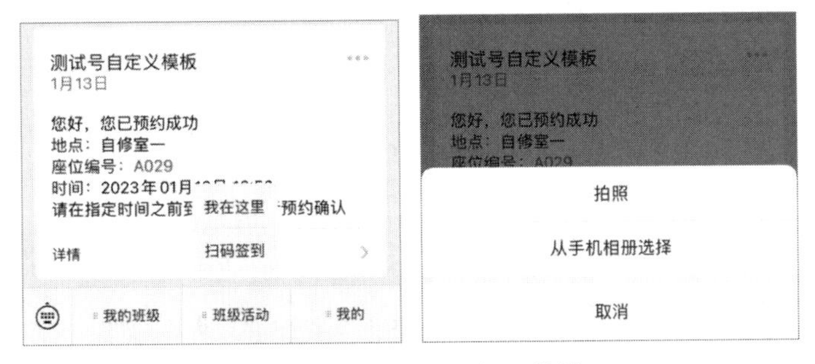

图 3-23　创建的自定义菜单

3.3.7　接收用户互动消息

扫一扫，看微课

如果公众号在开发者模式下，那么普通微信用户在向公众号发送消息时，或在操作公众号的菜单时，微信服务器会先将消息以 XML 格式、POST 方法发送到开发者填写的 URL（即上述配置在开发者模式下设置的 URL）中。

下面先来做一个实验：在项目的 Api.java 文件中增加@PostMapping("/")，以输出通过微信服务器接收的所有信息，查看当向公众号发送文本消息、点击菜单等时会收到什么信息，参考代码如下。

```
@PostMapping("/")
@ResponseBody
public String index2(@RequestParam(required = false) @RequestBody Map<String,
String> map,HttpServletRequest request){
        map.forEach((key,value)->{
            System.out.println(key+"\t"+value);
        });
        return "";
    }
```

启动 Spring Boot 后，当向公众号发送“你好”时，控制台的输出结果如图 3-24 所示。

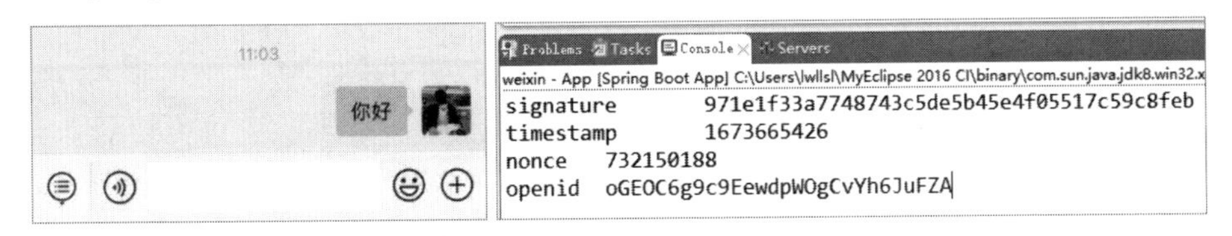

图 3-24　控制台的输出结果

可见，公众号后台通过键值对仅拿到了签名、时间戳和随机数等验证信息及用户的微信标识，用于确定是否来自微信的验证，这和之前在@GetMapping("/")的对应函数中验证签名的方法一样。这里并没有收到用户发送的“你好”，这是因为通过微信服务器接收的信息是通过输入字节流以 XML 格式传送过来的，需要从 HttpServletRequest（请求对象）中获取。

对输入字节流的读取，需要进行输入字节流到字符流的转换，其步骤依次如下。

（1）获取输入字节流。

（2）将输入字节流转换为字符流。

（3）将字符流装入缓冲池，等待读取。

（4）从缓冲池中循环读取并拼接读取的信息。

上述操作的参考代码如下。

```
@PostMapping("/")
@ResponseBody
public String index2(@RequestParam(required = false) @RequestBody Map<String,
String> map,HttpServletRequest request){
        map.forEach((key,value)->{
            System.out.println(key+"\t"+value);
        });
        //是否来自微信的验证参照签名验证，此处略
        try {
            InputStream is=request.getInputStream(); //获取输入字节流
InputStreamReader ir=new InputStreamReader(is,"utf-8");   //将输入字节流转换为字符流
            BufferedReader br=new BufferedReader(ir);//将字符流装入缓冲池，等待读取
            //从缓冲池中循环读取并拼接读取的信息
            StringBuilder sb=new StringBuilder();
            String temp=null;
            while((temp=br.readLine())!=null){
                sb.append(temp);//拼接
            }
            br.close();ir.close();is.close();
            String xml=sb.toString();                   //等待接收处理的XML字符串
            System.out.println(xml);
            //独立开启一个新线程，用于处理接收的消息，并及时响应微信服务器，以免重发
            new Thread(){
                @Override
                public void run() {
                    Tools.handleXML(xml);               //调用处理接收的XML字符串的函数
                }
            }.start();
        } catch (UnsupportedEncodingException e) {
            e.printStackTrace();
        } catch (IOException e) {
            e.printStackTrace();
        }
        return "";
    }
```

修改后保存并重启 Spring Boot，当用户再次向公众号发送“你好”时，除输出验证信息外，还输出如下格式化后的字符串。

```
<xml>
    <ToUserName>
        <![CDATA[gh_a338cf370c7b]]>
    </ToUserName>
    <FromUserName>
        <![CDATA[oGEOC6g9c9EewdpWOgCvYh6JuFZA]]>
    </FromUserName>
    <CreateTime>1673667019</CreateTime>
    <MsgType>
        <![CDATA[text]]>
    </MsgType>
    <Content>
        <![CDATA[你好]]>
    </Content>
    <MsgId>23961150314363003</MsgId>
</xml>
```

同样地，当用户操作公众号菜单，如点击“我的班级”→“上传相片”菜单，向公众号上传相片后，公众号后台会收到如下XML字符串。

```
<xml>
    <ToUserName>
        <![CDATA[gh_a338cf370c7b]]>
    </ToUserName>
    <FromUserName>
        <![CDATA[oGEOC6g9c9EewdpWOgCvYh6JuFZA]]>
    </FromUserName>
    <CreateTime>1673667332</CreateTime>
    <MsgType>
        <![CDATA[image]]>
    </MsgType>
    <PicUrl>
<![CDATA[http://mmbiz.qpic.cn/mmbiz_jpg/AZfG3okIgemL755cj6XicTT1lWVy8micZMkKYARL
qZ6Ct59UQWoaTslanMoF3r21fbg9YJbFDwqI4doRpricE1Xaw/0]]>
    </PicUrl>
    <MsgId>23961154819778445</MsgId>
    <MediaId>
<![CDATA[trSHZjZxjy5eNSLualKBrdR9DXW5QJOep8b0qopaTQ4Vmz0wzUGa6SYzZosmtpP5]]>
    </MediaId>
</xml>
```

又如，当用户点击“班级活动”→“我在这里”菜单，向公众号发送地理位置后，公众号后台会收到如下XML字符串。

```
<xml>
    <ToUserName>
        <![CDATA[gh_a338cf370c7b]]>
    </ToUserName>
    <FromUserName>
```

```
        <![CDATA[oGEOC6g9c9EewdpWOgCvYh6JuFZA]]>
    </FromUserName>
    <CreateTime>1673667627</CreateTime>
    <MsgType>
        <![CDATA[event]]>
    </MsgType>
    <Event>
        <![CDATA[location_select]]>
    </Event>
    <EventKey>
        <![CDATA[m21]]>
    </EventKey>
    <SendLocationInfo>
        <Location_X>
            <![CDATA[23.126565933227543]]>
        </Location_X>
        <Location_Y>
            <![CDATA[113.57639312744145]]>
        </Location_Y>
        <Scale>
            <![CDATA[15]]>
        </Scale>
        <Label>
            <![CDATA[广东省广州市增城区商业街111号]]>
        </Label>
        <Poiname>
            <![CDATA[中国农业银行(广园东碧桂园支行)]]>
        </Poiname>
    </SendLocationInfo>
</xml>
```

此外，还可以继续尝试其他菜单操作，观察公众号后台接收的字符串，会发现接收的消息都是按层级结构构建的 XML 字符串。如果在配置接口地址时启用了加密模式，那么只有解密后才能恢复成 XML 字符串。公众号消息体中的主要参数如表 3-7 所示。

表 3-7　公众号消息体中的主要参数

参数	描述
ToUserName	接收方账号
FromUserName	发送方账号（用户标识）
CreateTime	消息创建时间（长整型）
MsgType	消息类型，文本为 text、图片为 image、语音为 voice、视频为 video、短视频为 shortvideo、地理位置为 location、链接为 link、事件为 event
MsgId	消息 ID（64 位整型）

对于用户对菜单的操作，以及关注公众号、取消关注公众号的操作，参数 MsgType 统一的值为 event，并包含<Event> <![CDATA[事件类型]]></Event>字段。其中，常见的事件

包括 subscribe（关注事件）、unsubscribe（取消关注事件）、scancode_push（扫码事件）、location_select（地理位置选择事件）、click（普通点击事件）、view（跳转点击事件）等。

值得注意的是，当使用菜单执行发送地理位置等操作时，公众号后台会同时收到两条信息，这是因为点击菜单触发了事件，同时发送地理位置等操作本身也是独立的事件。

开发者需要从接收的 XML 字符串中提取需要的信息，同时对不同类型的信息进行分类处理。因此，开发者需要像处理 JSON 字符串一样处理 XML 字符串。

为了便于解析 XML 字符串，将其转换为容易读取的 Java 对象，可以借助 JAXB（Java Architecture for XML Binding）开发包，它支持开发者将 XML 字符串映射为 Java 对象。

为此，需要定制一个与微信服务器发送的消息格式对应的类文件，如将类文件取名为 ReceiveMessage.java，其层级结构如图 3-25 所示。

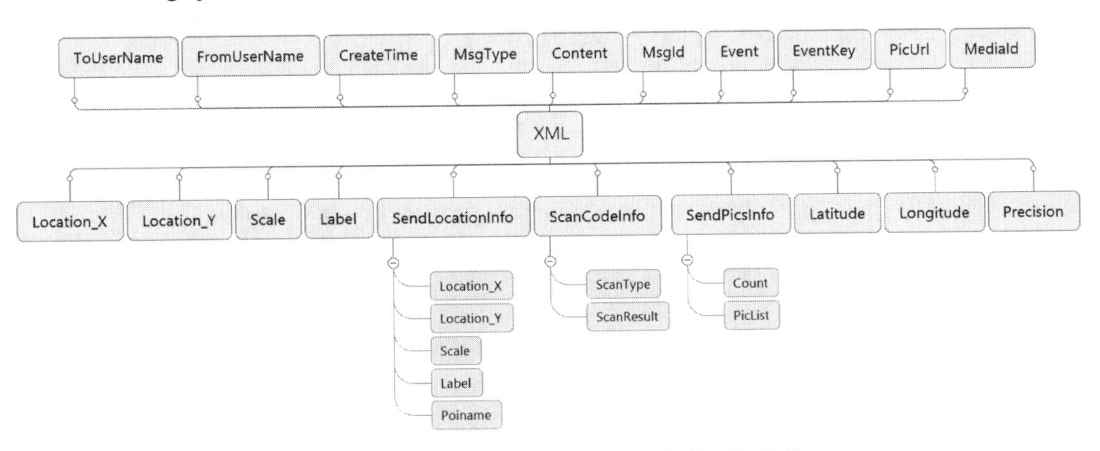

图 3-25 ReceiveMessage.java 文件的层级结构

由于如 SendLocationInfo 这样的成员变量对应的是对象类型而非简单数据类型，因此还需要继续声明这些成员变量对应的类，这里，把这些类统一置于一个相对独立的包中，并借助 JAXB 的常用注解将 Java 类的成员与 XML 格式消息体的节点元素建立一对一的映射关系。JAXB 的常用注解主要有如下 3 个。

@XmlAccessorType(XmlAccessType.PROPERTY)：声明 Java 对象中所有通过 setters 方法和 getters 方法访问的成员变量，都与 XML 格式消息体的节点元素建立一对一的映射关系。

@XmlRootElement(name=" ")：用于类级别的注解，对应 XML 格式消息体的根元素。

@XmlElement(name=" ")：将 Java 对象的属性映射为 XML 格式消息体的节点元素。在使用此注解时，可以通过 name 属性改变 Java 对象属性在 XML 格式消息体中显示的名称，即 Java 对象的成员变量名可以与 XML 格式消息体的节点元素的名称不一样，只需要在此处说明即可。

为了简化代码，隐式声明访问类中所有成员变量的 getters 方法和 setters 方法，可以使用 Lombok 库的@Data 注解。

ReceiveMessage.java 文件及由此衍生的其他消息体文件代码在本书的附录 A 中展示，

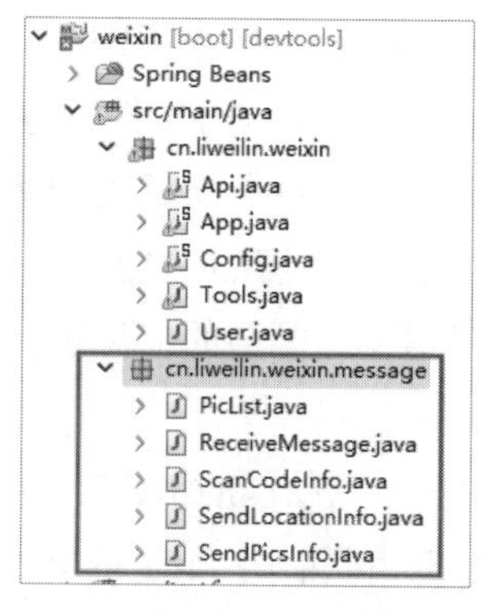

图 3-26　依据微信服务器转发过来的消息体建立的类文件结构

读者也可以从华信教育资源网下载，将其置于如图 3-26 所示的目录下。

至此，开发者可以先将从接口中接收的 XML 字符串转换为对应的 Java 对象，再灵活地使用 getters 方法获取消息类对象中的信息。为了规整逻辑代码，这里把对接收的 XML 字符串的处理封装到 Tools.java 文件的 handleXML 函数中，handleXML 函数核心代码的功能是，先使用 JAXB 提供的 JAXBContext 类和 Unmarshaller 类将 XML 字符串转换为对应的 Java 对象，再根据消息类型进行相应的处理，参考代码如下。

```
public static void handleXML(String xml){
try {
JAXBContext jb=JAXBContext.newInstance(ReceiveMessage.class); //创建JAXB实例
Unmarshaller um=jb.createUnmarshaller(); //创建JAXB解组对象
//将XML字符串转换为对应的Java对象
ReceiveMessage rm=(ReceiveMessage)um.unmarshal(new StringReader(xml));
System.out.println("收到来自："+rm.getFromUserName()+"的消息。");//测试获取的用户标识
switch(rm.getMsgType()){                    //针对不同类型的消息进行处理
case "text":
      System.out.println("收到文本消息内容为："+rm.getContent());
    //给用户回复消息
    sendText(rm.getFromUserName(), "已经收到您发来的消息了");
//调用智能应答机器人回复消息
sendText(rm.getFromUserName(), chat(rm.getContent(),rm.getFromUserName()));
        break;
case "image":
        System.out.println("收到图片，访问URL："+rm.getPicUrl());
        break;
    case "location":
        System.out.println("用户纬度："+rm.getLocation_X()+"，经度：
"+rm.getLocation_Y()+"，位于："+rm.getLabel());
        break;
    case "event":
        handleEvent(rm);//调用对应事件类型的处理函数
        break;
    case "voice":
        //…
        break;
    case "video":
        //…
        break;
    case "shortvideo":
        //…
```

```
        break;
    case "link":
        //…
        break;
    default:
        System.out.println("其他消息类型的处理……");
        }
    } catch (JAXBException e) {
            System.out.println("XML解析失败！");
            e.printStackTrace();
        }
    }
    private static void handleEvent(ReceiveMessage rm){
    }
```

上述代码先将XML字符串转换为对应的Java对象，再根据Java对象中的参数MsgType的值分类处理不同类型的消息。其中，对接收的文本类型，在控制台输出了文本消息内容，并用此前编写的Tools.sendText函数向用户回复了消息，效果如图3-27的所示。

```
signature        0cd279828b9eac577f8e0f63cf9391a6fb0237b3
timestamp        1673700420
nonce    1207946213
openid   oGEOC6g9c9EewdpWOgCvYh6JuFZA
收到来自：oGEOC6g9c9EewdpWOgCvYh6JuFZA的消息。
收到文本消息内容为：你好啊
signature        ff90e53fb2e2080d281971892f66a7477998e781
timestamp        1673700441
nonce    829721997
openid   oGEOC6g9c9EewdpWOgCvYh6JuFZA
收到来自：oGEOC6g9c9EewdpWOgCvYh6JuFZA的消息。
收到文本消息内容为：过年好
```

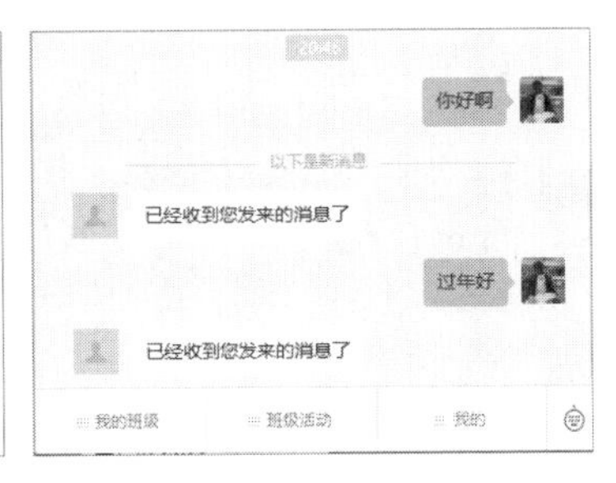

图 3-27　输出文本消息内容和发送回复消息的效果

当然，还可以使用上述获取消息和回复消息的功能，结合智能应答机器人，实现人机对话，本书将在下一节介绍。

除文本消息外，开发者服务器对接收的图片消息的处理，可以从getPicUrl函数中获取图片的临时访问地址，若业务有需要则可以将其保存在本地服务器目录中；对位置的处理，可以使用getLocation_X函数和getLocation_Y函数获取纬度和经度，使用getLabel函数获取位置的地址。

对消息体中参数MsgType的值为event的处理，由于event可能的值有多个，因此还需要分类细化，把对这种消息的处理，从设计上独立到一个handleEvent函数中，参考代码如下。

```
    private static void handleEvent(ReceiveMessage rm){
        switch(rm.getEvent()){
        case "subscribe":
            System.out.println("用户"+rm.getFromUserName()+"关注了公众号");
Tools.sendText(rm.getFromUserName(), "感谢关注，祝您好！");//向新用户发送欢迎消息
            break;
        case "unsubscribe":
```

```
            System.out.println("用户"+rm.getFromUserName()+"取消关注公众号");
            break;
        case "scancode_push":
            System.out.println("用户"+rm.getFromUserName()+"扫码结果为："+
rm.getScanCodeInfo().getScanResult());
            break;
        case "location":
            System.out.println("收到用户"+rm.getFromUserName()+"的位置信息为：纬度"+
rm.getLatitude()+"，经度："+rm.getLongitude());
            break;
        case "location_select":
            SendLocationInfo info=rm.getSendLocationInfo();
            System.out.println("收到用户"+rm.getFromUserName()+"的位置信息为：纬度"+
info.getLocation_X()+"，经度："+info.getLocation_Y()+"，位于："+info.getLabel());
            break;
        case "click":
            System.out.println("用户"+rm.getFromUserName()+"点击了普通点击事件按钮，
按钮标识为："+rm.getEventKey());
            break;
        case "view":
            System.out.println("用户"+rm.getFromUserName()+"点击了跳转点击事件按钮，
按钮标识为："+rm.getEventKey());
            break;
        default:
        }
    }
```

在公众号中发送位置、上传图片、点击“我的”→“校园卡余额”菜单，以及扫码时，控制台将输出这些操作对应的 XML 字符串。

如果公众号为服务号（非订阅号），且经过了微信认证，那么可以在公众号后台开启“获取用户地理位置”功能，以在用户打开公众号时主动上报地理位置。以测试号为例，开启“获取用户地理位置”功能如图 3-28 所示。

对话服务		模板消息（业务通知）	100000	
	用户管理	用户分组管理	详情	
		设置用户备注名	10000	
		获取用户基本信息	500000	
		获取用户列表	500	
		获取用户地理位置	无上限	开启
		生成带参数二维码	100000	

图 3-28　开启“获取用户地理位置”功能

可以设置用户进行对话时上报一次，也可以设置用户进行对话后每隔 5 秒上报一次，上报的消息属于 event 类型，其中 event 的值为 location。

开启了“获取用户地理位置”功能的公众号，用户在关注后进行公众号会话时，会弹出提示框，提示用户是否允许公众号使用其地理位置。提示框只在关注后出现一次，用户以后可以在公众号的详情页中进行关闭或启用操作。公众号的“设置”界面如图 3-29 所示。

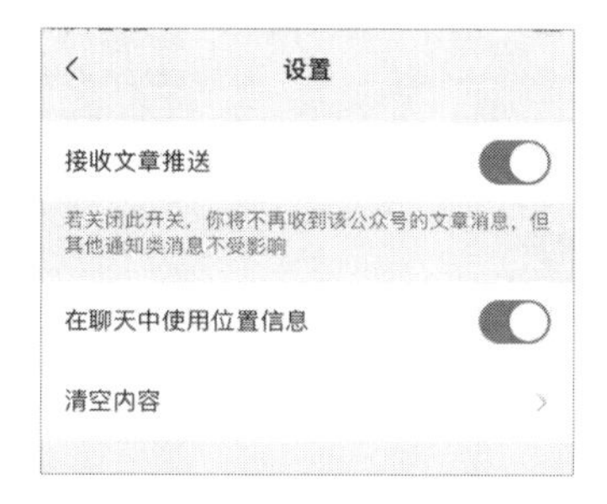

图 3-29　公众号的“设置”界面

3.4　公众号接入百度智能云接口

扫一扫，看微课

前文介绍的示例已经实现了公众号文本消息的收发功能，如果能针对用户向公众号发送的不同问题进行相应的回答，那么就能实现人机对话。下面通过访问百度智能云接口的示例来巩固接口四要素的知识。在百度智能云接口使用的方法，同样适用于在其他生成式人工智能平台（OpenAI 的 ChatGPT 等）提供的接口上。

百度智能云是百度提供的人工智能、大数据和云计算服务平台。其智能对话管理功能基于语义识别技术，可以结合对话引擎对识别结果进行业务处理，利用智能中控实时调度处理结果。通过这个平台，开发者可以快速为自己的产品接入一款具备个性化身份属性特征、满足不同场景、包含上下文信息且可以进行多轮对话的智能应答机器人，在产品内部实现与用户的交互。

访问百度智能云官网，完成注册后，点击如图 3-30 所示左侧的“应用接入”选项，创建应用。

图 3-30　点击“应用接入”选项

成功创建应用后，可以获取接入的应用的相关内容，这将作为百度智能云开放接口的访问令牌，如图 3-31 所示。

图 3-31　应用接入的接口标识和接口密钥

打开百度智能云接口文档（见图 3-32），根据指引可知，要调用百度智能云接口需要先获取访问令牌。

图 3-32　百度智能云接口文档

从接口文档中获取请求地址、请求方法、请求参数和返回结果，如表 3-8 所示。

表 3-8　接口要素及内容

接口要素	内容	备注
请求地址	https://aip.*****bce.com/oauth/2.0/token ?grant_type=GRANT_TYPE &client_id=API_KEY &client_secret=API_SECRET	GRANT_TYPE 为固定值 client_credentials API_KEY 为接口标识 API_SECRET 为接口密钥 参数格式为 URL 带值
请求方法	POST	
请求参数	无	

返回结果	{
	" access_token ":"访问令牌",
	" expires_in ":"令牌有效期（单位：秒）"
	}
		JSON 格式

在 API 列表中先点击“对话 Chat”选项，再点击“Yi-34B-Chat”对话大语言模型，获取接口四要素。简化版的接口要素及内容如表 3-9 所示。

表 3-9　简化版的接口要素及内容

接口要素	内容	备注
请求地址	https://aip.*****bce.com/rpc/2.0/ ai_custom/v1/wenxinworkshop/chat/ yi_34b_chat?access_token=ACCESS_TOKEN	ACCESS_TOKEN 为接口访问令牌
请求方法	POST	

请求参数	{
	messages:[
	{"role":"user ", "content":"历史问题"},
	{"role":" assistant ","content":"历史回答"},
	//多轮对话
	{"role":"user ","content":"当次新问题"}
	],
	"user_id":"最终用户标识"
	}
		JSON 格式

返回结果	{
	"result":"对话返回结果"
	}
		JSON 格式

根据表 3-8 和表 3-9 构建两个函数，前者用于获取接口访问令牌，后者用于构建对话功能。在 Tools.java 文件中，获取百度智能云接口访问令牌的函数的参考代码如下。

```
private static String baidu_access_token = null;//定义百度智能云接口访问令牌
private static long baidu_token_create_time = 0l;//定义百度智能云接口访问令牌的生成时间
private static int baidu_token_expires_in = 0;//定义百度智能云接口访问令牌有效期
private static String getBaiduToken() {       //定义获取百度智能云接口访问令牌的函数
    if (baidu_access_token == null|| (new Date().getTime() - baidu_token_create_
time) / 1000 > baidu_token_expires_in) {
        String AUTH_URL = "https://aip.baidubce.com/oauth/2.0/token?grant_type=
GRANT_TYPE&client_id=API_KEY&client_secret=API_SECRET";
        String GRANT_TYPE = "client_credentials";
        String API_KEY = "fWVwEXyvU4SIUF5Z2Z*********";       //定义接口标识
        String API_SECRET = "i1ljpxPGHRJSAJ9Q***********";    //定义接口密钥
        String url = AUTH_URL.replace("GRANT_TYPE", GRANT_TYPE).replace("API_KEY",
API_KEY).replace("API_SECRET",
                API_SECRET);
        String responseBody = post(url, "");
        JSONObject responseJson = JSONObject.parseObject(responseBody);
        baidu_access_token = responseJson.getString("access_token");
        //定义令牌有效期，单位为秒
        baidu_token_expires_in = responseJson.getInteger("expires_in");
    }
    return baidu_access_token;
}
```

上述代码与请求获取微信公众号接口访问令牌的代码类似，都是以标识和密钥作为参数向接口发送请求，返回访问令牌和令牌有效期。

在 Tools.java 文件中，智能应答机器人使用的函数的参考代码如下。

```
//保存用户的历史会话，暂不考虑对话轮数
private static HashMap<String,JSONArray> history=new HashMap<String,JSONArray>();
    //定义智能应答机器人使用的函数
    public static String chat(String question, String user) {
        String respStr = null;            //回复消息
        String url = "https://aip.baidubce.com/rpc/2.0/ai_custom/v1/wenxinworkshop/
chat/yi_34b_chat?access_token=ACCESS_TOKEN";
        url = url.replace("ACCESS_TOKEN", getBaiduToken());
        JSONObject param = new JSONObject();
        JSONArray messages = null;        //定义多轮对话数组
        if (history.get(user) != null) { //如果不是首轮对话，那么取出历史对话
            messages = history.get(user);
        } else {
            messages = new JSONArray();
        }
        //构建本轮对话请求参数
        JSONObject message = new JSONObject();
        message.put("role", "user");
        message.put("content", question);
        messages.add(message);
        param.put("messages", messages);
        param.put("user_id", user);
        String responseBody = post(url, param.toJSONString());
        JSONObject responseJson = JSONObject.parseObject(responseBody);
        respStr = responseJson.getString("result");
        if(respStr==null){                //如果回复错误，那么直接返回“回复异常”
            respStr="回复异常";
            System.out.println(responseJson.toJSONString());
        }
        //将回复消息写入历史对话中
        message=new JSONObject();
        message.put("role", "assistant");
        message.put("content", respStr);
        messages.add(message);
        history.put(user, messages);
        return respStr;
    }
```

有了上述两个函数，在处理微信服务器传送过来的文本消息时，只要把简单的“已经收到您发来的消息了”换成智能应答机器人回复的消息即可，参考代码如下。

```
//sendText(rm.getFromUserName(), "已经收到您发来的消息了");//给用户回复消息
//调用智能应答机器人回复的消息
sendText(rm.getFromUserName(), chat(rm.getContent(),rm.getFromUserName()));
```

完成后，重启服务，即可实现人机对话。公众号的人机对话页面如图 3-33 所示。

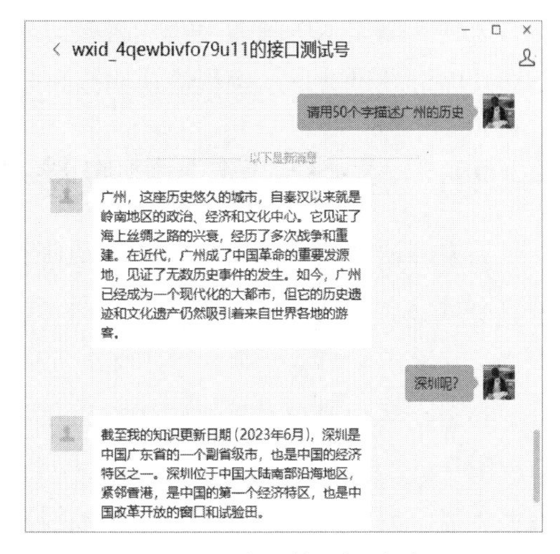

图 3-33　公众号的人机对话页面

上述对话过程未考虑对话轮数的限制问题，实际应用中需要对其加以判断或删除超过限制的历史对话。另外，百度智能云对鉴权、对话等功能的代码进行了封装，使用 SDK（Software Development Kit，软件开发工具包），只需要在 pom.xml 文件中引入如下依赖，即可简化上述开发流程。

```
<dependency>
    <groupId>com.baidubce</groupId>
    <artifactId>qianfan</artifactId>
    <version>0.0.4</version>
</dependency>
```

为了说明如何使用 SDK，这里新建一个测试类，在其 main 函数中输入如下代码，运行后，即可在控制台中实现人机交互。

```
public static void main(String[] args) {
ChatBuilder cb = new Qianfan(Auth.TYPE_OAUTH, "fWVwEXyv***", "i1ljpxPG**")
.chatCompletion().model("Yi-34B-Chat").temperature(0.7);          //指定预置模型
    Scanner sc = new Scanner(System.in);
    while (true) {
        System.out.print("请输入问题：");
        String question = sc.nextLine();
        if (question.equals("000"))              //输入“000”，退出对话
            break;
        if (question.equals(""))                 //输入空字符
            continue;
ChatResponse response = cb.addMessage("user", question).execute(); //发起请求
        String respStr = response.getResult();
        System.out.println(respStr);
        cb.addMessage("assistant", respStr); //将回复消息写入历史对话中

    }
}
```

以 Java Application 方式运行后，控制台的输出结果如图 3-34 所示。

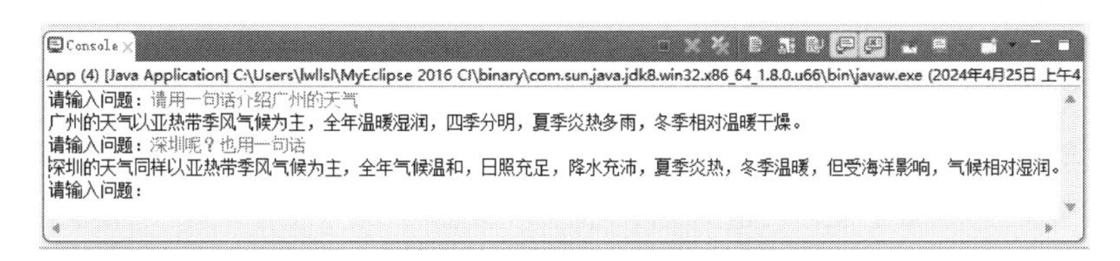

图 3-34　控制台的输出结果

上述示例展示了除微信公众号接口外的其他接口的使用，微信本身也提供了“智能对话”功能，通过上述示例恰恰说明接口知识具有普适性。

3.5 公众号网页授权接口

扫一扫，看微课

在公众号中打开网页和在普通浏览器中打开网页的显著不同是，前者可以尝试请求微信网页授权以获取用户的身份信息，而后者只有用户输入用户名和密码等验证信息登录后才能匹配身份信息。

在公众号中请求网页授权之前，开发者需要点击公众号后台的“设置与开发”→“接口权限”→“网页服务”→“网页授权”→“网页授权获取用户基本信息”选项，在“网页授权域名”界面（见图 3-35）中修改授权回调域名。请注意，由于这里填写的是域名，而不是 URL，因此不应加 http:// 等协议头或在末尾加路径。对于正式号，还需要通过下载文件到域名根目录中来验证域名的有效性。

图 3-35 “网页授权域名”界面

开始进行网页授权之前，下面先介绍网页授权中的一些细节。

1. 网页授权获取用户信息的作用域

网页授权获取用户信息，可以有两种选择，一种是 snsapi_base，另一种是 snsapi_userinfo。前者仅用于获取用户标识，这种授权是静默授权，无须用户同意；后者用于获取用户基本信息，包括用户标识、头像、昵称等，这种授权需要用户手动同意（弹窗确认）。

有一种情况比较特殊，即对已关注公众号的用户，如果用户从公众号的会话页面或自定义菜单进入公众号的网页授权页，那么即使将范围设置为 snsapi_userinfo，也是用户无感知的静默授权。然而，对未关注公众号且在非网页授权同意的环境中，是无法通过用户管理类接口中的获取用户基本信息接口来获取用户基本信息的。

2. 网页授权访问令牌与公众号接口访问令牌

在访问微信服务器公众号接口时申请获得的访问令牌，即公众号接口访问令牌；而在网页授权中也可以申请获取一个网页授权访问令牌。与公众号接口访问令牌不一样，网页授权访问令牌仅用于调用网页授权同意后的接口，如获取用户基本信息，不能调用公众号的其他功能接口。

3. 同一个主体（所有者）下公众号、小程序联合标识

网页授权获取用户基本信息也遵循联合标识机制，即如果同一个主体（所有者）拥有多个公众号，或在公众号、小程序之间需要统一标识同一个微信用户，那么可以前往微信开放平台绑定公众号或小程序，这样就可以使用联合标识机制确保用户的唯一性，这是因为同一个用户，对同一个微信开放平台中的不同应用（公众号、小程序等），联合标识是唯一的。

网页授权的基本流程如图 3-36 所示。

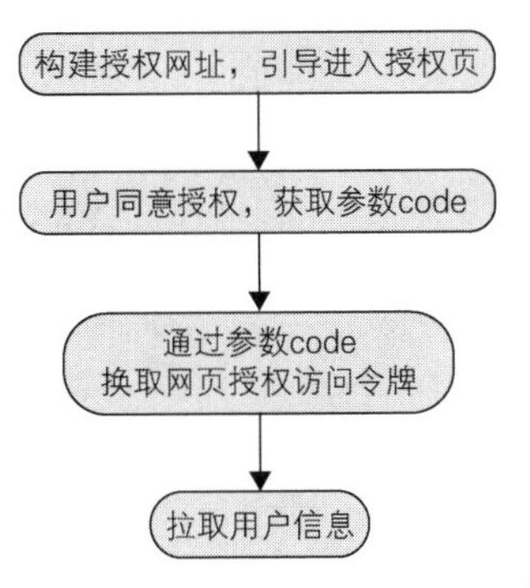

图 3-36　网页授权的基本流程

流程的第 1 步　构建授权网址，引导进入授权页。一般来说，这个授权网址会被写在公众号菜单中，或公众号对话过程的链接中，当用户点击公众号菜单时会打开这个网址，经授权后会跳转到目标网址中。因此，目标网址需要作为参数被包含在授权网址中。官方文档给出的授权网址如下。

```
https://open.weixin.qq.com/connect/oauth2/authorize?appid=APPID&redirect_uri=
REDIRECT_URI&response_type=code&scope=SCOPE&state=STATE#wechat_redirect
```

其中，APPID 需要被替换成公众号标识；REDIRECT_URI 就是目标网址；SCOPE 需要被替换成 snsapi_base 或 snsapi_userinfo；STATE 可以带上跳转时需要携带的参数。如果用户同意，那么该链接将携带参数 code 和参数 state 被跳转到由 REDIRECT_URI 指定的目标网址中，参考代码如下。

```
REDIRECT_URI?code=CODE&state=STATE
```

在 Api.java 文件中新建一个映射路径为/myWeb 且以 GET 方法访问的 MyWeb 函数，将其作为目标网址，这时就可以构建完整的授权地址了。尝试构建公众号菜单并将授权网址设置在“绑定信息”菜单中，为此修正在 Tools.java 文件中创建 createMenu 函数的“绑定信息”菜单的代码。

```
JSONObject m31=new JSONObject(),m32=new JSONObject();
m31.put("name", "绑定信息");m31.put("type", "view");m31.put("key", "m31");
```

```
//跳转到网页授权地址中
String uri="https://open.weixin.qq.com/connect/oauth2/authorize?appid=
APPID&redirect_uri=REDIRECT_URI&response_type=code&scope=SCOPE&state=STATE#wechat_
redirect";
uri=uri.replace("APPID", "wx305b5ae0c3f8d370").replace("REDIRECT_URI","http://
sar2zs.natappfree.cc/myWeb").replace("SCOPE","snsapi_userinfo").replace("STATE",
"123");
m31.put("url", uri);
```

重新在 main 函数中调用 createMenu 函数，刷新菜单。

流程的第 2 步 用户同意授权，获取参数 code。参考代码如下。

```
@GetMapping("/myWeb")
public String MyWeb(@RequestParam(required=false)Map<String,String> map,
HttpServletRequest request){
    String content="<html><head>";
    content+="<meta charset='utf-8'>";
    content+="<meta name='viewport' content='width=device-width'>";
    content+="<title>我的主页</title>";
    content+="</head><body>";
    String code=map.get("code");
    if(code==null||code.equals("")){
        content+="获取参数code失败！";
    }else{
        content+="获取的参数code为："+code+"，获取的参数state为："+map.get("state");

    }
    content+="</body></html>";
    return content;
}
```

在上述代码中，MyWeb 函数在被访问时除可以获取请求参数外，还可以获取 HttpServletRequest，这是为了后续可以向跳转到的目标网址传递数据。完成并保存上述代码，重启 Spring Boot 后，点击公众号菜单中的“绑定信息”菜单，将显示如图 3-37 左图所示的内容。如果试图在浏览器中直接打开目标网址，那么会出现如图 3-37 右图所示的内容，说明测试成功，页面只允许在公众号中打开。

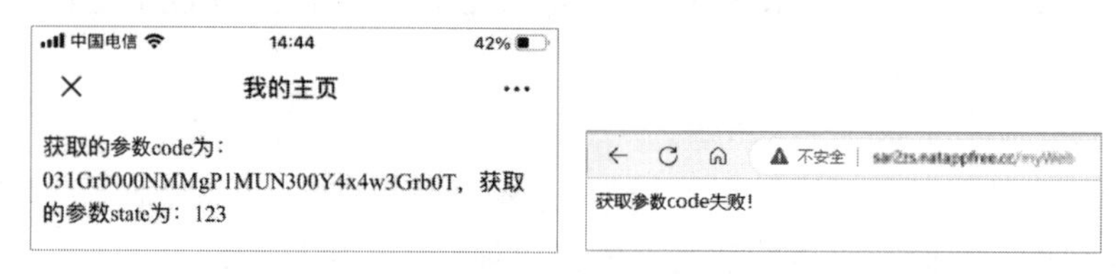

图 3-37　流程的第 2 步的效果

流程的第 3 步 通过参数 code 换取网页授权访问令牌。从接口文档中获取请求地址、请求方法、请求参数和返回结果，如表 3-10 所示。

表 3-10　接口要素及内容 1

接口要素	内容	备注
请求地址	https://api.******.qq.com/sns/oauth2/access_token? appid=APPID &secret=SECRET &code=CODE &grant_type=authorization_code	
请求方法	GET	

请求参数	{
	appid:开发者标识,
	secret:开发者密码,
	code:用户授权后获取的凭证,
	grant_type:授权类型，值为 authorization_code
	}
		URL 带值

返回结果	{
	"access_token":"网页授权访问令牌",
	"expires_in":"令牌有效期（单位：秒）",
	"refresh_token":"令牌刷新码",
	"openid":"用户标识",
	"scope":"用户授权的作用域",
	"unionid": "联合标识"
	}
		JSON 格式，如果返回结果中包含 errcode 且返回结果非 0，那么说明请求失败

根据上述接口要素，下面继续完善 MyWeb 函数中的代码。

```
content+="获取的参数code为: "+code+", 获取的参数state为: "+map.get("state")+"<br>";
//第3步
//1.构建请求地址
String
url="https://api.weixin.qq.com/sns/oauth2/access_token?appid=APPID&secret=
SECRET&code=CODE&grant_type=authorization_code";
//2.拼接所需参数
url=url.replace("APPID", "wx305b5ae0c3f8d370").replace("SECRET","4af6007********
********").replace("CODE",code);
//3.发送请求
String result=Tools.get(url);
//4.处理结果
JSONObject json=JSONObject.parseObject(result);
if(json.getInteger("errcode")!=null&&json.getInteger("errcode")!=0){
    content+="接口请求失败: "+json;
}else{
    String access_token=json.getString("access_token");
    String openid=json.getString("openid");
    content+="获取的访问令牌是: "+access_token+", 用户标识是: "+openid;
}
```

完成并保存上述代码，重启 Spring Boot 后，点击公众号菜单中的“绑定信息”菜单，将显示如图 3-38 所示的内容。

```
获取的参数code为：041Vzf100d9T2S1nm7400qUpVn0Vzf1d，获取的参数state为：123
获取的访问令牌是：
79_Q22Wd7VSEaLjbTaMmJz19xhUlpejUfNx7eZInMPWR25YCbjHLCiR0Cs7tJjhTTbPaMLkuL
KBG4F5k124POAiaVXe21R5LKTakj9v1h_1nYE，用户标识是：
om9xy6bAHI8KKz2NayyD1FGBibm8
```

图 3-38　流程的第 3 步的效果

可见，已经获取了网页授权访问令牌。

由于开发者密码和网页授权访问令牌的安全级别都非常高，因此不推荐将其传送给客户端，而推荐将其保存到服务器中，可以将其保存在服务器的会话中，也可以将其保存在 Redis（内存级数据库）中。

流程的第 4 步 拉取用户信息。从接口文档中获取请求地址、请求方法、请求参数和返回结果，如表 3-11 所示。

表 3-11　接口要素及内容 2

接口要素	内容	备注
请求地址	https://api.******.qq.com/sns/userinfo? access_token=ACCESS_TOKEN &openid=OPENID &lang=zh_CN	
请求方法	GET	

请求参数	{
	access_token：网页授权访问令牌
	openid：用户标识
	lang：国家地区语言版本，zh_CN 表示简体，zh_TW 表示繁体，en 表示英语
	}
		URL 带值

返回结果	{
	"openid": "用户标识",
	"nickname":用户昵称,
	"sex":用户性别，值为 1 表示男性，值为 2 表示女性，值为 0 表示未知,
	"province":"用户个人资料填写的省份",
	"city":"用户个人资料填写的城市",
	"country":"国家，如中国为 CN ",
	"headimgurl":" 用户微信头像的 URL",
	"privilege":["用户特权信息 1" "用户特权信息 2"…],
	"unionid": "联合标识"
	}
		JSON 格式，如果返回结果中包含 errcode 且返回结果非 0，那么说明请求失败

根据上述接口要素，下面继续完善 MyWeb 函数中的代码。

```
content+="获取的访问令牌是："+access_token+"，用户标识是："+openid;
//第4步
url="https://api.weixin.qq.com/sns/userinfo?access_token=ACCESS_TOKEN&openid=
OPENID&lang=zh_CN";
url=url.replace("ACCESS_TOKEN",access_token).replace("OPENID",openid);
```

```
result=Tools.get(url);
json=JSONObject.parseObject(result);
if(json.getInteger("errcode")!=null&&json.getInteger("errcode")!=0){
    content+="拉取用户信息接口请求失败："+json;
}else{
    content+="<div>用户昵称是:"+json.getString("nickname")+"</div>";
    content+="<div><img src='"+json.getString("headimgurl")+"'></img></div>";
      //其他后续流程
}
```

完成并保存上述代码，重启 Spring Boot 后，点击公众号菜单中的“绑定信息”菜单，将显示如图 3-39 所示的内容。

由于在公众号中可以通过网页授权来直接获取用户标识和用户其他信息，因此基于公众号的网页具有可简化的鉴权优势，开发者获取用户标识后即可从业务系统的数据库中检索用户的业务数据，继续完成后续的业务逻辑。

图 3-39　流程的第 4 步的效果

3.6　公众号与数据库交互

3.6.1　数据准备

扫一扫，看微课

在开发者模式下，开发者服务器需要存取本地业务系统数据，一般都需要部署数据库。例如，对于上述用户基本信息，当用户进入公众号或公众号授权页后，需要根据其标识从数据库中检索其在业务系统中的身份信息。如果业务系统是一个商城，那么需要获取其联系电话、送货地址、历史采购记录等。

在 db2020 数据库中修改用户表，增加 openid 字段和其他扩展字段备用。用户表结构如图 3-40 所示。

名	类型	长度	小数点	允许空值 (	
id	int	11	0	☐	1
username	varchar	30	0	☑	
password	varchar	30	0	☑	
realname	varchar	30	0	☑	
gender	varchar	10	0	☑	
age	int	11	0	☑	
openid	varchar	200	0	☑	
address	varchar	100	0	☑	
hobby	varchar	100	0	☑	
birthday	varchar	20	0	☑	
mobile	varchar	30	0	☑	

图 3-40　用户表结构

根据用户表结构，相应增加 User 类的成员变量，参考代码如下。

```
@Data
@TableName(value="users")     //绑定与数据库对应的用户表
public class User {
@TableId(type=IdType.AUTO)    //自动递增主键
private Integer id;
private String username;
private String password;
private String realname;
private String gender;
private int age;
private String openid;
private String address;
private String hobby;
private String birthday;
private String mobile;
}
```

3.6.2 流程设计

下面通过介绍在微信公众号中进行用户登录与注册的示例，帮助读者学习如何使用公众号从数据库中读取和存储数据。其具体要求为：当用户进入公众号授权页后，即可获取用户标识，并根据用户标识从用户表中检索对应的用户标识，若用户标识不存在，则显示绑定表单，引导用户绑定个人信息，在用户提交时把表单数据与用户标识一起保存到用户表中；若用户标识存在，则取出用户信息，并将其显示在网页上。用户登录流程如图 3-41 所示。

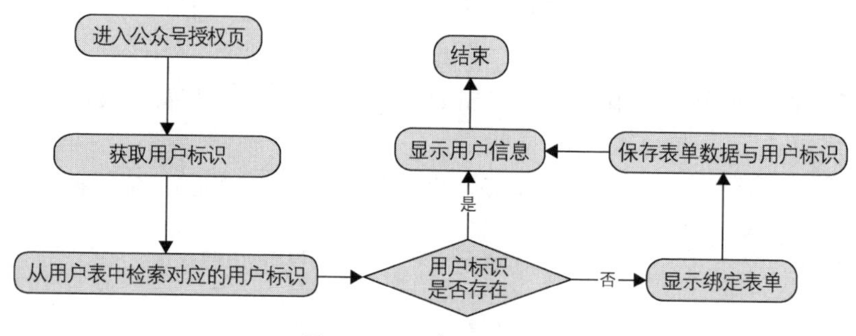

图 3-41　用户登录流程

3.6.3 数据映射

为了使代码模块化，把根据用户标识获取用户信息、把用户信息保存到数据库的操作都当作工具函数封装到 Dao.java 文件中，并分别为其取名为 getUserByOpenid(String openid) 和 saveUser(User user)，参考代码如下。

```
@Component //确保能被Spring Boot扫描到，启动时可以被@Autowired注解自动注入
public class Dao {
    @Autowired
    UserMapper userMapper;                          //注入User类的映射对象
    public User getUserByOpenid(String openid){
QueryWrapper<User> queryWrapper=new QueryWrapper<User>(); //建立查询条件包装器
        queryWrapper.eq("openid", openid);    //在查询条件包装器中增加查询条件
        User user=userMapper.selectOne(queryWrapper);
        return user;                          //返回查询结果
    }
    public User saveUser(User user){
        User user2=getUserByOpenid(user.getOpenid());
        if(user2!=null)return user2;          //如果已经存在
        int n=userMapper.insert(user);        //向用户表中插入数据
        if(n>0)return getUserByOpenid(user.getOpenid()); //取出数据
        else return null;
    }
}
```

在需要使用上述工具的位置注入一个 Dao 实例，即可轻松地与数据库“打交道”，参考代码如下（后续数据库的其他操作，都可以在 Dao.java 文件中扩展）。

```
@Autowired
Dao dao;
```

3.6.4　Thymeleaf 引入

根据流程，在进行公众号网页授权时需要事先准备分别用于显示用户信息和绑定用户信息的静态 HTML 文件，这两个文件必须能接收并显示动态用户信息。为此，引入 Spring Boot 推荐的 Thymeleaf。

首先，在 pom.xml 文件中加入如下依赖。

```
<dependency>
    <groupId>org.springframework.boot</groupId>
    <artifactId>spring-boot-starter-thymeleaf</artifactId>
</dependency>
```

其次，在 src/main resources 目录下新建 templates 目录，用于放置 Thymeleaf。例如，上述两个文件对应的模板如下。

```
<!DOCTYPE html>
<html>
  <head>
    <title>显示用户信息</title>
     <meta charset="UTF-8">
     <meta name="viewport" content="width=device-width">
  </head>
  <body>
```

```
 姓名：<span th:text="${realname}"></span><br/>
 地址：<span th:text="${address}"></span><br/>
 电话：<span th:text="${mobile}"></span><br/>
 生日：<span th:text="${birthday}"></span><br/>
  </body>
</html>
<!DOCTYPE html>
<html>
  <head>
    <title>绑定用户信息</title>
    <meta charset="UTF-8">
    <meta name="viewport" content="width=device-width">
  </head>
 <body>
<div style="margin:auto;width:400px;">
<form action="/addUser" method="get">
<div style="margin:auto;"><img style="width:100px;height:100px;border-radius:
100px;" th:src='${headimgurl}' /></div>
姓名：<input type='text' required name='realname' /><br/>
地址：<input type='text' required name='address' /><br/>
电话：<input type='tel' required name='mobile' /><br/>
生日：<input type='date' required name='birthday' /><br/>
<input type="hidden" name='openid' th:value='${openid}' />
<input type="hidden" name='nickname' th:value='${nickname}' />
<input type="hidden" name='headimgurl' th:value='${headimgurl}' />
<input type='submit' value='绑定' />
</form>
</div>
 </body>
</html>
```

在上述模板中，th:text="${属性名}"、th:src="${属性名}"或 th:value="${属性名}"所处的位置被称为占位符，页面在输出时，Thymeleaf 会使用 HttpServletRequest 中相同的属性值填充相应的位置。

3.6.5 功能实现

下面在 Api.java 文件的 MyWeb 函数中获取用户标识后，即在注释了“其他后续流程”代码处，继续完成上述流程的核心判断部分，参考代码如下。

```
content+="<div>用户昵称是:"+json.getString("nickname")+"</div>";
content+="<div><img src='"+json.getString("headimgurl")+"'></img></div>";
request.setAttribute("openid", openid);  //把用户标识保存到request中供模板调用
request.setAttribute("headimgurl", json.getString("headimgurl"));
request.setAttribute("nickname", json.getString("nickname"));
User user=dao.getUserByOpenid(openid);    //查询用户标识
if(user!=null){//已绑定用户
```

```
    //把User对象的成员变量保存到request中供模板调用
    request.setAttribute("realname", user.getRealname());
    request.setAttribute("address", user.getAddress());
    request.setAttribute("mobile", user.getMobile());
    request.setAttribute("birthday", user.getBirthday());
    return "index";//return "index.html"的省略写法
}else{//若未绑定用户，则显示绑定表单或跳转到绑定页中
    return "bind";//return "bind.html"的省略写法
}
```

完成上述代码后，未绑定用户和绑定用户在点击公众号菜单中的“绑定信息”菜单时，略微修饰后将出现如图 3-42 所示的页面。

图 3-42　未绑定用户和绑定用户显示的页面

此外，还需要一个保存表单的控制器，即对于未绑定用户出现的页面，在用户填写完信息提交时，需要一个保存表单的控制器。在 Api.java 文件中增加一个映射路径为/addUser 的 addUser 函数，可以继续使用 HttpServletRequest 传递数据，还可以使用 Spring MVC 的 ModelAndView、Model 或 ModelMap 带参数重定向到结果页中。使用 ModelAndView 带参数重定向到结果页中的参考代码如下。

```
@GetMapping("/addUser")
@ResponseBody
public ModelAndView addUser(@RequestParam(required=false) Map<String,String>){
    if(map.get("openid")==null)return null;
    User user=new User();
    user.setRealname(map.get("realname"));
    user.setMobile(map.get("mobile"));
    user.setAddress(map.get("address"));
    user.setBirthday(map.get("birthday"));
    user.setOpenid(map.get("openid"));
    user=dao.saveUser(user);//Dao实例需要在函数外使用@Autowired注解注入
    ModelAndView modelAndView=new ModelAndView("index");//新建跳转对象
    modelAndView.addObject("realname", user.getRealname());//添加要跳转时传递的数据
```

```
    modelAndView.addObject("address", user.getAddress());
    modelAndView.addObject("mobile", user.getMobile());
    modelAndView.addObject("birthday", user.getBirthday());
    modelAndView.addObject("openid", user.getOpenid());
    modelAndView.addObject("nickname", map.get("nickname"));
    modelAndView.addObject("headimgurl",map.get("headimgurl"));
    return modelAndView;//返回ModelAndView
}
```

上述代码在保存数据后将带参数跳转到 templates/index.html 文件中，其显示效果同绑定用户的显示效果相同。

3.7 公众号智能接口应用扩展

扫一扫，看微课

公众号接口提供了系列智能（语音转文字、文本翻译、光学字符识别等）接口。例如，参考微信翻译接口文档（见图 3-43），只需要找出接口四要素，即接口地址、请求方法、请求参数和返回结果，即可轻松地实现一个中译英的接口功能函数。

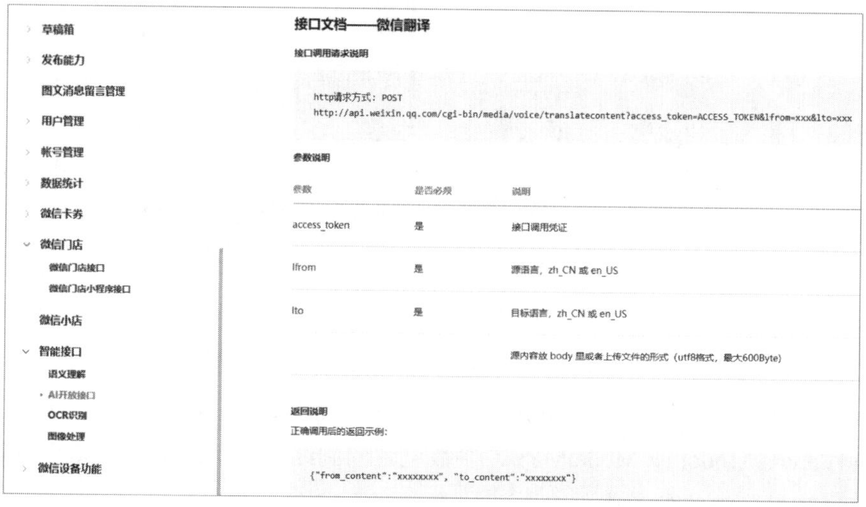

草稿箱
发布能力
图文消息留言管理
用户管理
帐号管理
数据统计
微信卡券
微信门店
微信门店接口
微信门店小程序接口
微信小店
智能接口
语义理解
AI开放接口
OCR识别
图像处理
微信设备功能

接口文档——微信翻译

接口调用请求说明

http请求方式：POST
http://api.weixin.qq.com/cgi-bin/media/voice/translatecontent?access_token=ACCESS_TOKEN&lfrom=xxx<o=xxx

参数说明

参数	是否必须	说明
access_token	是	接口调用凭证
lfrom	是	源语言，zh_CN 或 en_US
lto	是	目标语言，zh_CN 或 en_US
		源内容放 body 里或者上传文件的形式（utf8格式，最大600Byte）

返回说明

正确调用后的返回示例：

{"from_content":"xxxxxxxx", "to_content":"xxxxxxxx"}

图 3-43　微信翻译接口文档

在 Tools.java 文件中封装这个函数，参考代码如下。

```
public static String translate(String words){
    String target="";
    String url="https://api.weixin.qq.com/cgi-bin/media/voice/translatecontent?
access_token=ACCESS_TOKEN&lfrom=zh_CN&lto=en_US";
    url=url.replace("ACCESS_TOKEN", Tools.getAccess_token());
    String result=post(url,words);
    JSONObject json=JSONObject.parseObject(result);//转换为JSON对象
    target=json.getString("to_content");
    return target;
}
```

在需要的位置调用 translate("待翻译中文")，即可返回对应的英文。

例如，调用：

```
System.out.println(translate("我想去乌镇，你能作陪吗？"));
```

控制台将输出：

```
I want to go to Wuzhen, can you accompany me?
```

又如，使用光学字符识别智能接口实现一个用于识别车牌号码的函数，参考代码如下。

```
public static String platenum(String img){
    String target="";
    String url="https://api.weixin.qq.com/cv/ocr/platenum?img_url=ENCODE_
URL&access_token=ACCESS_TOKEN";
    String img_encode=URLEncoder.encode(img);
    url=url.replace("ACCESS_TOKEN", Tools.getAccess_token()).replace("ENCODE_
URL", img_encode);
    String result=post(url,"");
    JSONObject json=JSONObject.parseObject(result);//转换为JSON对象
    target=json.getString("number");
    return target;
}
```

将需要识别的带车牌号码的图像 URL 作为参数，调用 platenum 函数即可返回车牌号码。不过，这个光学字符识别智能接口是一个收费接口（可以在微信服务市场中购买），如果公众号主体没有付费或未申请免费试用，那么返回的 JSON 字符串如下。

```
{"errcode":48001,"errmsg":"api unauthorized}
```

可知，无法获取正确的结果。

查看接口调用函数可知，由于跳转到的目标 URL 将作为参数被包含在接口请求 URL 中，因此函数中对作为参数的 URL 再一次进行了 URLEncoder 编码。车牌号码识别的效果如图 3-44 所示。

```
329  public static void main(String[] args) {
330      System.out.println(platenum("http://img.miaomudu.com/xcar/2021110755117664.jpg"));
331  }
332  }
```

```
<terminated> Tools (8) [Java Application] C:\Users\lwlsl\MyEclipse 2016 CI\binary\com.sun.java.jdk8.win32.x86_64_1.8.0.u66\bi
{"errcode":0,"errmsg":"ok","number":"京H99999"}
京H99999
```

图 3-44　车牌号码识别的效果

本章介绍了微信公众号涉及的有关接口的知识，并列举了常用接口的使用方法。读者通过学习本章知识，可以举一反三，根据业务需要扩展调用其他接口。接口调用的重点是找准接口四要素，本章介绍的有关接口的知识同样适用于第 4 章微信小程序及接口开发。

第 4 章

微信小程序及接口开发

【知识目标】

1. 了解移动互联网新形态下微信小程序的优点和应用场景
2. 熟悉小程序基础构件的相关知识，掌握自定义组件的相关知识
3. 理解小程序的事件驱动机制
4. 理解小程序 API 的设计逻辑
5. 掌握小程序云开发的相关知识

【技能目标】

1. 能使用小程序基础构件和自定义组件开发小程序
2. 能读懂小程序接口文档，并在业务系统中使用开放接口和位置服务等功能
3. 能根据业务需要构建与数据库交互的服务接口，具备全栈开发能力
4. 能使用小程序云开发功能实现基于云数据库、云函数和云存储的小型应用的开发

【素质目标】

1. 通过学习小程序获取用户信息的授权机制，提高保护公民信息的数据安全意识
2. 通过学习如何使用小程序快速搭建移动应用系统，培养应用创新思维

近年来，HTML5 因丰富的交互式支持、灵活的多媒体嵌入、专为移动端定制的表单元素、WebStorage 本地化缓存能力和 Canvas 画图等特性，成为移动应用市场的主流。在技术层面，究其本源还是网页，同样使用 HTML+CSS3+JavaScript，相比传统的 App，HTML5 的开发及维护成本低，页面小，终端只要有浏览器就可以使用，这减少了不必要的支出，且便于升级，打开即可使用最新版本，省去了重新下载升级包的麻烦，在使用过程中可以

直接更新离线缓存。

相比传统的 App，HTML5 也有一些不足。HTML5 只能实现一些轻型的交互式场景，无法直接像 App 一样具备底层硬件的访问能力（除非浏览器底层提供这样的接口）。从用户体验的角度来看，在打开 HTML5 时需要从互联网上加载资源，这需要有一个等待的过程，且需要与服务器动态交互验证用户的身份，不能直接使用硬件标识识别用户。

小程序的出现，综合了 HTML5 和传统的 App 的优势。小程序依托大型互联网平台的 App（微信、支付宝等），不需要另外单独下载及安装（用户扫一扫或搜一下即可直接使用），更不存在卸载的问题，且所依托平台提供了定位、拍照、扫码和通知等底层功能。小程序的主要开发语言是 JavaScript（或 TypeScript），由于小程序接口开发和普通的网页开发非常相似，因此在学习小程序的过程中许多知识可以关联迁移。

由于小程序的页面渲染和脚本是分开的，是互相独立的线程，因此相比共用或互斥线程的 HTML5，小程序的加载速度更快。小程序的页面渲染使用 CSS3+WXML（类似于 HTML），主要负责页面标签和样式的展示；小程序的脚本使用 JavaScript 处理业务逻辑，主要负责与开发者服务器接口、微信服务器接口进行数据交互，且根据返回的最新数据动态刷新页面。小程序与开发者服务器、微信服务器的协作关系如图 4-1 所示。

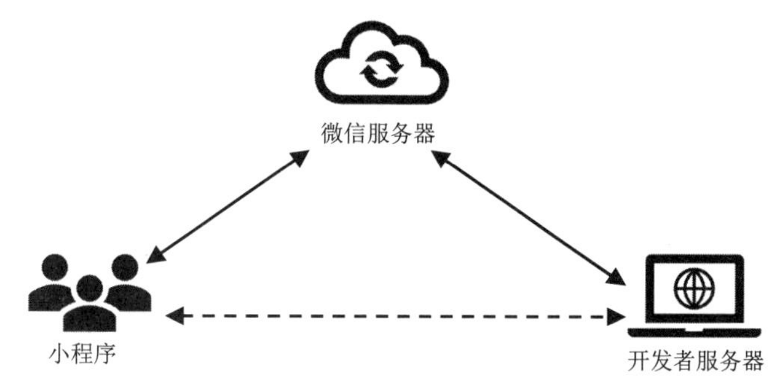

图 4-1　小程序与开发者服务器、微信服务器的协作关系

本章将以微信小程序开发为例，在介绍小程序开发的同时，继续深入介绍小程序 API 和小程序服务器接口的知识。

4.1　小程序开发准备

扫一扫，看微课

4.1.1　账号与开发设置

和公众号一样，小程序也需要开发者访问微信公众平台进行注册申请，并绑定主体的微信。注册完成后，登录小程序后台，点击“开发管理”选项，在打开的如图 4-2 所示的“开发管理”界面中可以根据需要打开“开发设置”选项卡、“接口设置”选项卡、“安全中心”选项卡和“安全网关”选项卡。其中，在“开发设置”选项卡中，可以查看小程序的小程序标识，即“AppID（小程序 ID）”和小程序密钥，即“AppSecret（小程序密钥）”且可以设置服务器域名，用于确定允许小程序向哪个接口服务器提交访问请求。例如，只有把服务器域名设置在request的合法域名中，小程序才能向这个域名指向的服务器发送request请求。服务器域名设置界面如图4-3所示。此外，根据官方要求，服务器域名必须使用有效期内被系统信任的HTTPS证书，部署HTTPS证书的网站域名必须与HTTPS证书颁发的域名一致，在请求时系统会对服务器域名使用的HTTPS证书进行验证，如果验证失败，那么请求将失败。

图4-2 “开发管理”界面

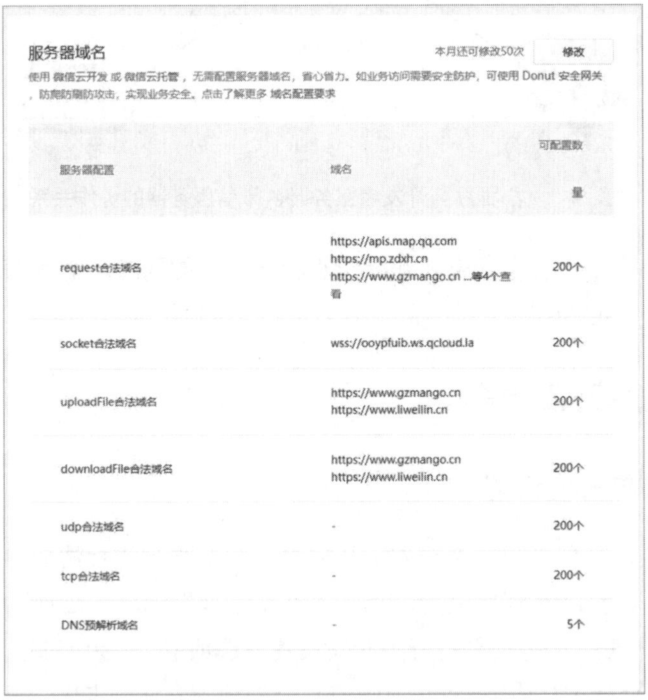

图4-3 服务器域名设置界面

在“接口设置”选项卡中，可以申请开通微信提供的“获取用户收货地址”“打开地图选择位置”“获取当前的地理位置、速度”等功能，部分接口仅被提供给企业认证用户。为了便于开发学习，也可以使用微信开发者工具中的测试账号。

4.1.2 集成开发工具

为了帮助开发者简单且高效地开发和调试小程序，微信提供了集成开发工具（IDE），开发者可以前往微信开发者工具下载页面，根据自己的操作系统下载对应的安装包进行安装。利用微信开发者工具调试网页授权如图 4-4 所示。

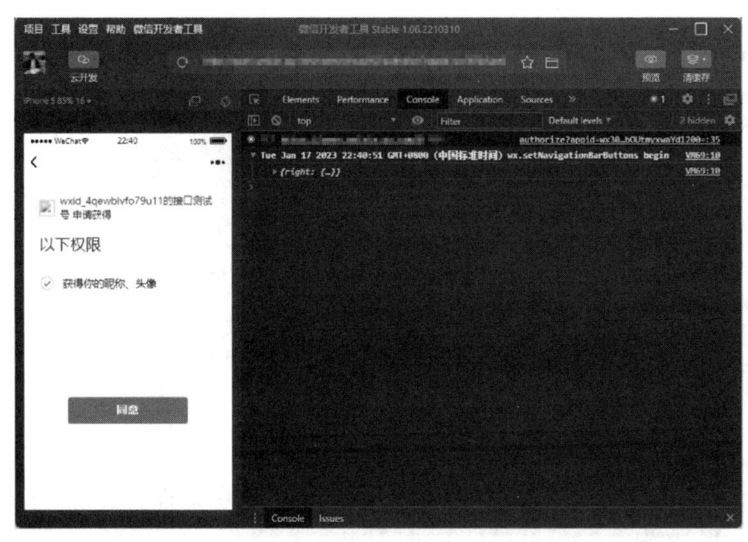

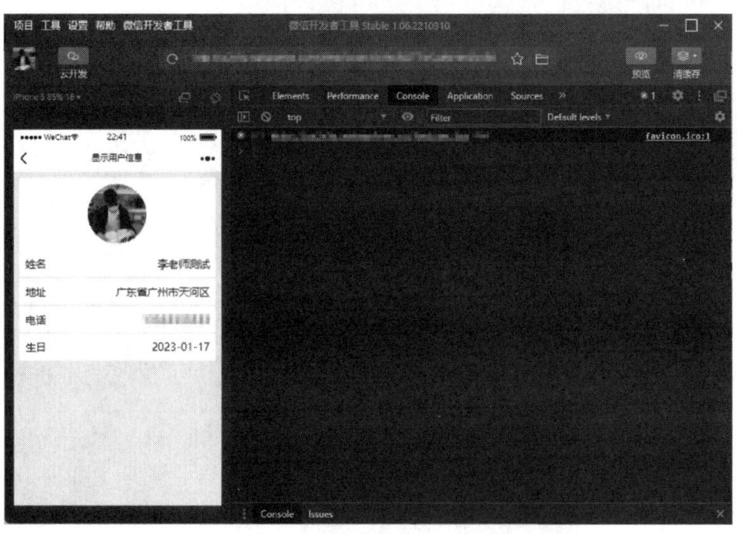

图 4-4 利用微信开发者工具调试网页授权

这个工具集成了公众号调试和小程序调试两种开发者模式。例如，在 3.5 节介绍的公众号网页授权接口中测试网页授权时，先构建了一个授权的网址并将其设置在公众号菜单中，让用户点击菜单时可以跳转到授权页中，用户授权同意后，跳转到目标网站中。开发者有了这个工具，就可以把构建的网址复制并粘贴到地址栏中，这样既可以像在手机上一样查看页面效果，又可以像网页开发时一样在浏览器的控制台中进行代码调试。

4.2 小程序开发基础

使用微信开发者工具可以创建小程序。在如图 4-5 所示的“创建小程序”对话框中设置测试号，在“后端服务”选项中选中“不使用云服务”单选按钮，点击“JavaScript - 基础模板”选项。小程序目录结构如图 4-6 所示。

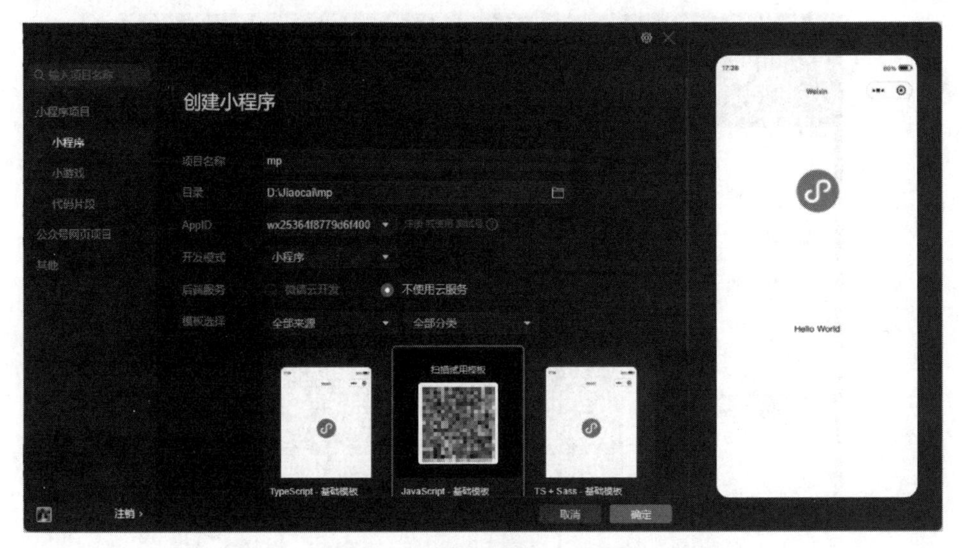

图 4-5 “创建小程序”对话框

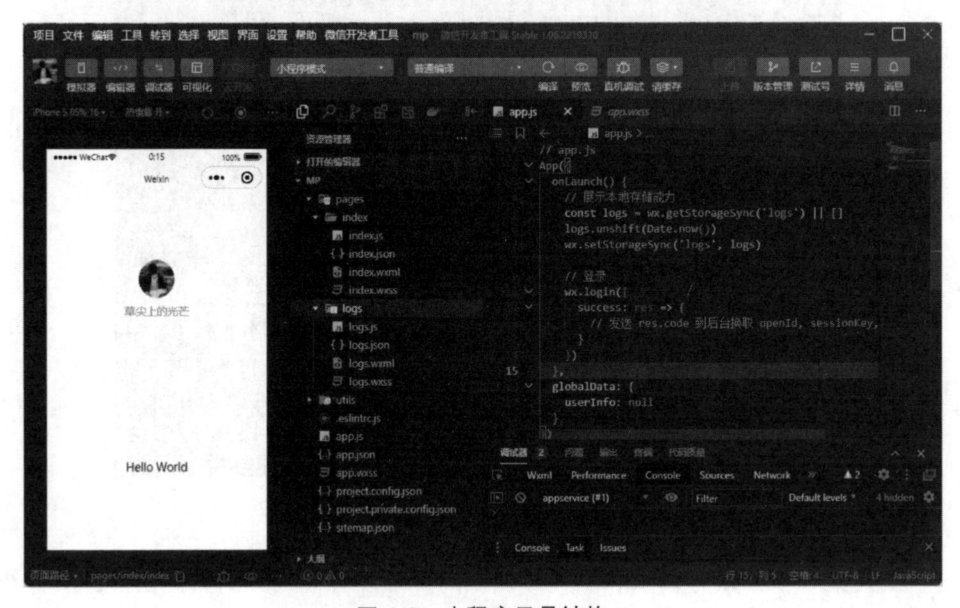

图 4-6 小程序目录结构

4.2.1　小程序基础构件

扫一扫，看微课

默认的小程序基础模板由顶层的 pages 目录、utils 目录，以及 app.json 文件、app.wxss 文件和 app.js 文件构成。

1．pages 目录

小程序页面全部在 pages 目录中，默认建立两个页面（index 和 logs），且每个页面都是一个目录，其中有表示页面元素节点的 WXML 文件（功能类似于 HTML 文件）、表示页面配置的 JSON 文件（功能类似于 HTML 文件的 head 部分）、表示页面样式的 WXSS 文件（功能类似于 CSS 文件），以及处理页面业务逻辑的 JS 文件。

2．utils 目录

utils 目录中有整个程序都可以引入并调用的全局函数文件，如格式化日期函数文件、格式化数字函数文件等。

3．app.json 文件

app.json 文件是全局配置文件，整个文件内容就是一个 JSON 对象。

（1）全局页面配置项 pages：所有小程序页面都要配置在 pages 配置项下，否则无法显示；配置在首位的页面将是小程序的默认主页。

（2）小程序窗口样式配置项 window：window 配置项主要有如下 3 个属性。

navigationBarBackgroundColor：设置顶部导航栏的背景颜色，默认值为#000000（黑色）。

navigationBarTextStyle：设置顶部导航栏的文字颜色，只支持 black（黑色）或 white（白色），默认值为 white。

navigationBarTitleText：设置顶部导航栏的文字，默认值为空。

如果页面中的配置文件的配置项与 app.json 文件的配置项存在冲突，那么按就近原则，以页面中的配置文件的配置项为准，其优先级更高，如图 4-7 所示。如果页面中未配置配置项，那么按 app.json 文件的配置项。例如，如果 app.json 文件中的 navigationBarBackgroundColor 属性的值是#fff，用于指定顶部导航栏的背景颜色是白色，而在 logs.json 文件中增加一个相同的配置项，但设置的 navigationBarBackgroundColor 属性的值是#f50，那么没有配置该属性的所有页面的顶部导航栏的背景颜色都是白色，而配置了该属性的顶部导航栏的背景颜色是橙黄色。

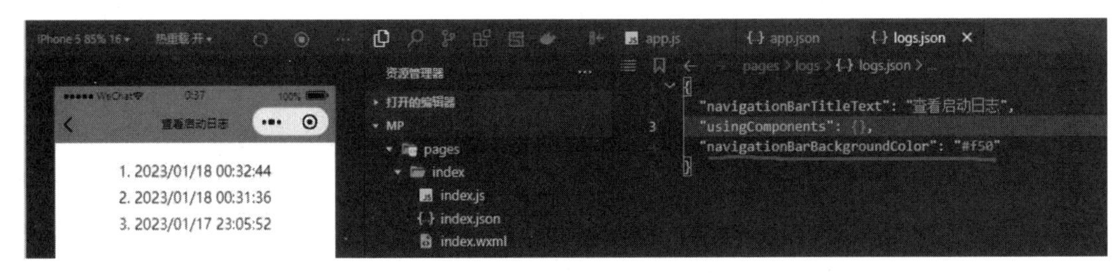

图 4-7　页面配置与全局配置的优先级

tabBar 配置项用于设置小程序底部导航图标。其基本格式和参数说明如下。

```
"tabBar": {
    "list": [{
        "pagePath": "导航到的页面",
        "text": "图标下的文字",
        "iconPath": "图标位置",
        "selectedIconPath": "选中项的图标位置"
    }],
    "selectedColor": "选中项图标下的文字颜色"
},
```

4. app.wxss 文件

app.wxss 文件是全局样式表文件。这里设置的样式可以在所有页面中被引用，同名样式的优先级和上述配置文件一样，按就近原则，页面中的配置文件的优先级更高。

5. app.js 文件

app.js 文件是全局脚本文件，其中包括一个以 JSON 对象为参数的 App 函数（App({})）。参数默认包括一个小程序加载时执行的 onLunch 函数和一个全局变量 globalData。onLunch 函数可以用来执行一些小程序初始化时需要执行的程序，而全局变量 globalData 则可以用来声明一些需要全局共享的成员变量，当小程序的页面脚本需要访问 app.js 文件中定义的全局变量或函数时，可以使用 getApp 函数获取应用实例。例如，假设 var app=getApp()，此时可以使用 app.globalData.*访问共享变量（*代表共享变量名）。

关于脚本文件，页面中也有 JS 文件，其中包括一个以 JSON 对象为参数的 Page 函数（Page({})）。参数默认包括一个 onLoad 函数，该函数在页面加载时自动执行，可以用来执行一些页面初始化时需要执行的程序。此外，页面中还有 onShow 函数（页面显示时）、onHide 函数（页面隐藏时）、onUnload 函数（页面卸载时）、onPullDownRefresh 函数（下拉刷新时）等，这些函数均为页面自带的事件处理函数。和 app.js 文件的全局变量 globalData 对应，脚本文件中也包含一个页面级对象，该对象内的成员变量通常以“{{变量名}}”的方式在页面中占位，并可以使用 setData 函数更新值，实现动态渲染。

4.2.2 系统组件

扫一扫，看微课

小程序的 WXML 文件，类似于网页设计中的 HTML 文件，使用的页面元素（又称组件）包括系统组件和自定义组件。

系统组件是开发者可以直接使用的组件，相当于 HTML 文件中的 div 标签节点的视图容器组件 view，HTML 文件中 span 标签节点的文本组件 text，以及常用的滚动容器组件 scroll-view、轮播容器组件 swiper/swiper-item、图片组件 image、图标组件 icon、表单组件 button、多媒体组件 video、地图组件 map 及可以嵌入网页的组件 web-view 等。在使用组件时必须闭合组件的标签节点，如以<view>表示组件开始，以</view>表示组件结束。

自定义组件是开发者将页面中的功能模块抽象出来的组件，开发者可以自定义组件的标签节点名，和系统组件一样，在不同的页面中可以重复使用自定义组件。

WXML 文件还可以使用控制组件是否生效的 wx:if 和让组件重复的 wx:for 渲染属性。例如，如下两段代码是等效的。

```
<view wx:for="{{['张三','李四','王五','马六','田七']}}">
<view wx:if="{{index%2==0}}"> {{item}}</view>
</view>

<view><view>张三</view></view>
<view></view>
<view><view>王五</view></view>
<view></view>
<view><view>田七</view></view>
```

在上述第一段代码中，wx:for=""将使外层 view 组件被循环 5（0～4）次，而每次循环都会带着默认的 index（序号索引）和表示当前项的变量名（item），内层 view 组件是否生效取决于 wx:if=""中 index%2==0 这个条件，只有满足这个条件的 view 组件才会生效。

WXML 文件提供了一种不生成组件实体而仅作为模块起止边界的 block 标签节点。例如，上述代码修改外层 view 组件为 block 标签节点后，相当于：

```
<block wx:for="{{['张三','李四','王五','马六','田七']}}">
   <view wx:if="{{index%2==0}}">
      {{item}}
   </view>
</block>
<view>张三</view>
<view>王五</view>
<view>田七</view>
```

对使用 wx:for 控制循环的组件，小程序编译程序推荐开发者在组件的属性中，使用 wx:key 提高性能，即使用 wx:key 指定循环列表中可用作键的标识（如果没有项目标识，那么推荐使用 index），这对程序运行过程中循环列表会动态变化的情况尤为重要。其参考代码如下：

```
<block wx:for="{{['张三','李四','王五','马六','田七']}}" wx:key="index">
   <view wx:if="{{index%2==0}}">
      {{item}}
   </view>
</block>
<view>张三</view>
<view>王五</view>
<view>田七</view>
```

下面使用小程序的构成要素，在新建模板的基础上设计一个小程序。小程序设计稿及描述如图 4-8 所示。

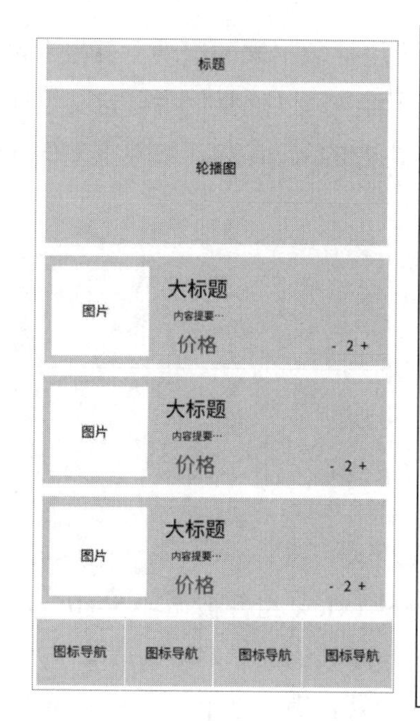

内容（自上而下）：
（一）顶端标题：科技助农。
（二）轮播图：3 张图片轮播，每张图片均停留 3 秒。
（三）图文列表：左侧为缩略图，右侧上、中、下分别为大标题、内容提要和价格，价格右侧显示用于挑选商品数量的加减数量操作按钮，加减后的数量控制在[0,10]内。
（四）图标导航：农产品展、环境监测、产品溯源、控制中心，分别导航到 product、sensor、history 和 control 4 个目录对应的页面中。
（五）将 product 目录对应的页面作为小程序的首页。

图 4-8　小程序设计稿及描述

为了实现上述需求，先在小程序的根目录下新建 icons 目录和 images 目录，分别用于放置本地图标文件和图片文件（小程序需要使用的图标，既可以自行设计，又可以到官网中下载）。对于比较大的图片文件，建议放在开发者服务器中通过 URL 访问，而不直接放在小程序中，以保持小程序“小”的特点。

在 pages 目录下新建 product、sensor、history 和 control 共 4 个目录（右击“pages”目录，在弹出的快捷菜单中点击“新建文件夹”命令，输入目录名后确认即可），并分别在其中新建同名的 4 个 Page 文件（右击新文件夹，在弹出的快捷菜单中点击“新建 Page”命令，输入文件名后确认即可），新建前建议关闭 app.json 文件，可以使用微信开发者工具将新增页面的路径自动添加到配置文件的 pages 配置项下，否则需要手动添加。

确保在 app.json 文件的 pages 配置项下有上面新建的 4 个目录对应的页面，并将 product 目录对应的页面置于第一个。

将 app.json 文件的 window 配置项下的 navigationBarTitleText 属性的值设置为“科技助农”。

在 app.json 文件中新增 tabBar 配置项，根据上述格式实现底部图标导航列表。

app.json 文件的参考代码如下。

```
{
  "pages": [
    "pages/product/product",
    "pages/history/history",
    "pages/control/control",
    "pages/sensor/sensor",
```

```
        "pages/index/index",
        "pages/logs/logs"
    ],
    "window": {
        "backgroundTextStyle": "light",
        "navigationBarBackgroundColor": "#fff",
        "navigationBarTitleText": "科技助农",
        "navigationBarTextStyle": "black"
    },
    "tabBar": {
        "list": [
            {
                "pagePath": "pages/product/product",
                "text": "农产品展",
                "iconPath": "icons/product.png",
                "selectedIconPath": "icons/product_selected.png"
            },
            {
                "pagePath": "pages/sensor/sensor",
                "text": "环境监测",
                "iconPath": "icons/sensor.png",
                "selectedIconPath": "icons/sensor_selected.png"
            },
            {
                "pagePath": "pages/history/history",
                "text": "产品溯源",
                "iconPath": "icons/history.png",
                "selectedIconPath": "icons/history_selected.png"
            },
            {
                "pagePath": "pages/control/control",
                "text": "控制中心",
                "iconPath": "icons/control.png",
                "selectedIconPath": "icons/control_selected.png"
            }
        ],
        "selectedColor": "#d81e06",
        "color": "#05ae11"
    },
    "style": "v2",
    "sitemapLocation": "sitemap.json"
}
```

下面在 product 目录对应的页面中实现轮播图和图文列表。使用 swiper 组件和 swiper-item 组件实现轮播图。其中，swiper 组件中只能放置 swiper-item 组件，其属性主要如下。

indicator-dots、indicator-color 和 indicator-active-color：分别表示是否显示面板指示点、

指示点颜色和当前指示点颜色。

autoplay 和 current：分别表示是否自动切换和滑动到当前滑块的序号。

interval、duration、circular：分别表示两次切换之间的时间间隔、单次切换时间和是否在最后一个滑块结束后接第一个滑块。

根据设计需求，在 product.wxml 文件中使用轮播图组件，并在 product.wxss 文件中设计相应的样式，参考代码如下。

```
<!-- product.wxml文件-->
<view id='banner'>
<swiper indicator-dots="true" interval="3000" autoplay="true" circular="true">
<swiper-item><image src='/images/1.png'></image>
</swiper-item>
<swiper-item><image src='/images/2.png'></image>
</swiper-item>
<swiper-item><image src='/images/3.png'></image>
</swiper-item>
</swiper>
</view>
/* product.wxss文件 */

#banner swiper{
height:400rpx;
width:100%;
}
#banner image{
width:100%;
height:100%;
}
```

4.2.3 自定义组件

扫一扫，看微课

系统并没有内置的图文列表组件，但可以通过自定义组件来自行定义一个。

1. 组件的定义

在根目录下新建 components 目录（在资源管理器空白处右击“新建文件夹”选项，输入“components”后确认即可），用于集中存放全部自定义组件；在 components 目录下新建 ImageList 目录，作为第一个自定义组件；在 ImageList 目录下新建同名的 Component 文件（右击“ImageList”目录，在弹出的快捷菜单中点击“新建 Component”命令，输入“ImageList”后确认，将在 ImageList 目录下自动新建文件）。在这些文件中编写组件的标签和样式、定义组件的属性和方法等，参考代码如下。

```
<!--ImageList.wxml文件-->
<view class="box">
```

```
    <view class='img'>
        <image src="{{image}}"></image>
    </view>
    <view class="content">
        <view class="title">{{title}}</view>
        <view class="subtitle">{{subtitle}}</view>
        <view class="oper">
            <view class="price">{{price}}</view>
            <view class="cart">
                <view class="btn">-</view>
                <view class='num'>{{num}}</view>
                <view class="btn">+</view>
            </view>
        </view>
    </view>
</view>

// ImageList.js文件
Component({
    /**
     * 组件的属性列表
     */
    properties: {
        image:{
            type:String,
            value:''
        },
        title:{
            type:String,
            value:''
        },
        subtitle:{
            type:String,
            value:''
        },
        price:{
            type:String,
            value:''
        },
        num:{
            type:Number,
            value:1
        }
    },
    /**
     * 组件的初始数据
     */
```

```
    data: {
    },
    /**
     * 组件的方法列表
     */
    methods: {

    }
})
/* ImageList.wxss文件 */
.box{
    width:96%;margin:auto;
    background-color: #fff;
    height:200rpx;display: flex;
    box-sizing: border-box;
    padding:10rpx;
}
.box .img{
flex:1;display: flex;
align-items: center;
justify-content: center;
}
.box image{
    width:100%;height:100%;
}
.box .content{
    flex:3;display: flex;
    justify-content: center;
    align-items:flex-start;
    flex-direction: column;
    padding-left:10rpx;
}
.box .title{
    width:500rpx;font-size: 32rpx;
    word-wrap: break-word;
    overflow: hidden;
    text-overflow: ellipsis;
    white-space: nowrap;
    box-sizing: border-box;
    font-weight: bold;
    padding-bottom:10rpx;
}
.box .subtitle{
    font-size:28rpx;
    overflow: hidden;
    text-overflow: ellipsis;
```

```
    display: -webkit-box;
    -webkit-line-clamp: 2;
    -webkit-box-orient: vertical;
    box-sizing: border-box;
}
.box .oper{
    display: flex;width:100%;
    justify-content: space-between;
}
.box .price{
font-size: 32rpx;color:#f00;
padding-top:10rpx;font-weight: bold;
}
.box .price::before{content: '¥';}
.box .cart{
    width:100rpx;display: flex;
    justify-content: center;
    align-items: center;
    border:2rpx solid #ccc;
}
.box .btn,.num{
    flex:1;display: flex;
    justify-content: center;
    align-items: center;
}
.box .num{ font-size:28rpx;}
```

上述代码定义了一个名为 ImageList 的自定义组件，该组件比较繁杂的是样式部分，核心是 ImageList.js 文件中组件的属性定义部分，即组件要能支持获取这些属性的值，并实时刷新到 ImageList.wxml 文件中对应的占位符“{{属性名}}”的位置。

2. 组件的引用

组件定义完成后，即可在 product.json 文件中引入已定义的组件，参考代码如下。

```
{
  "usingComponents": {
     "mlist":"/components/ImageList/ImageList"
  }
}
```

上述页面配置文件在引入组件的同时给这个组件取了一个标签名，即 mlist，这样在 product.wxml 文件中就能使用如下方式（把值赋值给对应的属性）使用这个组件了。

```
<mlist image="图片URL" title="大标题" subtitle="内容提要" price="价格"></milst>
```

例如：

```
<mlist image="/images/3.jpg" title="东北五常大米" subtitle="耐盐碱助农特别款5kg 圆粒东北大米 蟹稻共生生态 粳米10斤" price="79.00"></mlist>
```

单个图文项的显示效果如图 4-9 所示。

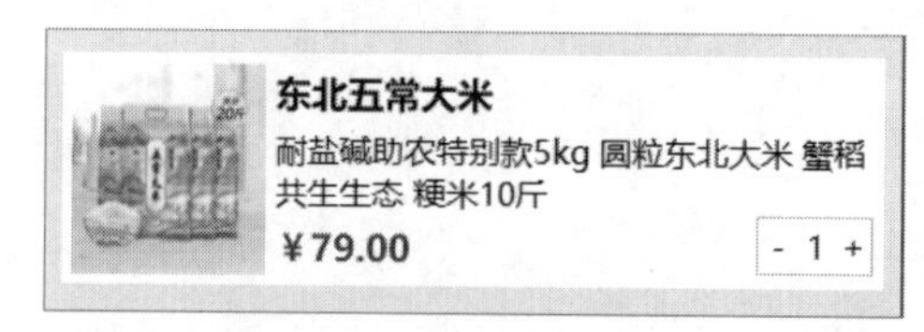

图 4-9　单个图文项的显示效果

显然，当有多个图文项时，组件代码和内容混合在一起，可读性较差，可以把内容以 JSON 格式制作成列表置于 product.js 文件的变量 data 中。这样 product.wxml 文件只需要使用占位符和 wx:for 即可在页面中渲染出数据列表。

product.js 文件的部分参考代码如下。

```
data: {
    list: [{
      'image': '/images/1.jpg',
      'title': '东北五常大米',
      'subtitle': '耐盐碱助农特别款5kg 圆粒东北大米 蟹稻共生生态 粳米10斤',
       'price': '79.00'
       },
       {
      'image': '/images/2.jpg',
      'title': '中国特产·鄄城助农馆',
      'subtitle': '手抓扇子骨带肉猪扇骨排骨酒店半成品美食特色菜冷冻腌制商用食材',
      'price': '76.00'
       },
       {
       'image': '/images/3.jpg',
       'title': '助农旗舰店',
       'subtitle': '国产锡林郭勒安格斯牛腿 1000装 杀菌锁鲜冷链配送',
       'price': '159.00'
       }
    ],
},
```

product.wxml 文件的部分参考代码如下。

```
<block wx:for="{{list}}" wx:key="index">
<mlist image="{{item.image}}" title="{{item.title}}" subtitle="{{item.subtitle}}"
price="{{item.price}}">
 </mlist>
</block>
```

这种把需要渲染到页面中的数据设置在变量 data 中的方法，契合了后续通过向服务器接口请求获取数据并刷新到页面中的需要，是今后在接口开发中常用的方法。上述示例最后呈现的效果如图 4-10 所示。

图 4-10　最后呈现的效果

3．插槽的使用

从上面组件的引用中可以看出，mlist 标签节点的内容为空，实际上，就算填充其他内容，如<mlist>你好</mlist>，也不会显示出来。但是，这给开发者预留了一个可以灵活控制的插槽位，使得开发者在自定义组件时，可以使用 slot 标签节点声明一个或多个插槽位，并接收来自父组件对插槽的填充。

假设需要在组件中图片的右上方留出一个插槽位，当商品上新或商品促销时父组件在这个位置显示出显眼的红底白字的优惠信息。

自定义组件时在图片后增加一个 slot 标签节点，并添加合适的样式，参考代码如下。

```
<!--ImageList.wxml文件-->
 <view class='img'>
      <image src="{{image}}"></image>
<view class="new">
<slot></slot>
</view>
</view>
/* ImageList.wxss文件*/
.new:not(:empty){//标签节点中的内容不为空时的样式
text-align:center; font-size:28rpx; position: relative;  right:-100rpx;top:-180rpx;width:80rpx;height:40rpx; border-radius: 20rpx; background-color: #f00;
color:#fff;  display: flex; align-items: center;
justify-content: center;
}
```

在父组件引用子组件时，mlist 标签节点中增加的内容会被自动插入子组件定义的 slot 标签节点中。如果 mlist 标签节点为空，那么这个位置留空不显示。例如：

```
<mlist …>
    <view wx:if="{{item.id%2==0}}">85%</view><!—优惠条件在wx:if中表达-->
</mlist>
```

基本插槽的使用效果如图 4-11 所示。

图 4-11　基本插槽的使用效果

当需要向自定义组件插入两个以上的内容时，一个插槽位无法容纳，默认所有内容都会被填入同一个插槽中。这时需要使用具名插槽，即给多个插槽分别命名，并在将父组件插入插槽时清楚地声明插入哪个插槽。为了让自定义组件支持多个插槽，需要在组件的 ImageList.js 文件中添加 options:{ multipleSlots:true }。

例如，若父组件希望将售罄商品标注在子组件中图片的左上角，则在自定义组件时增加一个插槽位，并给所有插槽命名，参考代码如下。

```
 <!--ImageList.wxml文件-->
 <view class='img'>
      <image src="{{image}}"></image>
          <view class="new">
<slot name="new"></slot>
</view>
          <view class="sellout">
<slot name="sellout"></slot>
</view>
 </view>

/*ImageList.wxss文件*/
.sellout:not(:empty){
 text-align:center;font-size:24rpx;
 position: relative;left:0rpx;
 top:-186rpx;width:80rpx;
height:40rpx;    border-radius: 2rpx;
```

```
background-color: #cccccc;
color:#555;display: flex;
align-items: center;justify-content: center;
}
```

而在父组件引用自定义组件时，在插入两个插槽的内容中会分别声明插入哪个插槽，参考代码如下。

```
<mlist >
<view slot="new" wx:if="{{item.id%2==0}}">85%</view><!-优惠条件在wx:if中表达-->
<view slot="sellout" wx:if="{{item.id%2==1}}">售罄</view><!-售罄条件在wx:if中表达-->
</mlist>
```

具名插槽的使用效果如图 4-12 所示。

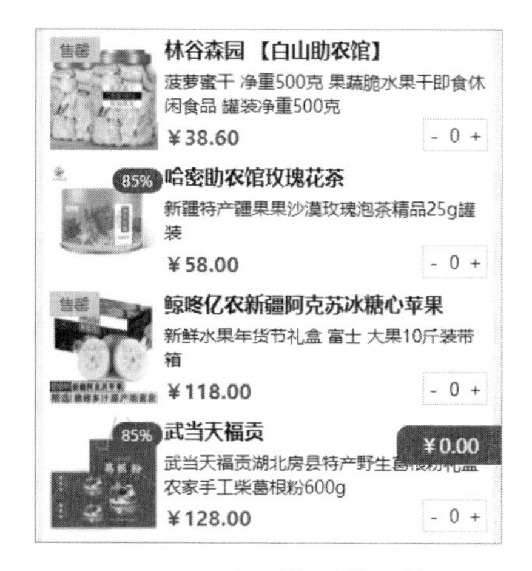

图 4-12　具名插槽的使用效果

在默认情况下，组件对应的 WXSS 文件的样式，只对 WXML 文件中的标签节点生效。

本节简单介绍了小程序基础构件，并通过一个农业主题的小程序页面设计的示例，综合运用了小程序的常用系统组件、自定义组件、页面渲染与脚本的绑定关系等知识，为后续接收接口数据提供了展示窗口。当然，要设计美观、大方的小程序页面，可以参考许多优秀的样式库（WeUI、colorUI 等）中的设计模板。

4.2.4　小程序的事件驱动机制

扫一扫，看微课

触发事件是小程序业务系统与用户之间实现互动的主要手段，即小程序通过视图接收用户的各种事件，驱动脚本执行对应的事件处理函数，完成业务逻辑。事件处理函数需要被绑定在组件对应的事件属性上，当事件被触发时执行。event 是事件处理函数的参数，可以携带额外信息，如 target、currentTarget、detail、touches 等。

组件绑定事件属性有 bindtap（冒泡事件方式绑定点击事件）属性，其值是脚本文件中对应的事件处理函数，意为当点击该组件时触发事件。此外，还有 catchtap（非冒泡事件方式绑定点击事件）属性、longpress（长按事件）属性、touchmove（手指触摸滑动事件）属性等。

接下来简单测试一下，bindtap 属性和 catchtap 属性的区别。

设计一个 view 组件，要求其中包含一个 button 组件，先使用 bindtap 属性给它们各绑定一个事件处理函数，分别为 add1 函数，其功能是让变量 v1 加 1，使用 setData 函数更新页面中变量 v1 的值；add2 函数，其功能是让变量 v2 加 1，同样使用 setData 函数更新页面中变量 v2 的值，参考代码如下。

```
//product.js文件
data: {
v1:0,
v2:0},
add1:function(e){
this.setData({v1:this.data.v1+1});
 },
add2:function(e){
this.setData({v2:this.data.v2+1});
},
<!-- product.wxml文件 -->
<view bindtap='add2' style='background-color: #f99;'>
   <button bindtap="add1">按钮</button>
</view>
<view>变量v1: {{v1}}</view>
<view>变量v2: {{v2}}</view>
```

在点击 button 组件时，变量 v1 加 1，如图 4-13 左图所示。这是能预料到的一个简单的组件绑定事件的处理结果。然而，在点击 button 组件变量 v1 加 1 时，变量 v2 同时加 1，这是为什么呢？因为 button 组件在 view 组件中，点击 button 组件的同时也点击了 view 组件，所以在执行 button 组件绑定的 add1 函数后，会执行 view 组件绑定的 add2 函数，这就是冒泡事件，即事件会自内向外逐层“冒泡”。

如果把 button 组件的点击事件使用 catchtap 属性绑定，即将 bindtap 属性改为 catchtap 属性，那么不会出现上述问题，在点击 button 组件时变量 v1 会加 1，但变量 v2 不会加 1，仅在点击 view 组件中 button 组件外的区域时，变量 v2 才会加 1，这是因为 catchtap 属性是以非冒泡事件方式绑定的，执行当次事件后将不再往外“冒泡”，如图 4-13 右图所示。

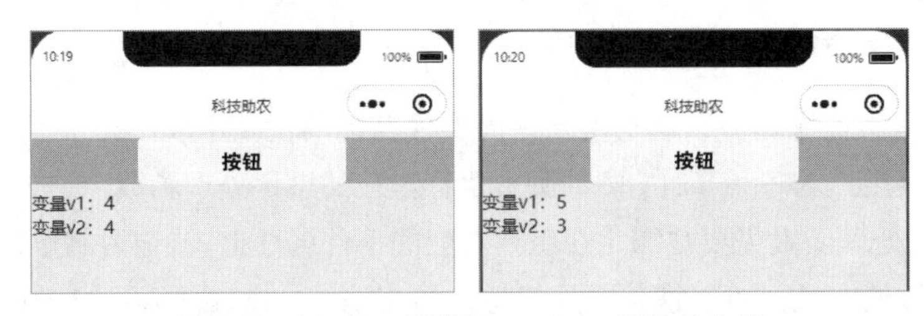

图 4-13　bindtap 属性和 catchtap 属性的应用

接下来分析事件处理函数中的事件参数。以 4.2.2 节农业主题的小程序页面设计中的 mlist 组件为例，如果希望在点击图文列表时能区分点击的是 3 个图文项中的哪个，那么必须给事件增加额外信息。下面给 mlist 组件使用 bindtap 属性绑定 f3 事件，并观察 f3 事件拿到的事件参数，参考代码如下。

```
<mlist bindtap='f3' image="{{item.image}}" title="{{item.title}}" subtitle=
"{{item.subtitle}}" price="{{item.price}}"> </mlist>
```

和进行网页设计一样，当需要知道 JavaScript 在处理业务逻辑的过程中某个变量的值时，可以使用“console.log(变量或表达式)”将变量的值临时输出到控制台中，如此时的事件处理函数可以临时写成：

```
f3:function(e){
      console.log(e) //在控制台中输出
  }
```

从图 4-14（a）中可以看出，事件参数并没有直观地区别不同图文列表的内容，为此在使用 mlist 组件时应增加额外信息，格式为“data-变量名=值”。例如，如果事件处理函数需要获取大标题和序号，那么可以使用组件时在属性中增加“data-title='{{item.title}}' data-id='{{index}}'”，这时观察事件处理函数拿到的事件参数如图 4-14（b）所示。

```
{type: "tap", timeStamp: 108161497, target: {…}, currentTarget: {…}, mark:
{…}, …}
 ▸ changedTouches: [{…}]
 ▾ currentTarget:
   ▸ dataset: {}
```

（a）未增加额外信息的事件参数

```
{type: "tap", timeStamp: 108029930, target: {…}, currentTarget: {…}, mark:
{…}, …}
 ▸ changedTouches: [{…}]
 ▾ currentTarget:
   ▸ dataset: {id: "2", title: "助农旗舰店"}
```

（b）已增加额外信息的事件参数

图 4-14　未增加和已增加额外信息的事件参数

可见，在绑定事件时通过“data-变量名=值”的方式，可以在事件参数中增加额外信息，这些信息既可以在“target.dataset.变量名”中获取，又可以在“currentTarget.dataset.变量名”中获取。

关于子组件中事件向上冒泡给父组件的问题，父组件的页面变量在引入子组件时绑定给子组件的属性，就可以实现“父向子”传值。当父组件页面变量的值发生变化时，子组件中相应属性的值会随之变化。那么，如果子组件的某个事件改变了子组件中变量的值，父组件如何知道呢？

为了回答这个问题，下面尝试完善之前编写的 ImageList 组件，把其中的调整购物车数量的功能实现，并在父组件列表中累计加入购物车商品的总金额。

在 ImageList 组件中，对于加减数量的操作，假设分别通过 catchtap 属性绑定在自定义组件脚本的 methods 字段的 plus 函数和 minus 函数中（读者可自行思考为什么不使用 bindtap 属性绑定）。根据将加减后的数量控制在[0,10]内的要求，需要进行简单的判断，并将加减后的数量重新通过 setData 函数更新到页面中。ImageList.js 文件的部分参考代码和运行效果如图 4-15 所示。

```
methods: {
    minus:function(e){
        var num=this.data.num;
        if(num>0){
            num--;
        this.setData({num:num});
        }
    },
    plus:function(e){
        var num=this.data.num;
        if(num<10){
            num++;
        this.setData({num:num});
        }
    }
}
```

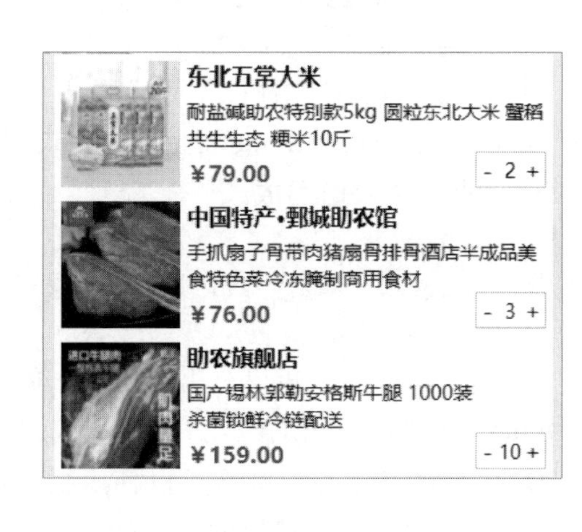

图 4-15　ImageList.js 文件的部分参考代码和运行效果

父组件用于显示根据数量和单价计算的总金额。在 product.wxml 文件中增加一个悬浮模块<view class="sumary">{{sumary}}</view>，用于显示总金额；在 product.js 文件的变量 data 中增加一个变量 sumary:'0.00'，用于绑定页面中的总金额；在 product.wxss 文件中设置样式，参考代码如下。

```
.sumary{
   font-size:32rpx;color:#fff;
   position: fixed; right:0rpx; bottom:200rpx; width:150rpx; text-align: center;
   background-color: #f00; padding:10rpx;
   border-top-left-radius: 20rpx; border-bottom-left-radius: 20rpx;
}
.sumary::before{ content: '¥'; }
```

当用户操作的“+”/“-”按钮时，会触发子组件中的总金额发生变化，此时需要通知父组件需要重新计算总金额了。也就是说，当子组件触发事件时，需要通知父组件执行对应的事件处理函数。这里的“通知”通过使用 triggerEvent 函数触发一个事件来实现。为此，在 minus 函数和 plus 函数中，使用 setData 函数刷新变量后，应增加如下代码。

```
this.triggerEvent('tellParent',-parseFloat(this.data.price));
```

其中，tellParent 是一个自定义函数名，表示父组件可以使用 bind:tellParent 捕获子组件触发的事件。-parseFloat(this.data.price))表示事件参数（负号表示减少数量，在 plus 函数中不需要使用负号），父组件可以通过事件参数携带的 detail 拿到。这样，在 product.wxml 文件中插入 mlist 组件的部分应添加如下属性，用于监听来自子组件触发的事件。

```
<mlist bind:tellParent="reCount" …>
```

在 product.js 文件中完成 reCount 函数的编写即可。reCount 函数的参考代码如下。

```
reCount:function(e){
    var sumary=parseFloat(this.data.sumary);
    sumary+=e.detail;
    sumary=sumary.toFixed(2);
    this.setData({sumary:sumary});
}
```

编写完上述代码后，当用户点击相应图文列表中的“+”/“-”按钮时，总金额会自动更新，实现效果如图 4-16 所示。

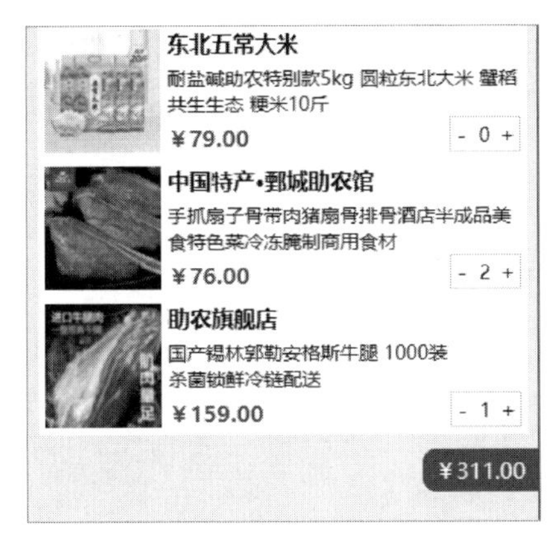

图 4-16　实现效果

4.3　小程序 API

微信小程序提供了丰富的内置 API，在页面的路由跳转、弹窗交互、网络请求、数据缓存、文件操作、多媒体应用、地图定位、鉴权和开放接口、电子支付和智能化服务等方面都提供了调用接口，使用这些接口可以调用微信底层提供的能力。这些接口可以以“wx.接口名称(参数)”的方式调用，且大多数在参数中都支持回调。

小程序 API 包括如下 3 种。

第 1 种类型是以 on 开头的 事件监听 API （wx.on***()），用于监听程序级的某个事件是否触发，如 wx.onPageNotFound()用于监听当试图打开不存在的页面时触发、wx.onCopyUrl()用于监听当点击小程序右上方的“复制链接”按钮时触发。

第 2 种类型是以 Sync 结尾的同步 API（wx.***Sync()），可以直接获取接口函数的执行结果，如 wx.setStorageSync()用于将数据保存到本地存储器中，wx.setStorageSync()用于从本地存储器中取出数据。

大多数接口都属于第 3 种类型，即异步 API。这种 API 通常都接收一个 JSON 对象类型参数，这个参数支持按需指定 success 字段（其值为接口调用成功后的回调函数）、fail 字段（其值为接口调用失败后的回调函数）、complete 字段（其值为接口调用结束后的回调函数）接收接口调用返回的结果，这些结果都在对应回调函数的参数对象中。

例如，在小程序模板中的 app.js 文件的 onLaunch 函数中有一个 wx.login({})接口。其功能是获取登录凭证，通过登录凭证向微信服务器接口换取用户登录态，包括用户在当前小程序的用户标识及本次登录的会话密钥等。用户数据的加解密通信需要依赖会话密钥完成。这与对公众号进行网页授权时使用登录凭证换取用户标识类似。这是一个典型的异步 API，其请求参数可以这样写：

```
 wx.showLoading({          //显示加载模态窗
   title: '登录中…',
 })
 wx.login({                //参数是JSON对象
   success: (res) => {     //接口调用成功后的回调函数，结果在参数res中
     console.log(res)      //在控制台中输出结果，后续使用登录凭证换取用户标识
   },
   fail:(err)=>{           //接口调用失败后的回调函数，结果在参数err中
     console.log(err)
   },
     complete:()=>{        //接口调用结束后的回调函数
     wx.hideLoading();     //结束后隐藏模态窗
   }
 })
},
```

上述代码先调用了 wx.showLoading({})接口显示一个加载模态窗（见图 4-17），然后调用了 wx.login({})接口，该接口中的 3 个参数分别是接口调用成功后的回调函数、接口调用失败后的回调函数和接口调用结束后的回调函数，这种方式被称为回调方式。

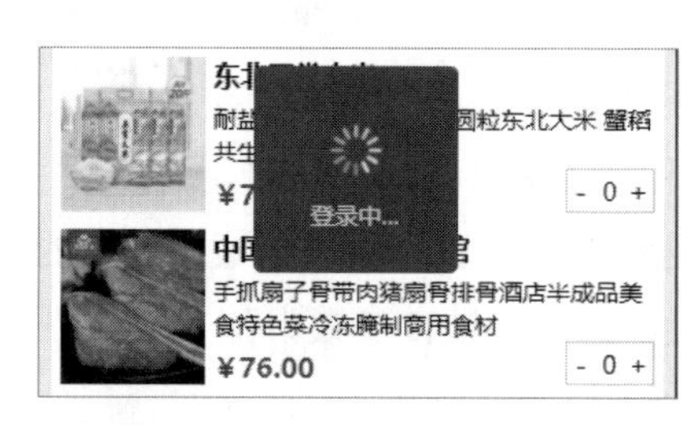

图 4-17　显示加载模态窗

另外，还有一种 Promise 方式，即当接口参数中没有回调函数时，默认返回一个 Promise 对象，可以分别使用该对象的 then 方法和 catch 方法执行接口调用成功和失败的代码。使用 Promise 方式可以将上述代码修改为：

```
wx.showLoading({title: '登录中…'});
wx.login().then(res=>{console.log(res);wx.hideLoading();},err=>{console.log(err);
wx.hideLoading();}).catch({});
```

4.3.1　同步请求与异步请求

接口请求通常因网络传输或程序处理等问题而需要有一定的时延，而同步请求与异步

请求的区别就在于，是否等待接口返回结果后才能继续执行后续程序。

同步请求是一种必须等待接口返回结果后才能继续执行后续程序的请求方法，如果没有等到接口返回结果，那么程序在这个地方阻塞。这种请求方法的优势是后续程序的执行依据是接口返回结果，不会出现歧义或不确定的情况；劣势在于如果接口一直不返回结果，那么程序会一直在这个地方阻塞，无法继续执行后续程序，甚至整个程序无响应。

异步请求与同步请求不同，异步请求不需要等待接口返回结果就可以继续执行后续程序，这样就避免了出现程序卡顿的问题。如果接口返回结果不影响后续程序的执行，如当只需要使用结果刷新页面时，可以把刷新页面的操作放在调用接口的同时声明的回调函数中。然而，因后续程序的执行需要依据接口返回结果，即必须按序列执行，故如果不等待接口返回结果那么会出现异常或不确定的情况。同步请求与异步请求的执行流程如图 4-18 所示。

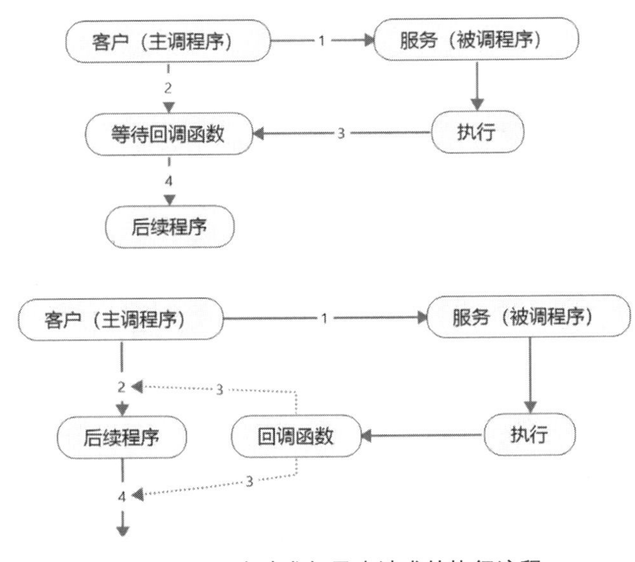

图 4-18　同步请求与异步请求的执行流程

由此可见，在不同场景下同步请求与异步请求各有优势。小程序提供的大多数接口都是异步接口。因此，当需要等待某个接口返回结果后才能继续执行后续程序时，就需要把异步请求同步化。

下面举例说明如何把异步请求同步化。

构造一个模拟异步接口的函数，参考代码如下。

```
simulate: function (params) { //编写一个模拟异步接口的函数
    //返回一个Promise对象，约定resolve为成功的回调函数，reject为失败的回调函数
    try {
        return new Promise((resolve, reject) => {
            const value = parseInt(Math.random() * 1000);
           //随机产生一个100以内的整数，表示请求的返回结果和随机时间
            setTimeout(function () {
```

```
                if (params.success != null) { //查看调用参数中是否成功回调
                    resolve(params.success({
                        'errCode': 0,
                        'data': value,
                        'msg': '成功处理参数为' + params.data + '的请求'
                    }));
                } else { //如果没有成功回调，那么以默认的Promise方式返回
                    resolve({
                        'errCode': 0,
                        'data': value,
                        'msg': '成功处理参数为' + params.data + '的请求'
                    });
                }
            }, value)
        })
    } catch (e) {}
},
```

这个模拟异步接口的函数既支持使用回调方式调用，又支持使用 Promise 方式调用。例如，下面代码中的 test1 函数使用回调方式调用，test2 函数使用 Promise 方式调用。

```
test1(i){
this.simulate({
            data:i,
            success:(res)=>{
                console.log(res.msg+"，返回结果是："+res.data)
            }
        })
 },
test2(i){
   this.simulate({data:i}).then(res=>{console.log(res.msg+"，返回结果是："+res.data);});
 }
```

执行 test1(i)或 test2(i)的返回结果是一样的。接下来尝试多次按顺序调用，观察返回结果是否也按顺序输出，参考代码如下。

```
test1(i) {
 for (var j = 1; j <= i; j++) { //循环i次调用接口
   this.simulate({
     data: j,
     success: (res) => {console.log(res.msg + "，返回结果是：" + res.data)
      }
   })
 }
},
```

执行上述代码，返回结果如图 4-19（a）所示。

观察发现，使用循环语句按顺序调用的返回结果不是按顺序的。这是因为异步请求过程受网络环境和服务器处理数据性能的影响，响应请求的返回时间是不确定的（上述示例

中使用的是随机数模拟的），而如上所述，异步请求是不等待返回结果就继续执行的。例如，当变量 j 为 1 时，调用接口后不等待返回结果就继续执行变量 j 为 2 时的下一次调用了，可能变量 j 为 2 时的请求结果比变量 j 为 1 时的请求结果更快返回。因此，存在不确定性。

如何解决这个问题呢？可以把变量 j 依次为 1、2、3、4、5 时对接口的调用序列化，即由原来的异步调用改为同步调用，每次调用到下一次调用之前都等待返回结果。可以在主调函数声明时和接口调用时分别使用关键字 async 和关键字 await 同步化，参考代码如下。

```
//使用关键字async声明一个涉及异步请求操作的函数
async test1(i) {
for (var j = 1; j <= i; j++) {
      //使用关键字await声明以等待方式调用异步接口
      await this.simulate({
         data: j,
         success: (res) => {console.log(res.msg + ", 返回结果是: " + res.data) },
      })
   }
},
```

执行上述代码，返回结果如图 4-19（b）所示。

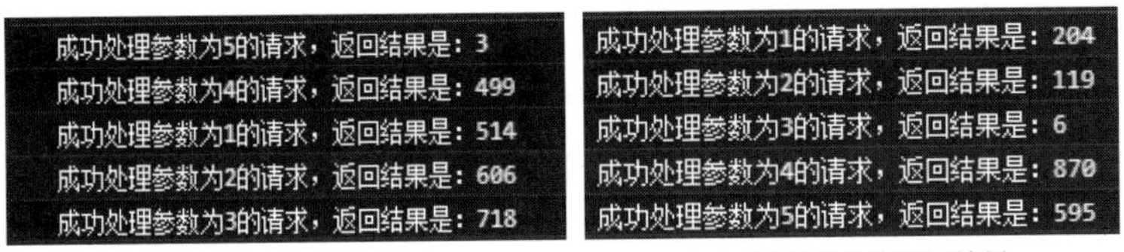

```
成功处理参数为5的请求，返回结果是: 3
成功处理参数为4的请求，返回结果是: 499
成功处理参数为1的请求，返回结果是: 514
成功处理参数为2的请求，返回结果是: 606
成功处理参数为3的请求，返回结果是: 718
```

（a）异步请求的返回结果

```
成功处理参数为1的请求，返回结果是: 204
成功处理参数为2的请求，返回结果是: 119
成功处理参数为3的请求，返回结果是: 6
成功处理参数为4的请求，返回结果是: 870
成功处理参数为5的请求，返回结果是: 595
```

（b）同步请求的返回结果

图 4-19　返回结果

上述代码使用了关键字 async 修饰函数并在函数中使用了关键字 await 等待一个 Promise 对象。这里的关键字 await 后接一个能返回 Promise 对象的接口函数，关键字 await 只能放在关键字 async 修饰的函数中。

4.3.2　交互式接口

小程序不支持 JavaScript 中的消息提示框函数 alert、输入框函数 prompt，但提供了更丰富的交互式接口，主要包括 wx.showToast({})接口、wx.showModal({})接口、wx.showLoading({})接口、wx.showActionSheet({})接口等。这些接口的参数都是 JSON 对象，除个性化字段外，一般都包括如下几个字段。

title：弹出窗口的提示内容。

success：接口调用成功后的回调函数。

fail：接口调用失败后的回调函数。

complete：接口调用结束后的回调函数（无论调用成功还是失败都会执行）。

接下来详细介绍几种主要的交互式接口。

1. wx.showToast({})接口

wx.showToast({})接口是一个消息提示框接口，提示的延迟时间由 duration 字段指定，单位是毫秒，默认是 1500 毫秒。此外，wx.showToast({})接口可以指定弹窗的图标。可以使用 icon 字段指定系统内置的几种图标（success、error、loading、none），也可以使用 image 字段指定图片的路径将指定的图片作为自定义图标，如果 image 字段和 icon 字段同时存在，那么 image 字段的优先级高于 icon 字段的优先级。

2. wx.showModal({})接口

wx.showModal({})接口是一个模态对话框接口，可以接收用户输入的内容（把参数的 editable 字段的值设置为 true）及显示占位符（设置 placeholderText 字段的值），还可以设置是否显示取消按钮（设置 showCancel 字段的值）及其文字和样式（设置 cancelText 字段和 cancelColor 字段的值）。此外，除标题外，还可以设置更多文本（设置 content 字段的值）。如果接口调用成功，那么会通过 success 函数返回用户操作的结果，返回结果也是 JSON 对象。如果用户点击了“确定”按钮，那么返回结果中的 confirm 字段的值为 true，此时 content 字段的值为用户输入的文本；如果用户点击了“取消”按钮，那么 cancel 字段的值为 true。

3. wx.showLoading({})接口

wx.showLoading({})接口是一个加载提示框接口，只有主动调用 wx.hideLoading({})接口才能关闭。wx.showLoading({})接口还可以设置显示透明蒙层，以防止触摸穿透，只需要将 mask 字段的值设置为 true 即可。

4. wx.showActionSheet({})接口

wx.showActionSheet({})接口是一个操作菜单对话框接口，itemList 字段最多可以包括 6 个元素的字符串列表，表示备选项。返回结果中包含 tapIndex 字段，表示用户选择的按钮序号（自上而下从 0 开始的序号）。

调用以上 4 种交互式接口的参考代码如下。

```
wx.showToast({
title: '这是弹窗消息',
duration:3000,
icon:'success',
})

wx.showModal({
      title: '这是标题',
      content:'你喜欢哪门编程语言？',
      showCancel:true, editable:true,
placeholderText:'请输入你喜欢的编程语言',
      complete: (res) => {
      if (res.cancel) {console.log(res) }
      if (res.confirm) { console.log(res) }
```

```
}
})

wx.showLoading({
  title: '加载中', mask:true
 })
setTimeout(()=> {//两秒后关闭
wx.hideLoading()
 },2000)

wx.showActionSheet({
itemList: ['A', 'B', 'C'],
success (res) {
console.log(res.tapIndex)
},
fail (res) {
 console.log(res.errMsg)
}
})
```

对应的显示效果如图 4-20 所示。

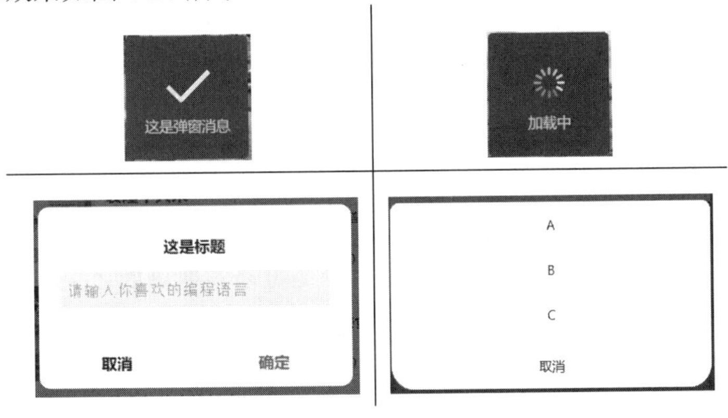

图 4-20　显示效果

4.3.3　路由接口

小程序中的<navigator url=""></navigator>组件提供了页面跳转功能，相当于网页的超链接元素。当需要通过业务逻辑动态实现跳转时，程序提供了路由接口。和交互式接口一样，路由接口的请求参数也是 JSON 对象，除包括用于声明回调函数的 success 字段、fail 字段和 complete 字段外，还包括用于设置目标路径的 url 字段。

如下是几个常用的路由接口。

1．wx.switchTab({})接口

wx.switchTab({})接口用于跳转到 tabBar 页面中，并关闭其他所有非 tabBar 页面。tabBar 页面是指在 app.json 文件的 tabBar 字段中设置的底部图标导航可达的页面。这种跳

转方式中的 url 字段不可带参数，如果有数据需要传递，那么可以将数据保存到全局变量中，通过共享全局变量的方式传递数据。

2．wx.navigateTo({})接口

wx.navigateTo({})接口用于保留当前页面，跳转到小程序的某个页面中，但不能跳转到 tabBar 页面中。这种跳转方式中的 url 字段可以带参数，url 字段和参数之间使用“?”分隔，参数键与参数值使用“=”相连，不同参数使用“&”分隔，如 path?key=value&key2=value2。

3．wx.navigateBack({})接口

wx.navigateBack({})接口用于关闭当前页面，返回到上一级或多级页面中。对于未关闭当前页面进行的跳转，都会将页面按打开顺序以“先进后出”的方式逐层存入页面栈。可以通过 getCurrentPages 函数先获取当前页面栈，再决定需要返回到第几层，要返回到第几层由参数 delta 确定。如果参数 delta 的值大于现有页面数，那么返回到首页。

4．wx.redirectTo({})接口

wx.redirectTo({})接口用于关闭当前页面，跳转到小程序的某个页面中，但不能跳转到 tabBar 页面中。其参数与 wx.navigateTo({})接口的参数一样，不同之处是 wx.redirectTo({})接口用于关闭当前页面，不进入页面栈，也无法通过 wx.navigateBack({})接口返回。

5．wx.reLaunch({})接口

wx.reLaunch({})接口用于关闭所有页面，跳转到小程序的某个页面中。其参数与 wx.navigateTo({})接口的参数一样。使用 wx.reLaunch({})接口关闭所有页面，相当于清空页面栈，无法使用 wx.navigateBack({})接口返回到此前的任何页面中。

小程序接口除了可以实现页面之间的跳转，还可以实现页面之上小程序之间的跳转。要跳转到其他小程序中，应使用 wx.navigateToMiniProgram({})接口（完整跳转）或 wx.openEmbeddedMiniProgram({})接口（半屏跳转）。其参数同样为 JSON 对象，除包括用于声明回调函数的 success 字段、fail 字段和 complete 字段外，还包括 appid 字段。使用 path 字段可以设置跳转到目标小程序中的指定页面路径，使用 extraData 字段可以设置携带数据跳转，在目标小程序的 onLaunch 函数或 onShow 函数的参数中获取这些数据。小程序路由接口同样支持返回到上一个小程序中（wx.navigateBackMiniProgram({})接口，且支持使用 extraData 字段带数据返回）或关闭当前小程序（wx.exitMiniProgram({})接口）。

表 4-1 所示为部分路由接口的使用示例。

表 4-1　部分路由接口的示例

代码位置	核心代码
WXML 页面	<button bindtap='bt1'>跳转到 tabBar 页面中</button> <button bindtap='bt2'>跳转到非 tabBar 页面中</button> <button bindtap='bt3'>返回到上一页面中</button> <button bindtap='bt4'>跳转到其他小程序中</button>

续表

代码位置	核心代码
JS 交互式脚本	bt1:function(e){ wx.switchTab({url: /pages/history/history'})} bt2:function(e){ wx.navigateTo({url: '/pages/index/index' })} bt3:function(e){ wx.navigateBack({delta:1});} bt4:function(e){ wx.navigateToMiniProgram({appId:'wx85**'}); }

此外，小程序路由接口还支持在同一个页面不同位置之间滚动，只需要调用 wx.pageScrollTo({})接口即可。该接口的参数同样是 JSON 对象，可以使用 scrollTop 字段设置目标位置，或使用 selector 字段和 offsetTop 字段搭配设置滚动到指定选择器元素所在位置偏移一定量后的新位置（selector 是选择器标识，与 CSS 选择器类似）。对于移动端手动下拉页面实现刷新效果的事件，可以使用 wx.startPullDownRefresh({})接口自动触发，并使用 wx.stopPullDownRefresh({})接口停止下拉刷新当前页面。

4.3.4 小程序开放接口

小程序开放接口允许开发者在用户允许的情况下，获取用户使用过并托管保存过的数据。下面将以获取用户信息、收货地址、运动步数、车牌号码、手机号码为例，介绍小程序开放接口的使用方法（具体规划可根据平台业务需要动态调整，但调用接口的原理和方法类似）。

在 sensor.wxml 文件中增加 5 个按钮，并将其分别绑定到 sensor.js 文件的 fn1～fn5 的事件处理函数中，参考代码如下。

```
<button bindtap="fn1">1. 获取用户信息</button>
<button bindtap="fn2">2. 获取收货地址</button>
<button bindtap="fn3">3. 获取运动步数</button>
<button bindtap="fn4">4. 获取车牌号码</button>
<button open-type="getPhoneNumber" bindgetphonenumber="fn5">5. 获取手机号码</button>
```

将通过调用接口获取的数据，在测试过程中输出到控制台中，后续可以根据业务需要将其刷新到页面合适的位置上，也可以将其保存到开发者服务器或云数据库中。

1. 获取用户信息

使用 wx.getUserProfile({})接口可以获取用户头像、昵称等用户信息，请求参数除包括用于声明回调函数的 success 字段、fail 字段和 complete 字段外，还包括 desc 字段，用于声明获取用户信息后的用途（要求不超过 30 个字符）。wx.getUserProfile({})接口只有在页面中发生点击事件（button 组件中 bindtap 属性的回调等）时才可以调用，每次请求都会弹出授权提示框，用户同意后，回调 success 函数，回调函数的参数包括用户信息对象（由 avatarUrl、nickName 等字段组成）和其他加密的敏感数据。敏感数据主要用于验证用户信息的签名、加密过的敏感数据，以及加密算法的初始向量，对敏感数据的解密将在 4.4.3 节中介绍。事件处理函数的参考代码如下。

```
fn1:function(e){
```

```
    console.log(e);
    wx.getUserProfile({
      desc: '您的数据将用于测试',
      success:res=>{console.log(res) ; },
      fail:err=>{ console.log(err) }
    })
},
```

页面拉起的窗口和控制台的输出结果如图 4-21 所示。

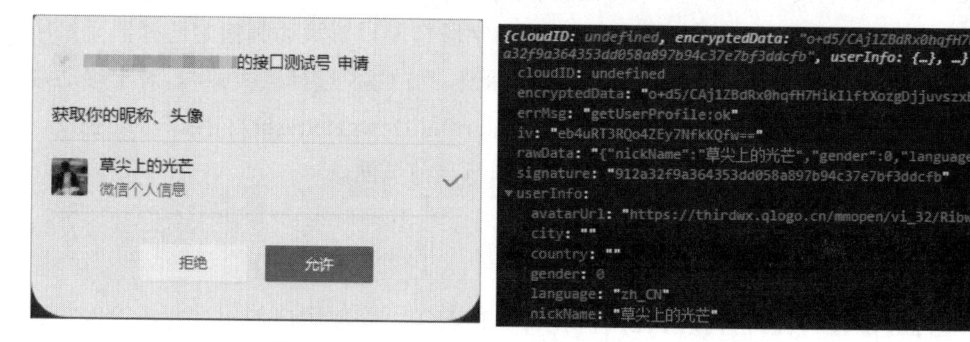

图 4-21　页面拉起的窗口和控制台的输出结果 1

2. 获取收货地址

使用 wx.chooseAddress({})接口可以获取收货地址。使用该接口可以编辑收货地址原生页面，并在编辑完成后回调 success 函数，回调函数的参数包括用户选择的地址对象（由 provinceName、cityName、countyName、detailInfo、postalCode、userName 和 telNumber 等字段组成）。在使用该接口调用参数时，除需回调函数外无须额外的参数。不过，在使用该接口时需要在 app.json 文件的 requiredPrivateInfos 字段中增加 chooseAddress 字段用于声明，否则将回调 fail 函数，无法正常使用该接口。

事件处理函数的参考代码及 app.json 文件中声明的参考代码如下。

```
fn2:function(e){
    wx.chooseAddress({
        success:res=>{console.log(res) },
        fail:err=>{ console.log(err)
        }
    });
},
//app.json文件
//…
"requiredPrivateInfos":[
        "chooseAddress"
    ]
//…
```

页面拉起的窗口和控制台的输出结果如图 4-22 所示。

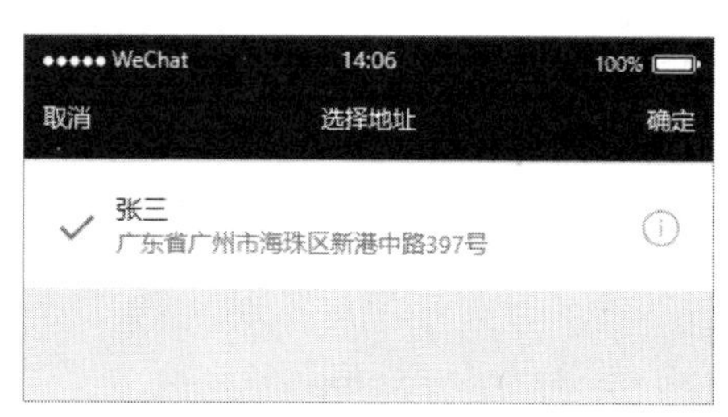

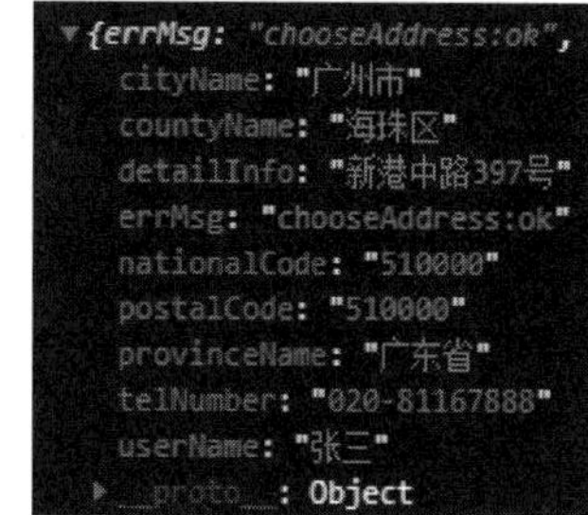

图 4-22　页面拉起的窗口和控制台的输出结果 2

3．获取运动步数

使用 wx.getWeRunData({})接口可以获取运动步数，运动步数会在用户主动进入小程序时更新。在使用该接口调用参数时，除需回调函数外无须额外的参数。不过，成功调用返回给回调函数的运动步数是加密数据和加密算法的初始向量，只有使用 wx.login({})接口在登录时发送到后端换取的会话密钥才能完成解密，这部分内容将在后面介绍，此外不再赘述。

事件处理函数的参考代码如下。

```
fn3:function(e){
    wx.getWeRunData({
        success:res=>{console.log(res);//待发送至开发者服务器中后解密 },
        fail:err=>{ console.log(err); }
    });
},
```

页面拉起的窗口和控制台的输出结果如图 4-23 所示。

图 4-23　页面拉起的窗口和控制台的输出结果 3

4．获取车牌号码

使用 wx.chooseLicensePlate({})接口可以获取车牌号码。在使用该接口调用参数时，除需回调函数外无须额外的参数。不过，在微信开发者工具中无法测试，需要使用真机调试。在回调 success 函数时，回调函数的参数包括 plateNumber 字段，其值即用户选择的车牌号码。事件处理函数的参考代码如下。

```
fn4:function(e){
 wx.chooseLicensePlate({
      success:res=>{console.log(res)},
      fail:err=>{ console.log(err) }
```

```
    });
},
```

页面拉起的窗口和控制台的输出结果如图 4-24 所示。

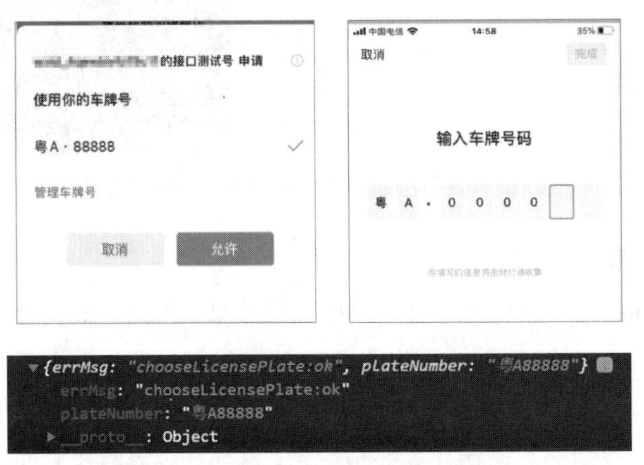

图 4-24　页面拉起的窗口和控制台的输出结果 4

5．获取手机号码

因为微信开放功能支持开发者在用户主动触发并允许的情况下获取手机号码，所以该功能不由 API 调用，而由 button 组件的点击事件触发。在开发时，把 button 组件的 open-type 属性的值设置为 getPhoneNumber，并使用 bindgetphonenumber 属性绑定一个事件处理函数。当用户点击 button 组件时，将触发事件处理函数并携带 code（动态令牌）作为参数。在事件处理函数中，把动态令牌传送到后台，并在后台调用微信服务器接口，先使用该动态令牌换取手机号码，再将手机号码回传到小程序中。每个动态令牌的有效期均为 5 分钟，且只能消费一次。

事件处理函数的参考代码如下。

```
fn5:function(e){console.log(e);//待发送到开发者服务器后解密}
```

页面拉起的窗口和控制台的输出结果如图 4-25 所示。

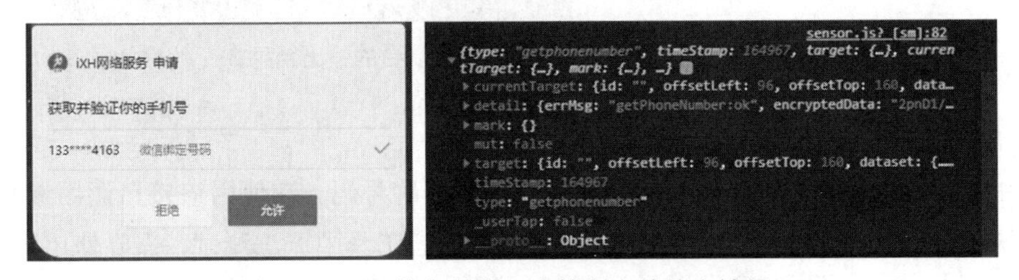

图 4-25　页面拉起的窗口和控制台的输出结果 5

在使用微信开放平台获取手机号码时，既可以使用微信绑定的手机号码进行授权，又可以使用非微信绑定的手机号码进行授权。若开发者仅通过手机号码作为业务关联凭证，则使用该方式也许不能保证凭证的真实性，建议在重点场景适当增加短信验证逻辑。

对于使用 bindgetphonenumber 属性绑定的事件处理函数、wx.getWeRunData({})接口等

参数中的加密数据，在解密时都需要调用 wx.login({})接口登录并获取的会话密钥作为解密密钥，这可能会刷新登录态，即此时服务器使用登录凭证换取的会话密钥可能不是加密时使用的会话密钥，可能会导致解密失败。建议开发者提前进行登录处理，或在回调时先使用 wx.checkSession({})接口进行登录态的检查，避免重新调用 wx.login({})接口刷新登录态。

根据微信官方文档可知，目前微信开放平台仅对已认证的非个人开发者开放，但可以使用测试号调试。

4.3.5 地图和位置接口

针对小程序在移动应用中的特点，小程序提供了丰富的地图和位置接口，包括地图绘线与标记接口、位置开放接口、第三方位置服务接口，通过这些接口可以实现从经纬度到位置名称的逆地址解析、当地天地查询、路线计算等功能。

本节将使用 history.wxml 文件进行测试。在 history.wxml 文件中增加 4 个通过点击可触发事件的 button 组件、1 个用于展示地图的 map 组件和 2 个点位符（分别表示当前位置名称和当地天气情况），参考代码如下。

```
<!--history.wxml文件-->
<!--用map组件展示地图-->
<map id='MyMap' latitude="23.204354" longitude="113.387832" scale="14"></map>
<button bindtap='test1'>1.画弧线和标记</button>
<button bindtap='test2'>2.获取当前位置</button>
<button bindtap='test3'>3.打开所在地图</button>
<button bindtap='test4'>4.查看当地天气</button>
<view>当前位置名称：<text>{{address}}</text></view>
<view>当地天气情况：<text>{{weather}}</text></view>
//history.js文件
Page({
    data: {
        address: '未获取',
        weather: '未获取',
        pos: null //保存经纬度
}
```

1. 地图绘线与标记接口

map 组件提供了在页面中展示地图模块的功能，配合使用小程序的地图绘线与标记接口，可以动态地在地图上画弧线、做标记等。

使用小程序 API 提供的 wx.createMapContext 接口，可以创建一个与页面的 map 组件绑定的 MapContext（地图上下文），使用 MapContext 封装的方法可以实现诸多功能。例如，可以勾画两个标记点之间的路径弧线、动态增加标记点等，参考代码如下。

```
 test1: function (e) {
//创建MapContext
var map =wx.createMapContext('MyMap');
```

```
//删除原有弧线（如有）
 map.removeArc({ id: 1});
 map.addArc({//画起点和终点的弧线
        id: 1,
        start: {//起点
            latitude: 23.135242,
            longitude: 113.576207
        },
        end: {//终点
            latitude: 22.932723,
            longitude: 115.553104
        },
        color: '#f00',//弧线的颜色
        angle: 30, //弧线的夹角
        success: res => {
            console.log(res)
        }
    })
    map.addMarkers({//增加标记点
        markers: [{//标记点数组
            id: 3,
            latitude: 23.135242,
            longitude: 113.576207,
            title: '学校',
            iconPath: '/icons/product_selected.png',//图标
            width: '20',//标记点的大小
            height: '20'
        }, {
            id: 2,
            latitude: 22.932723,
            longitude: 115.553104,
            title: '老家',
            iconPath: '/icons/product.png',
            width: '20',
            height: '20'
        }],
        success: res => {
            console.log(res)
        }
    })
  },
```

上述代码实现了先创建 MapContext，再增加弧线和标记点。

2．位置开放接口

小程序关于地理位置的应用常见的场景是，实时获取移动端所在的经纬度，主要调用的是 wx.getLocation({})接口。要使用位置开放接口，需要先在小程序后台，点击“开发管

理”选项，在打开的“开发管理”界面的“接口设置”选项卡中自助开通接口权限，然后在app.json文件中进行声明，否则将无法正常使用这些接口。在app.json文件中进行声明的参考代码如下。

```
"requiredPrivateInfos":[
    "chooseAddress",
    "getLocation"
],
"permission": {
    "scope.userLocation": {
      "desc": "你的位置信息将用于小程序位置接口的效果展示"
    }
  }
```

1）wx.getLocation({})接口

wx.getLocation({})接口用于获取当前的地理位置、速度。该接口的参数是JSON对象，除包括用于声明回调函数的success字段、fail字段和complete字段外，还包括如下字段。

（1）type：设置坐标系统，通常有两个值，一个是wgs84，用于指定使用全球定位系统（Global Positioning System，GPS）；另一个是gcj02，用于指定使用中华人民共和国国家测绘地理信息局制定的地理信息系统的坐标系统，使用该系统可以按结果直接打开腾讯地图上对应的坐标位置。

（2）altitude：值为true时将返回高度，但因为获取高度需要较高的精确度，所以会减慢接口返回速度，默认值为false。

（3）isHighAccuracy：值为true时将开启高精度定位，默认值为false。开启高精度定位后，接口耗时会增加，可以指定highAccuracyExpireTime字段的值作为超时时间。

（4）highAccuracyExpireTime：设置高精度定位的超时时间（单位为毫秒），指定时间内返回最高精度。其值只有小于3000毫秒才有效果。

高频率调用wx.getLocation({})接口会增加耗电量，若有需要则可以使用wx.onLocationChange({})接口。

当用户第一次拉起获取地理位置的接口时，会弹出如图4-26所示的提示框，提示用户是否允许。其中的提醒文本在app.json文件中设置。

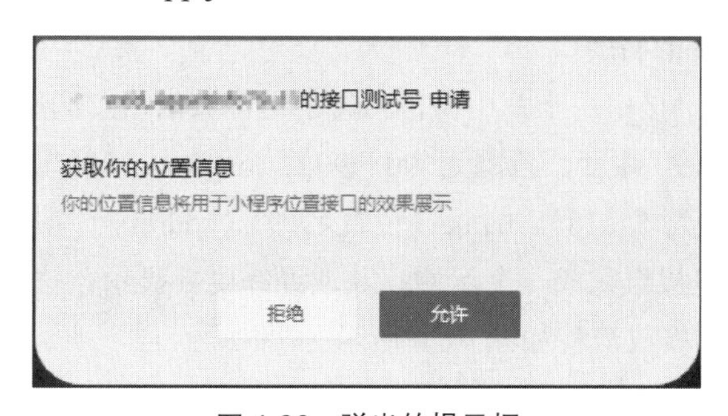

图 4-26　弹出的提示框

当用户点击“允许”按钮时将回调 success 函数，回调函数的参数包括返回的经纬度等信息；当用户点击“拒绝”按钮时，将回调 fail 函数。用户的选择将被系统记录，后续再次调用时不再弹窗提示。用户如果需要修改设置，那么应点击小程序右上方的“…”按钮，在底部弹出的界面中点击“设置”按钮，在打开的“设置”界面中进行操作，如图 4-27 所示。

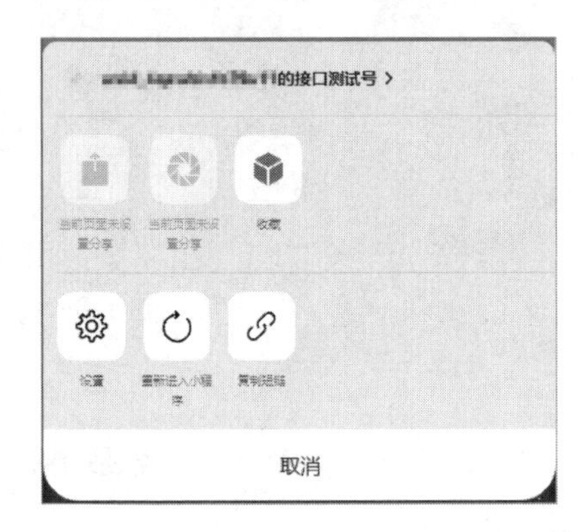

图 4-27　修改小程序的设置

对于开发者而言，如果用户一开始就同意授权，那么可以直接获取其地理位置。如果用户拒绝了授权，那么可能是上一次误操作导致的，此时在调用 wx.getLocation({})接口之前就应该引导用户打开设置完成后重新授权的操作。因此，要获取用户的地理位置应该先判断用户的授权情况，再根据授权情况决定是否需要重新授权，最后获取并展示地理位置。这个流程除需使用 wx.getLocation({})接口外，还涉及如下几个接口。

2）wx.getSetting({})接口

wx.getSetting({})接口用于获取用户的当前设置，成功回调的结果的参数中的 authSetting 字段的值是 JSON 列表，该列表会列出小程序已经向用户请求过的权限（不论是否允许都会列出）。

3）wx.openSetting({})接口

wx.openSetting({})接口用于打开小程序的“设置”界面（“设置”界面中只会出现小程序已经向用户请求过的权限），返回用户设置的结果，该结果和使用 wx.getSetting({})接口返回的结果一样。

4）wx.openLocation({})接口

wx.openLocation({})接口用于使用微信内置的地图获取用户的地理位置，参数是 JSON 对象，参数包括 latitude（纬度，范围为-90～90）、longitude（经度，范围为-180～180）、scale（缩放比例，范围为 5～18）、name（位置名称）、address（地址的详细说明）等字段。

下面综合运用上述接口完成一个示例：获取经纬度并显示该位置的地图。根据对授权流程的分析可知，位置授权流程如图 4-28 所示。

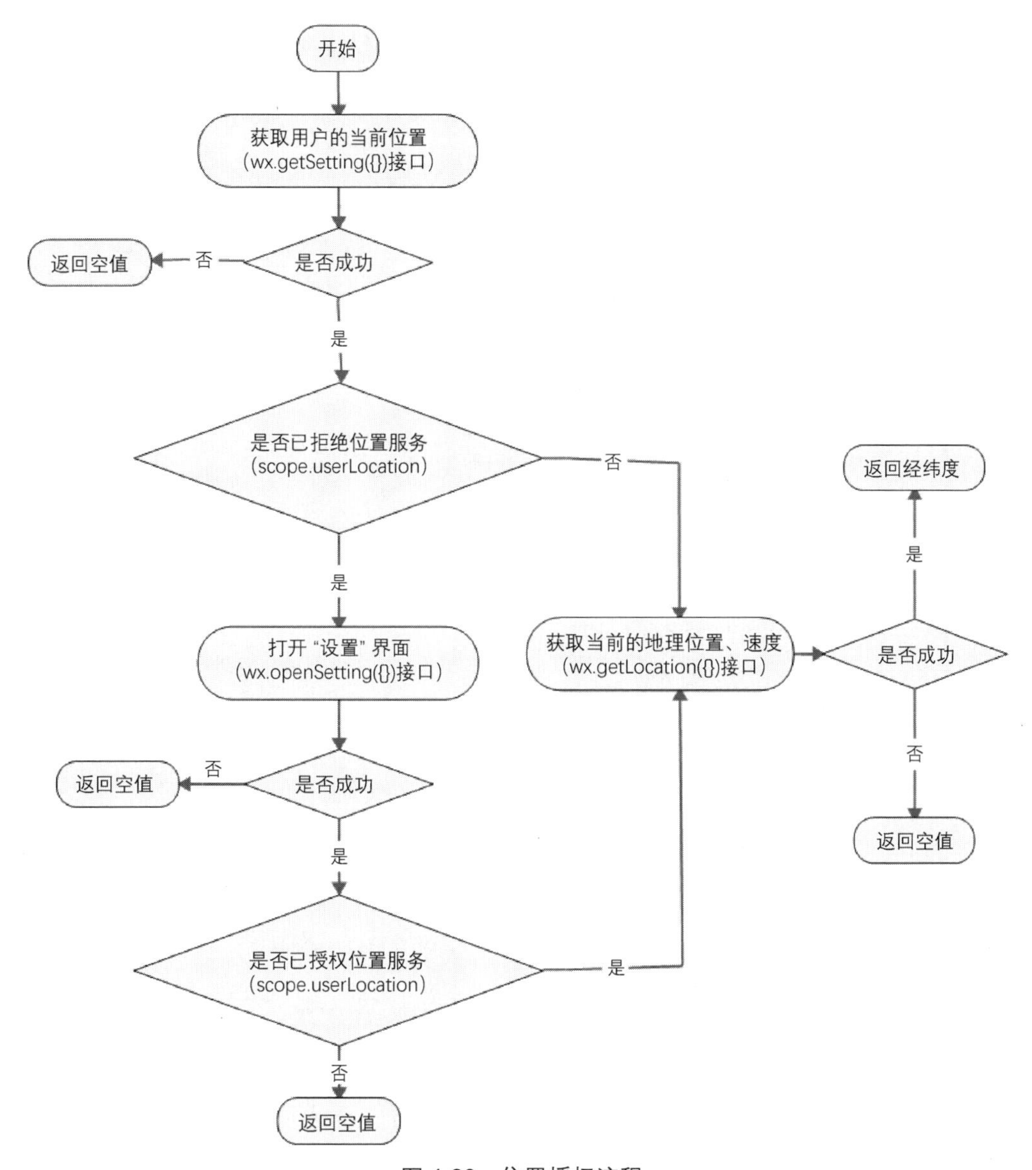

图 4-28　位置授权流程

在上述流程中，如果只需要对已获取的经纬度或逆地址解析后的地址刷新页面，那么可以在返回经纬度的回调函数中使用 setData 函数刷新。如果需要使用函数封装并同步返回经纬度，那么需要对上述所有异步流程进行同步化处理，参考代码如下。

```
getUserLocation: function (e) {
  return new Promise((resolve, reject) => { //返回一个Promise对象
    wx.getSetting({                         //获取用户的当前设置
      success: async res => {               //回调函数中有对其他异步接口的调用
        //判断是否拒绝过位置服务
        if (res.authSetting['scope.userLocation'] == false) {
          wx.openSetting({                  //唤起设置页面引导用户重新授权
            success: async res => {         //回调函数中有对其他异步接口的调用
```

```
                    //如果允许重新授权
                    if (res.authSetting['scope.userLocation'] == true) {
                      //获取当前的地理位置、速度
                     var poi = await this.getLocation(); //调用另一个异步接口
                      resolve(poi);           //返回给Promise的resolve函数回调
                    } else { //若用户坚持不授权，则返回null
                      resolve(null);
                    }
                  },
                  fail: err => {                  //若无法打开“设置”界面，则返回null
                    resolve(null);
                  }
                })
              } else {
                var poi = await this.getLocation();  //调用另一个异步接口
                resolve(poi);
              }
            },
            fail: async err => {                   //无法获取位置信息，直接尝试调用
              var poi = await this.getLocation(); //调用另一个异步接口
              resolve(poi);
            }
          });
        });
      },
      getLocation: function () {
        var that=this;//后续函数中的this指代会发生变化，将当前this临时保存为that
        return new Promise((resolve, reject) => {
          wx.getLocation({
            type: 'wgs84',
            success(res) {
                that.data.pos={'latitude':res.latitude,'longitude':res.longitude}
                resolve(res)
            },
            fail: err => {
              resolve(null)
            }
          });
        });
      },
```

上述代码自定义了 getUserLocation 函数，因为该函数中有多处在判断授权后需要调用 wx.getLocation({})接口，所以为了提高代码的复用率，把调用 wx.getLocation({})接口的部分独立成另一个自定义的 getLocation 函数。另外，因为涉及调用另一个异步接口，所以在主调函数中使用关键字 async 和关键字 await 对异步请求进行同步化处理，被调函数都返回 Promise 对象。

有了上述代码，对需要获取经纬度的地址直接调用 getUserLocation 函数即可。例如，基于上述需求，打开用户所在位置的地图，可以使用如下代码。

```
test3:async function(){                    //声明将调用异步接口
   var pos=await this.getUserLocation(); //调用一个异步接口
   if(pos==null){
      pos=this.data.pos;
   }
   if(pos!=null){           //如果返回结果不为空
   wx.openLocation({        //打开地图
      latitude: pos.latitude,
      longitude: pos.longitude,
     })
   }
},
```

上述代码进行了容错处理，即如果因调用位置接口过于频繁而导致无法访问正确的结果，那么退而求其次地使用上一次保存在变量 pos 中的位置信息。

只要使用 button 组件的 bindtap 属性绑定 test3 函数，就可以实现点击该 button 组件打开用户所在位置的地图（需用户允许，且使用真机测试）。

前文提到，程序获取的是用户的经纬度，无法直观看出所处的地理位置。因此，需要像图灵机器人一样，通过网络向第三方位置服务接口发送请求，将经纬度转换为地址，即进行逆地址解析。

3．第三方位置服务接口

为了让开发者更加方便地开发出基于位置服务的程序，腾讯位置服务平台、百度地图开放平台等第三方位置服务平台提供了丰富的地址转换、距离计算和天气查询等位置服务接口支持，且允许非营利性应用在申请授权码后直接使用。

为了更广泛地适配移动端 App、HTML5 和小程序等对位置服务的需求，第三方位置服务平台基本上都提供了基于 JavaScript 脚本的第三方位置服务接口，其使用步骤类似，通常有如下 3 步。

（1）开发者在第三方位置服务平台上注册账号，并申请一个相关应用的授权码。一般来说，出于安全的考虑，在申请授权码时需要设置应用的类型和标识号。如果是服务器接口，那么还需要授权服务器的 IP 地址或域名。

（2）下载并引用第三方位置服务平台提供的 JavaScript API 开发工具包。

（3）在小程序后台设置合法域名，如腾讯位置服务平台的合法域名是 apis.map.qq.com，百度地图开放平台的合法域名是 api.map.baidu.com。

完成以上 3 步以后，即可根据具体的业务，使用引入的 SDK 文件和在小程序后台生成的授权码生成 SDK 对象，通过调用 SDK 对象的相关方法来完成接口的调用。

腾讯位置服务平台和百度地图开放平台授权码的申请如图 4-29 所示。

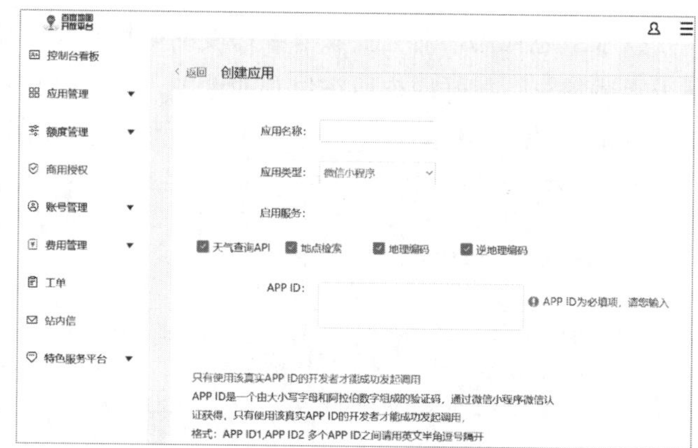

图 4-29　腾讯位置服务平台和百度地图开放平台授权码的申请

接下来以腾讯位置服务平台为例，介绍如何实现一个进行逆地址解析的应用。

在后台申请授权码后，从下载的 SDK 文件中解压缩 qqmap-wx-jssdk.js 文件或 qqmap-wx-jssdk.min.js（简缩版）文件，将其放在小程序的 utils 目录下。

在脚本文件开头补充引入如下 SDK 文件。

```
var QQMapWX=require('../../utils/qqmap-wx-jssdk.min.js');
```

首先，调用 getUserLocation 函数用于获取当前经纬度，如果经纬度为空，那么尝试使用上一次获取的结果；其次，如果经纬度不为空，那么根据腾讯位置服务平台接口文档的描述，利用后台申请的授权码在程序中生成 SDK 对象，并使用 SDK 对象逆地址解析接口发送请求；最后，把返回结果通过 setData 函数动态刷新到页面的变量 address 中，参考代码如下。

```
test2: async function(){
var pos=await this.getUserLocation();//调用getUserLocation函数
if(pos==null)pos=this.data.pos;        //如果经纬度为空，那么尝试使用上一次获取的结果
   if(pos!=null){                      //如果经纬度不为空
   var qqmapwx=new QQMapWX({           //生成SDK对象
      'key':'5DOBZ-UE7K5-OFCIR-QY7SG-M2R3F-*****'//参数为后台申请的授权码
   });
   qqmapwx.reverseGeocoder({           //使用逆地址解析接口发送请求
      latitude: pos.latitude,
      longitude: pos.longitude,
      success:res=>{
         //把返回结果通过setData函数动态刷新到页面的变量address中
         this.setData({address:res.result.address})
      },
fail:err=>{console.log(err);}
   });
}
}
```

返回的是 JSON 对象，具体的对象结构可以参考官方文档。

使用百度地图开放平台的天气查询接口的方法与使用腾讯位置服务平台的逆地址解析接口的方法相似。在后台申请授权码后，从下载的 SDK 文件中解压缩 bmap-wx.min.js 文件，将其放在小程序的 utils 目录下。在脚本文件开头补充引入如下 SDK 文件。

```
var bmap = require('../../utils/bmap-wx.min.js');
```

根据百度地图开放接口文档的描述，接口调用的参考代码如下。

```
test4: function (e) {
    var BMap = new bmap.BMapWX({
        ak: 'gLVgFDiotxjAkq73HHwg2V12AONq****'
    });
    BMap.weather({
        success: r => {
            console.log(r)
            var weatherData = r.currentWeather[0];
            weatherData = '当前所在城市'+weatherData.currentCity +'的实时温度是' +
weatherData.temperature;
            this.setData({weather:weatherData});
        },
        fail: er => {  console.log(er); }
    })
},
```

程序运行结果如图 4-30 所示。

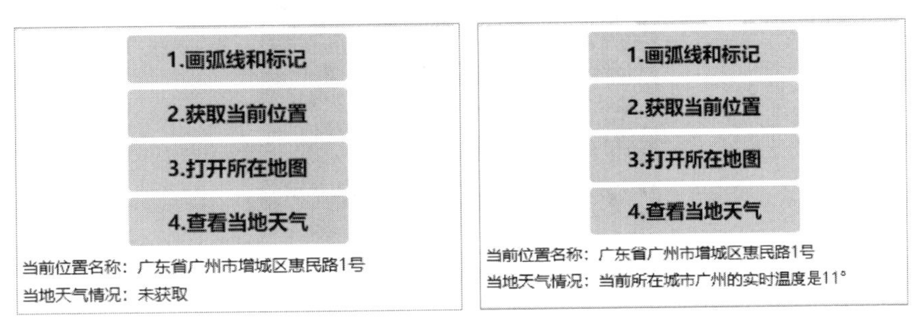

图 4-30　程序运行结果

第三方位置服务接口的使用规则会根据其本身的业务调整而发生变化，开发者需要根据最新的接口文档按规则调用其接口。

无论是腾讯位置服务平台还是百度地图开放平台，都已经实现了接口的内置功能，并对外封装和提供了调用接口的 SDK。如果开发者想要自己实现后台的业务逻辑，并向前端提供访问接口，那么就要借助网络请求接口。

4.3.6　网络请求接口

小程序本身只用于系统与用户交互，一般不用于直接存放数据，而更多的是先将用户的操作通知给后台的业务逻辑，再将后台的业务逻辑的处理结果通知给用户。因此，小程序需要通过网络与远端的服务器“打交道”，向服务器发送请求并处理响应结果。

出于安全考虑，在开发小程序时需要事先设置服务器域名，小程序只能与指定域名的服务器进行网络通信。在正式发布的小程序中，服务器域名必须是经过备案的合法域名，且必须安装合法有效的 HTTPS 证书。在开发调试阶段，可以临时使用不需要 HTTPS 证书的域名，但需要点击如图 4-31 所示“详情”按钮，在“本地设置”选项卡中勾选“不校验合法域名、web-view（业务域名）、TLS 版本以及 HTTPS 证书”复选框，关闭域名的合法性校验功能。

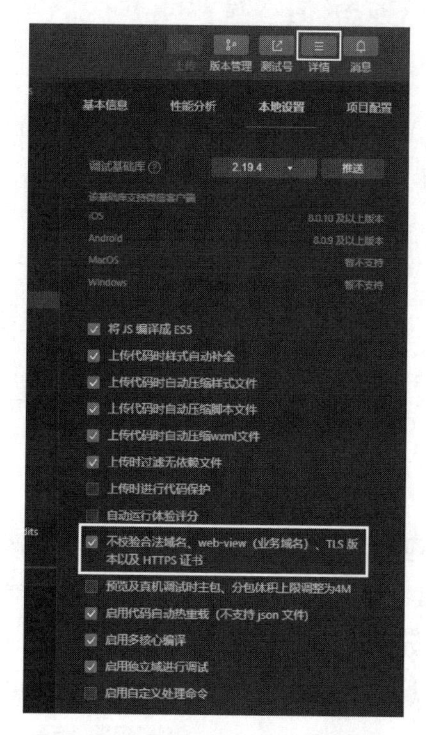

图 4-31　关闭域名的合法性校验功能

正式进行网络请求之前，下面先介绍一下与网络请求有关的文件上传接口。为了演示这个示例，需要先在终端选择相片或拍照，再将相片上传到服务器中。下面将重点介绍小程序中的请求格式和参数设置。

小程序需要使用 wx.chooseMedia({})接口选择相片。该接口的参数除包括用于声明回调函数的 success 字段、fail 字段和 complete 字段外，还包括如下字段。

count：设置最多可以选择的文件个数，默认是 9 个。

mediaType：设置文件类型。其值可以有 3 个，即 image、video 和 mix。

sourceType：设置图片或视频选择的来源。其值是一个列表，列表中的 album 表示从相册中选择，camera 表示使用相机拍摄。当使用相机拍摄时，可以配合 camera 字段指定前置或后置摄像头。

sizeType：设置是否压缩所选文件。其值是一个列表，列表中的 original 表示原图，

compressed 表示压缩。

调用成功时回调 success 函数，返回结果中包含 tempFiles 字段，其值是一个本地临时文件列表，列表中包括 tempFilePath（本地临时文件路径）、size（本地临时文件大小，单位为字节）、duration（视频的时长，单位为秒）、height（视频的高度，单位为像素）、width（视频的宽度，单位为像素）、thumbTempFilePath（视频缩略图临时文件路径）、fileType（文件类型）。

例如，将如下代码中的 test5 函数作为点击事件处理函数，在页面中新增一个 button 组件并将其点击事件绑定到 test5 函数中。

```
test5:function(e){
  wx.chooseMedia({    //调用选择媒体接口
    mediaType:'mix',  //图片和视频都能选择
      count:2, //最多选择2个文件
      sizeType:['original','compressed'],
      sourceType:['album','camera'],
      success:res=>{        console.log(res)       },
      fail:err=>{         console.log(err)       }
  });
},
```

点击 button 组件，若选择一张相片和一个视频文件，则在 success 函数中输出结果。控制台的输出结果如图 4-32 所示。

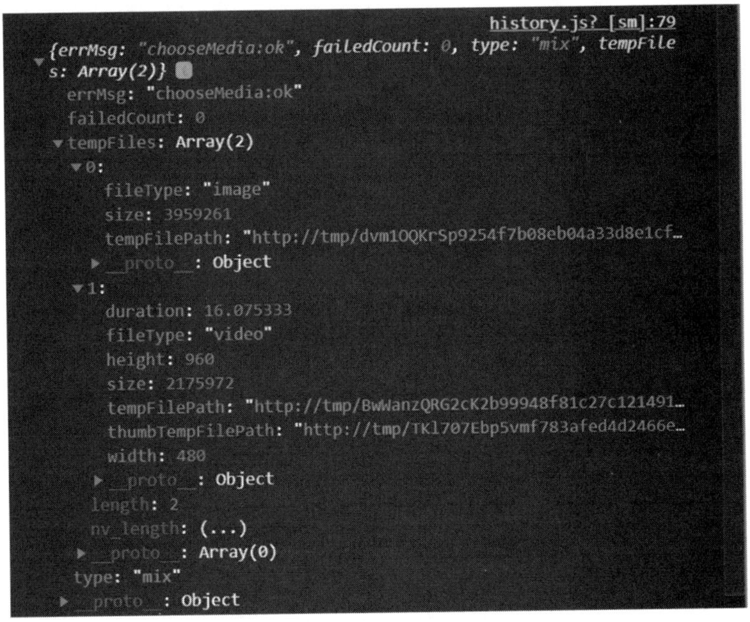

```
                                              history.js? [sm]:79
▼{errMsg: "chooseMedia:ok", failedCount: 0, type: "mix", tempFile
 s: Array(2)}
   errMsg: "chooseMedia:ok"
   failedCount: 0
  ▼tempFiles: Array(2)
   ▼0:
      fileType: "image"
      size: 3959261
      tempFilePath: "http://tmp/dvm1OQKrSp9254f7b08eb04a33d8e1cf…
    ▶__proto__: Object
   ▼1:
      duration: 16.075333
      fileType: "video"
      height: 960
      size: 2175972
      tempFilePath: "http://tmp/BwWanzQRG2cK2b99948f81c27c121491…
      thumbTempFilePath: "http://tmp/TKl707Ebp5vmf783afed4d2466e…
      width: 480
    ▶__proto__: Object
    length: 2
    nv_length: (...)
   ▶__proto__: Array(0)
   type: "mix"
  ▶__proto__: Object
```

图 4-32 控制台的输出结果

可见，tempFiles 字段列表中有两个选项，分别表示选择的两个文件上传后的临时文件。要把选择的本地文件上传到服务器中，需要使用 wx.uploadFile({})接口。这是小程序发

起的一个 HTTPS POST 请求，其中 content-type 的值为 multipart/form-data。接口的参数除应包括用于声明回调函数的 success 字段、fail 字段和 complete 字段外，还应包括如下字段。

url：开发者服务器访问地址。

filePath：要上传文件资源的路径（本地路径）。

name：文件对应的标识，开发者在服务器中可以通过这个标识获取文件的二进制内容。

header：请求头，不能设置 Referer。

formData：HTTP 请求中其他额外的表单数据。

timeout：超时时间，单位为毫秒。

在上述上传文件的示例中，获取 tempFiles 字段列表后，使用了 wx.uploadFile({})接口完成上传功能，参考代码如下。

```
if(res.tempFiles.length>0){        //如果选择文件
   wx.showLoading({               //显示加载等待
     title: '正在上传文件'
   })
}
res.tempFiles.forEach(file=>{      //循环逐个获取并处理上传的文件
   wx.uploadFile({
     filePath: file.tempFilePath,
     name: 'file',
     url: 'http://liweilin.natapp1.cc/mp/upload',//使用开发者服务器文件上传地址
     header:{'Cookie':'JSESSIONID='+app.globalData.sessionid},
     success:r=>{
       console.log(r)
     },
     fail:er=>{
         console.log(er)
     },
     complete:()=>{
         wx.hideLoading();      //结束后隐藏模态窗
     }
   })
});
```

在上述代码中，url 字段指定的服务器接口将在 4.4 节中实现。

wx.uploadFile({})接口内置了向服务器请求时的默认参数。实际上，如果是请求一个自定义的普通接口，那么应该使用 wx.request({})接口。

wx.request({})接口用于发起 HTTPS 请求，请求接口中使用频繁且重要的接口之一。其请求参数是 JSON 对象，除包括用于声明回调函数的 success 字段、fail 字段和 complete 字段外，还包括如下字段。

url：开发者服务器访问地址，在正式上线时必须使用备案域名且有合法的 HTTPS 证书。

method：HTTP 请求方法，常用方法是 GET 方法和 POST 方法。

data：在向接口请求时携带的参数。

header：请求头，其中 content-type 的默认值为 application/json，不能设置 Referer。当需要保持客户端与服务器每次通信都使用相同的会话时（基于 Web 服务器的会话共享登录态等），header 字段的值应包括 Cookie 字段，其值为“JSESSIONID=上一次会话标识”。

当接口请求的 method 字段的值为 POST 时，如果服务器没有针对客户端发送的 JSON 格式的请求进行适配，如要使用@RequestParam 注解试图接收键值对形式的一对或多对参数，那么需要在请求头中，把 content-type 的默认值从 application/json 修改为 application/x-www-form-urlencoded，否则服务器将接收不到参数。此时，如果键值对中的值是一个多层次的 JSON 对象，而服务器对参数值的默认解析是字符串，那么可以在调用接口时使用 JavaScript 的 JSON.stringify 方法，将 JSON 对象转换为字符串。

当然，如果服务器使用@RequestBody 注解接收整个请求体作为参数，那么使用 content-type 的默认值就可以了（不需要额外声明），这是因为@RequestBody 注解默认按 JSON 格式整体接收客户端发送的请求参数。

服务器在使用 POST 方法接收参数时，小程序请求头和参数域示例如表 4-2 所示。

表 4-2 小程序请求头和参数域示例

服务器接收参数方式（POST）	小程序请求头和参数域示例
@RequestParam 注解	header:{'content-type':'application/x-www-form-urlencoded'}, data:{'value':JSON.stringify([{'name':'李伟林','age':18},{'name': '李小明','age':16}])},
@RequestBody 注解	header:{'content-type':'application/json'}, data:{'value': [{'name':'李伟林','age':18},{'name': '李小明','age':16}]},

如果 wx.request({})接口返回正确的结果，那么回调 success 函数，参数的 data 字段中为服务器的返回结果。建议使用 UTF-8 编码表示服务器的返回结果，对于使用非 UTF-8 编码表示的服务器的返回结果，小程序会尝试进行转换，但是会有转换失败的可能。

wx.request({})接口请求的超时时间默认是 60000 毫秒，如果需要修改，那么可以在 app.json 文件中通过 networkTimeout 字段实现。

小程序 API 众多，以上只列举了常用的部分小程序 API，开发者可以访问官方文档，挑选适合自身业务需要的接口，开发出优秀的小程序作品。

下面依次介绍小程序服务器接口、小程序与数据库交互、小程序云开发的相关知识。

4.4 小程序服务器接口

小程序服务器接口一方面要处理业务逻辑，并为小程序提供访问接口，另一方面要访问小程序开放平台服务器，完成鉴权、发送订阅消息等各种操作。本节将介绍小程序服务器接口的相关知识，并介绍小程序服务器接口如何与小程序开放接口配合，实现小程序的常用功能。

为了便于后续同一主体下公众号和小程序的集成，下面在原公众号的开发者服务器项目中继续基于 Spring Boot 完成小程序服务器的相关功能。为了便于管理包，下面新建一个小程序包，并先在其中新建一个 MpTools.java 文件，专门用来放置与小程序相关的各种功能函数，再在其中新建一个 MpController.java 文件，用来接收和响应小程序的请求。项目文档结构如图 4-33 所示。

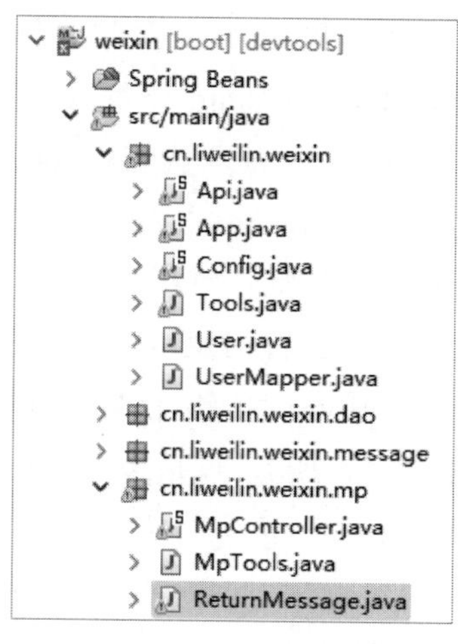

图 4-33　项目文档结构

另外，由于返回给小程序的结果都是 JSON 对象，而使用@RestController 注解或@ResponseBody 注解可以自动将 Map 对象转换为 JSON 对象输出，因此下面将设计一个继承自 Map 对象的实现类，作为通用的返回结果类，参考代码如下。

```
// ReturnMessage.java文件
package cn.liweilin.weixin.mp;
import java.util.HashMap;
public class ReturnMessage extends HashMap<String,Object> {
public ReturnMessage add(String key,Object value){
    this.put(key, value);
    return this;
    }
}
```

小程序服务器接口文档是开发过程的重要依据，后续可以从该接口文档中找到接口四要素，并完成后端接口和前端小程序的集成。

4.4.1　获取接口访问令牌

和公众号一样，开发者服务器对微信服务器的访问，也需要获取一个全局唯一的接口访问令牌，其有效期为 7200 秒，开发者需要对其进行妥善保存，可以将其存于应用级的全局变量、文件、Redis 等中。通过阅读接口文档可以发现，小程序访问令牌的获取接口与公众号访问令牌的获取接口是相同的，但开发者标识、开发者密码及有效期是不同的。为此，可以参考公众号访问令牌请求函数（Tools.java 文件中的 getAccess_token 函数），在

MpTools.java 文件中放置一个小程序访问令牌请求函数，参考代码如下。

```
private static String access_token=null;
private static long createtime=0l;
public static String getAccess_token() {
    long now = new Date().getTime();           // 获取当前时间戳
    // 若访问令牌为空或令牌获取时间超过7000秒，则重新获取访问令牌
    if (access_token == null || now - createtime > 7000000) {
        String url = "https://api.weixin.qq.com/cgi-bin/token?grant_type=client_
credential&appid=APPID&secret=APPSECRET";
    url = url.replace("APPID", APPID).replace("APPSECRET",APPSECRET);//替换请求参数
        String result = Tools.get(url);        // 调用GET方法
        JSONObject json = JSONObject.parseObject(result);
        System.out.println(result);
        if (json.getInteger("errcode") == null || json.getInteger("errcode") == 0) {
            access_token = json.getString("access_token");// 更新访问令牌
            createtime = now;                  // 更新令牌获取时间
        }
    }
    return access_token;
}
```

在上述代码中，首次获取的访问令牌被存于程序内存中，此后再需要时，应判断原访问令牌是否在有效期内，若在有效期内，则直接返回，否则需要重新向微信服务器申请新的访问令牌，更新访问令牌后再返回。

4.4.2　小程序登录接口

在新建的小程序的默认模板的 app.js 文件的 onLaunch 函数中就有用于请求小程序登录的 wx.login({})接口。其功能是调用接口获取登录凭证，通过登录凭证向小程序服务器接口换取用户登录态，包括小程序的用户标识及本次登录的会话密钥等，这与对公众号进行网页授权时使用登录凭证换取用户标识的功能类似。在开发者服务器中完成向微信服务器换取登录态，即可实现使用登录凭证换取会话密钥。

从接口文档中获取请求地址、请求方法、请求参数和返回结果，如表 4-3 所示。

表 4-3　接口要素及内容

接口要素	内容	备注
请求地址	https://api.weixin.qq.com/sns/jscode2session? appid=APPID &secret=SECRET &js_code=JSCODE &grant_type=authorization_code	
请求方法	GET	

续表

接口要素	内容	备注

请求参数	{
	appid：开发者标识,
	secret：开发者密码,
	js_code：用户授权后获取的凭证,
	grant_type：授权类型，值为 authorization_code
	}
		URL 带值

返回结果	{
	"session_key":"会话密钥",
	"errmsg":"错误信息",
	"errcode":"错误码",
	"openid":"用户标识",
	"unionid": "联合标识"
	}
		JSON 格式，如果返回结果中包含 errcode 且返回结果非 0，那么说明请求失败

将 wx.login({})接口实现的功能封装成函数。该函数的输入参数为小程序用户授权后获取并传送给开发者服务器的登录凭证，返回结果为 JSON 对象，参考代码如下。

```
package cn.liweilin.weixin.mp;
import com.alibaba.fastjson.JSONObject;
import cn.liweilin.weixin.Tools;
public class MpTools {
    /* 声明小程序的开发者标识和开发者密码，以便使用 */
    private static String APPID="小程序AppID";
    private static String APPSECRET="小程序AppSecret";
    /* 声明使用登录凭证换取会话密钥的函数 */
    public static JSONObject code2Session(String jscode){
        JSONObject result=new JSONObject();
        String url="https://api.weixin.qq.com/sns/jscode2session?appid=
APPID&secret=SECRET&js_code=JSCODE&grant_type=authorization_code";
    url=url.replace("APPID", APPID).replace("SECRET", APPSECRET).replace("JSCODE",
jscode);
        String str=Tools.get(url);
        result=JSONObject.parseObject(str);
        return result;
    }
}
```

有了这个功能函数后，在 MpController.java 文件中新建控制器的参考代码如下。

```
package cn.liweilin.weixin.mp;
import javax.servlet.http.HttpServletRequest;
import javax.servlet.http.HttpSession;
import org.springframework.web.bind.annotation.PostMapping;
import org.springframework.web.bind.annotation.RequestMapping;
import org.springframework.web.bind.annotation.RequestParam;
import org.springframework.web.bind.annotation.RestController;
import com.alibaba.fastjson.JSONObject;
```

```
@RestController            //声明控制器，并将结果自动转换为JSON对象
@RequestMapping("/mp")    //映射地址均以/mp/开头
public class MpController {
    @PostMapping("/login")
    public ReturnMessage login(@RequestParam(required=false) String code,
HttpServletRequest request){
        ReturnMessage rm=new ReturnMessage();
        if(code==null){  //没带code
        //把要返回的结果逐个赋给ReturnMessage，下同
            return rm.add("errcode", -1).add("errmsg", "参数缺失");
        }
        JSONObject json=MpTools.code2Session(code);  //调用工具类文件中的相应函数
        if(json.getInteger("errcode")==null||json.getInteger("errcode")==0){
        HttpSession session=request.getSession();     //获取Http Session
        //将会话标识传送给小程序，让小程序以后都访问相同的会话，以获取登录态
String sessionid=session.getId();
        String openid=json.getString("openid");        //获取用户标识
        String unionid=json.getString("unionid");      //获取联合标识
        //下面的会话密钥并未被传送给小程序而被保存到会话中
        session.setAttribute("session_key", json.getString("session_key"));
        session.setAttribute("openid", openid);        //保存用户标识到会话中
        //保存联合标识到会话中（如有）
        if(unionid!=null)session.setAttribute("unionid", unionid);
            return rm.add("errcode", 0).add("errmsg", "登录成功").add("openid",
openid).add("unionid",unionid).add("sessionid",sessionid);
        }else{
            return rm.add("errcode", -2).add("errmsg", json.getString("errmsg"));
        }
    }
}
```

在上述代码中，为了让同一个小程序每次请求时都能够找回原来的登录态，在函数的参数中获取了 HttpServletRequest，并从中获取了 HttpSession，把登录态保存到会话中。另外，并没有把从微信服务器返回的全部结果都返回给小程序，至少在后续的解密计算中需要反复用到的会话密钥，出于安全考虑并未被回传给小程序，而被保存在会话中。

上述访问控制器的映射地址是/mp/login。启动 Spring Boot 和 NATAPP（也可以直接使用本地调试地址），并在小程序中完善登录操作，参考代码如下。

```
// app.js文件
App({
onLaunch() {
   this.login();     //调用函数
},
login:function(){     //封装为函数，提高复用率
// 登录
   wx.showLoading({ title: '授权中…' });
```

```
    wx.login({ //参数是JSON对象
        success: (res) => { //调用成功的回调函数，结果在参数res中
            if (res.code != null) {
                wx.showLoading({ title: '服务器验证中' })
                wx.request({
                    url: 'http://liweilin.natapp1.cc/mp/login',   //定义后端接口地址
                    method: 'POST',
                    data: {
                        'code': res.code
                    },
                    header: {
                        'content-type': 'application/x-www-form-urlencoded'
                    },
                    success: r => {
                     if (r.data.errcode == 0) {
                     this.globalData.openid = r.data.openid;      //保存成全局变量，下同
                     this.globalData.unionid = r.data.unionid;
                     this.globalData.sessionid = r.data.sessionid;
                     wx.setStorageSync('openid', r.data.openid); //保存在本地存储器中
                            wx.showToast({
                                title: r.data.errmsg,
                                icon: 'success'
                            })
                        } else {
                            wx.showToast({
                                title: r.data.errmsg,
                                icon: 'error'
                            })
                        }
                    },
                    fail: (e) => {  console.log(e); },
                    complete: (e) => {wx.hideLoading();}
                })
            } else {
                wx.hideLoading(); //结束后隐藏模态窗
            }
        },
        fail: (e) => { wx.hideLoading(); }
    })
},
globalData: {
    openid:null,
    unionid:null,
    sessionid:'',
    user:null
},
```

```
})
```

上述代码把从开发者服务器获取的用户标识保存成了全局变量，以供全部页面调用，并把用户标识保存到了本地存储器中，以使小程序在断网或重启终端后仍能获取用户标识。后续开发者还可以把用户标识与小程序的用户信息进行绑定，后端获取用户标识后，从数据库中检索用户信息并返回给小程序，小程序将其保存到全局变量 globalData 的 user 字段中，供需要的页面调用。关于从数据库中检索用户信息，可以参考公众号后台开发时 Dao.java 文件中的 getUserByOpenid(String openid)。不过，公众号的用户标识与小程序的用户标识是不同的标识，可以在用户表中增加一个表示小程序的用户标识的 mpopenid 字段和同一主体下表示用户联合标识的 unionid 字段，同时在 User 模型类中相应地增加这两个字段。新增字段后的用户表结构如图 4-34 所示。

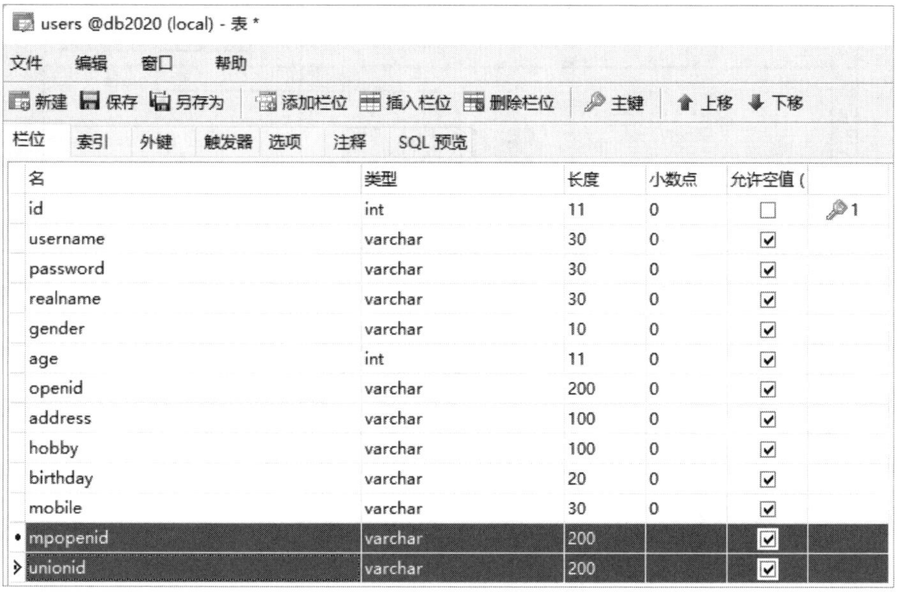

users @db2020 (local) - 表 *

文件　编辑　窗口　帮助

新建　保存　另存为　添加栏位　插入栏位　删除栏位　主键　上移　下移

栏位　索引　外键　触发器　选项　注释　SQL 预览

名	类型	长度	小数点	允许空值 (	
id	int	11	0	☐	1
username	varchar	30	0	☑	
password	varchar	30	0	☑	
realname	varchar	30	0	☑	
gender	varchar	10	0	☑	
age	int	11	0	☑	
openid	varchar	200	0	☑	
address	varchar	100	0	☑	
hobby	varchar	100	0	☑	
birthday	varchar	20	0	☑	
mobile	varchar	30	0	☑	
mpopenid	varchar	200		☑	
unionid	varchar	200		☑	

图 4-34　新增字段后的用户表结构

此时，参考 getUserByOpenid(String openid)定义 getUserByMpOpenid(String mpopenid)就不难了，只需要修改检索字段即可，读者可以尝试自行完成。而对于/mp/login 控制器，在返回给小程序的数据中就可以增加一个表示用户对象的字段，参考代码如下。

```
User user=dao.getUserByMpOpenid(openid);//Dao实例需要在函数外使用@Autowired注解注入
return rm.add("errcode", 0).add("errmsg", "登录成功").add("openid",openid).add
("sessionid",sessionid).add("user", user);
```

小程序在登录成功时把 user 字段保存到全局变量 globalData 的 user 字段中或本地存储器中即可，以便后续为其他页面提供用户信息，参考代码如下。

```
this.globalData.user=r.data.user;
wx.setStorageSync('user', r.data.user);
```

上述示例在不考虑异常的情况下，小程序登录流程如图 4-35 所示。

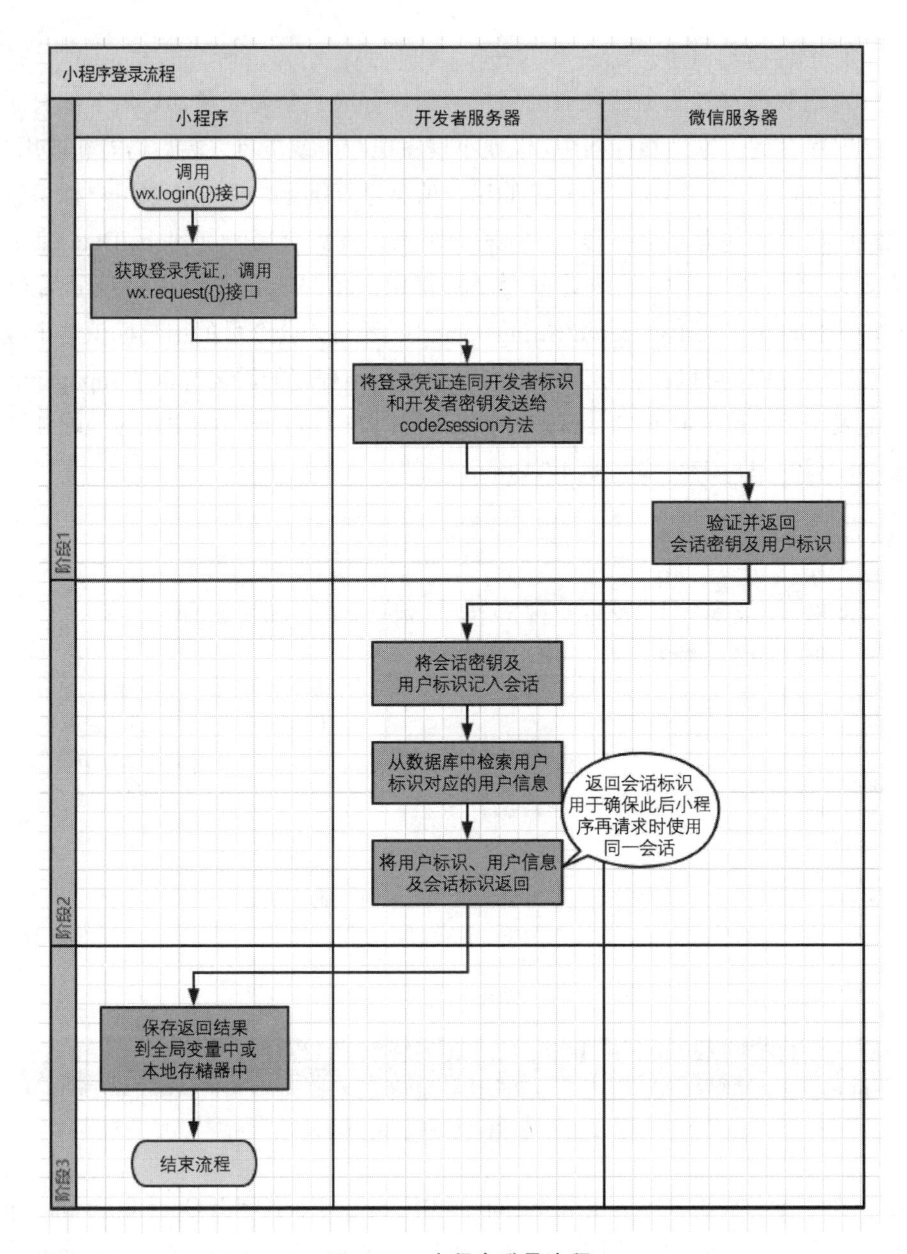

图 4-35　小程序登录流程

4.4.3　开放数据验证与解密接口

在使用小程序开放接口获取的数据中，用户信息、运动步数、手机号码等都是加密过的，需要对这些加密数据进行解密。 解密算法如下。

- 对称解密算法为 AES-128-CBC，数据采用 PKCS#7 填充。
- 对称解密的目标密文为 Base64_Decode(encryptedData)。
- 对称解密密钥为 Base64_Decode(session_key)，长度为 16 字节。
- 对称解密算法的初始向量为 Base64_Decode(iv)，其中 iv 由数据接口返回。

微信官方提供了C++、Node、PHP和Python的解密示例代码，Java的解密示例代码可以到本书附录A中下载。

在项目的pom.xml文件中引入加密和解密的依赖，参考代码如下。

```
<dependency>
<groupId>org.bouncycastle</groupId>
<artifactId>bcprov-jdk15on</artifactId>
<version>1.70</version>
</dependency>
```

把下载的WXBizDataCrypt.java文件复制到小程序专用包中。有了上述依赖和解密函数，即可通过创建解密实例调用decrypt方法来解密数据，参考代码如下。

```
WXBizDataCrypt wx= new WXBizDataCrypt(appId, sessionKey);
System.out.println(wx.decrypt(encryptedData, iv));
```

下面将在MpTools.java文件中定义函数，分别用于解密用户信息、运动步数和手机号码。

1. 解密用户信息

通过观察小程序的wx.getUserProfile({})接口返回的结果可知，其包括如下两部分。

一部分是为了确保数据的完整性而对数据进行验证签名的rawData和signature。这部分的signature是对rawData和保存在开发者服务器中的会话密钥使用字符串连接以后进行的SHA1消息摘要，即signature = sha1(rawData + session_key)。

另一部分是用于解密加密过的敏感数据和加密算法的初始向量。

因此，可以在解密前先验证签名，待验证通过后，再进行解密，并返回解密后的用户信息，参考代码如下。

```
public static JSONObject getUserProfile(String sessionkey,String signature,
String rawData,String encryptedData,String iv){
    JSONObject result=null;
    //验证签名
    String signature2=DigestUtils.sha1Hex(rawData+sessionkey);    //生成签名
    if(!signature.equals(signature2)){                           //如果验证不通过
        return null;
    }
    try{
    WXBizDataCrypt wx= new WXBizDataCrypt(APPID, sessionkey); //生成解密工具对象
//解密并把结果转换为JSON对象
result=JSONObject.parseObject(wx.decrypt(encryptedData, iv));
    }catch(Exception e){}
    return result;
}
```

在MpController.java文件中增加一个供小程序请求的接口，参考代码如下。

```
@PostMapping("/getUserProfile")
public ReturnMessage getUserProfile(@RequestParam(required=false) HashMap<String,
String> map,HttpServletRequest request){
```

```
    ReturnMessage rm=new ReturnMessage();
    if(map==null){
        rm.add("errcode", -1);
        rm.add("errmsg", "参数缺失");
        return rm;
    }
    if(request.getSession().getAttribute("session_key")==null){
        rm.add("errcode", -3);
        rm.add("errmsg", "会话丢失");
        return rm;
    }
    String sessionkey=(String)request.getSession().getAttribute("session_key");
    String signature=map.get("signature");
    String rawData=map.get("rawData");
    String encryptedData=map.get("encryptedData");
    String iv=map.get("iv");
    if(signature==null||rawData==null||encryptedData==null||iv==null){
        rm.add("errcode", -1);
        rm.add("errmsg", "参数缺失");
        return rm;
    }
    JSONObject json=MpTools.getUserProfile(sessionkey, signature, rawData,
encryptedData, iv);
    if(json==null){
        rm.add("errcode", -4);
        rm.add("errmsg", "解密失败");
        return rm;
    }
    rm.add("errcode", 0).add("errmsg", "解密成功").add("avatarUrl", json.getString
("avatarUrl")).add("nickName", json.getString("nickName"));
    return rm;
}
```

上述代码先对来自小程序的请求参数进行了验证，并尝试获取此前登录小程序时留在会话中的会话密钥，再调用解密函数解密了数据，并从解密结果中挑选出了个别字段返回给小程序。

使用 wx.getUserProfile({})接口获取加密数据后，把数据发送给上述接口，补充后的参考代码如下。

```
fn1:function(e){
   console.log(e);
   var app=getApp();                                    //获得全局的app.js文件对象
   wx.getUserProfile({
     desc: '您的数据将用于测试',
     success:res=>{
        let {encryptedData,rawData,signature,iv}=res; //解构需要的字段
        wx.request({
```

```
            url: 'http://liweilin.natapp1.cc/mp/getUserProfile',
            method:'POST',
            data:{encryptedData,rawData,signature,iv},
            header:{'content-type':'application/x-www-form-urlencoded','Cookie':
'JSESSIONID='+app.globalData.sessionid},
            success:r=>{
                console.log(r);
            },
            fail:e=>{
                console.log(e)
            }
          })
      },
      fail:err=>{
          console.log(err)
      }
    })
},
```

在上述代码中，wx.request({})接口的参数 header 有两个字段，分别为用于支持 POST 请求的 content-type 字段和用于确保使用同一会话的 Cookie 字段，且 Cookie 字段的 JSESSIONID 是调用 wx.login({})接口时服务器返回的会话标识。如果不使用同一会话，那么服务器无法获取原先保存在另一会话中的会话密钥，进而无法完成解密。

执行上述代码，控制台将输出如图 4-36 所示的结果。

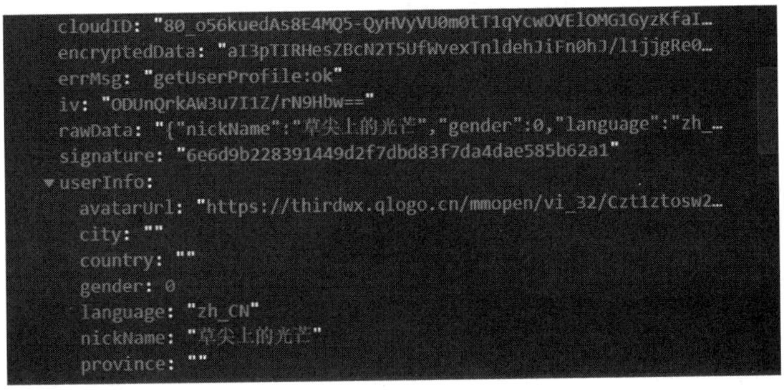

```
cloudID: "80_o56kuedAs8E4MQ5-QyHVyVU0m0tT1qYcwOVE1OMG1GyzKfaI…
encryptedData: "aI3pTIRHesZBcN2T5UfWvexTnldehJiFn0hJ/l1jjgRe0…
errMsg: "getUserProfile:ok"
iv: "ODUnQrkAW3u7I1Z/rN9Hbw=="
rawData: "{"nickName":"草尖上的光芒","gender":0,"language":"zh_…
signature: "6e6d9b228391449d2f7dbd83f7da4dae585b62a1"
▼userInfo:
  avatarUrl: "https://thirdwx.qlogo.cn/mmopen/vi_32/Czt1ztosw2…
  city: ""
  country: ""
  gender: 0
  language: "zh_CN"
  nickName: "草尖上的光芒"
  province: ""
```

图 4-36 控制台的输出结果 1

2. 解密运动步数

解密运动步数和解密用户信息的流程类似，小程序调用 wx.getWeRunData({})接口获取的是用户近 30 日的运动步数加密数据和加密算法的初始向量，需要将这两个数据发送给开发者服务器的相应接口进行解密，开发者服务器收到数据后，先验证参数的完整性和会话中的会话密钥是否存在，再调用解密函数解密数据，之后把解密后的明文数据进行封装，返回给小程序的回调函数，最后回调函数将结果渲染到页面中显示出来。不难看出，这也是为小程序加密数据解密的一般流程，如图 4-37 所示。

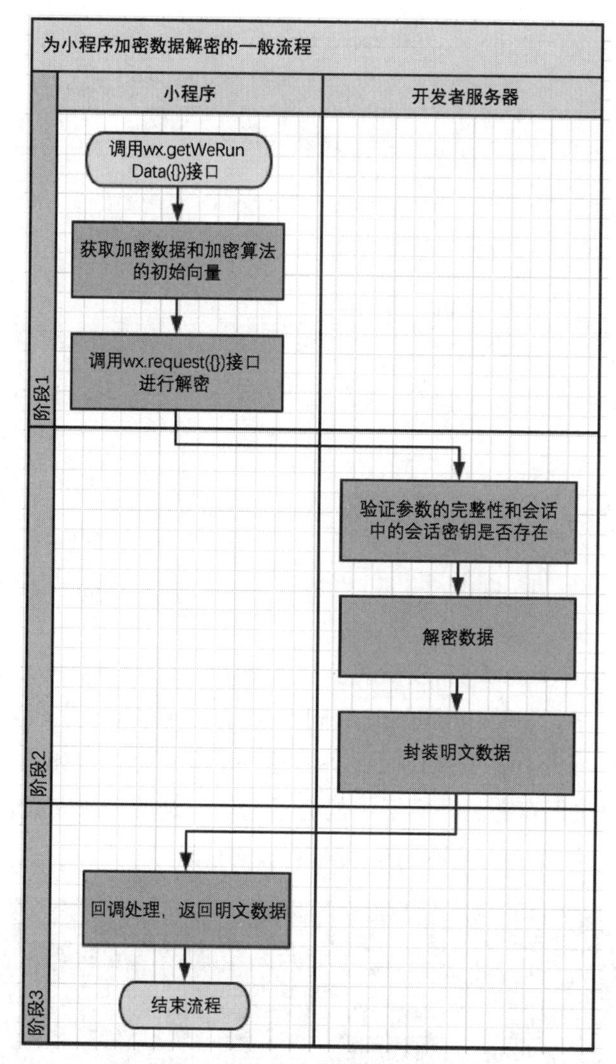

图 4-37　为小程序加密数据解密的一般流程

根据上述流程，先在 MpTools.java 文件中实现解密函数，参考代码如下。

```
public static JSONObject decrypt(String sessionkey,String encryptedData,String iv){
    JSONObject result=null;
    try{
      WXBizDataCrypt wx= new WXBizDataCrypt(APPID, sessionkey);//生成解密工具对象
//解密并把结果转换为JSON对象
result=JSONObject.parseObject(wx.decrypt(encryptedData, iv));
    }catch(Exception e){}
    return result;}
```

在 MpController.java 文件中增加一个供小程序请求的接口，参考代码如下。

```
@PostMapping("/getWeRun")
public ReturnMessage getWeRun(@RequestParam(required=false) HashMap<String,
String> map,HttpServletRequest request){
    ReturnMessage rm=new ReturnMessage();
```

```
    if(map==null){
        rm.add("errcode", -1);
        rm.add("errmsg", "参数缺失");
        return rm;
    }
    if(request.getSession().getAttribute("session_key")==null){
        rm.add("errcode", -3);
        rm.add("errmsg", "会话丢失");
        return rm;
    }
    String sessionkey=(String)request.getSession().getAttribute("session_key");
    String encryptedData=map.get("encryptedData");
    String iv=map.get("iv");
    if(encryptedData==null||iv==null){
        rm.add("errcode", -1);
        rm.add("errmsg", "参数缺失");
        return rm;
    }
    JSONObject json=MpTools.decrypt(sessionkey, encryptedData, iv);
    if(json==null){
        rm.add("errcode", -4);
        rm.add("errmsg", "解密失败");
        return rm;
    }
    rm.add("errcode", 0).add("errmsg", "解密成功").add("stepInfoList",
json.getJSONArray("stepInfoList"));
    return rm;
}
```

在上述代码中，解密后的运动步数是JSON数组，该数组的字段名为stepInfoList，仅需从解密后的明文数据中获取并返回该字段的值即可。

至此，开发者服务器后端准备就绪，小程序前端的设计可以参考上面获取用户信息的示例，参考代码如下。

```
fn3:function(e){
  console.log(e)
  wx.getWeRunData({
    success:res=>{
      var app=getApp();
      let {encryptedData,iv}=res;
      wx.request({
        url: 'http://liweilin.natapp1.cc/mp/getWeRun',
        method:'POST',
        data:{encryptedData,iv},
        header:{'content-type':'application/x-www-form-urlencoded','Cookie':
'JSESSIONID='+app.globalData.sessionid},
        success:r=>{
```

```
                console.log(r);
              },
              fail:e=>{
                console.log(e)
              }
            })
        },
        fail:err=>{
            console.log(err)
        }
    });
},
```

可以发现，返回结果是一个时间戳和由一个 JSON 数组。为了更加直观地显示，需要对时间戳进行转换。例如，在上述代码中成功获取开发者服务器返回结果后，使用 JavaScript 脚本中的 map 函数，批量对时间戳进行转换，参考代码如下。

```
if(r.data.errcode==0){
    var result=r.data.stepInfoList.map(x=>{
        x.date=new Date(x.timestamp).toLocaleString();return x;
    })
    console.log(result)
}
```

控制台的输出结果如图 4-38 所示。

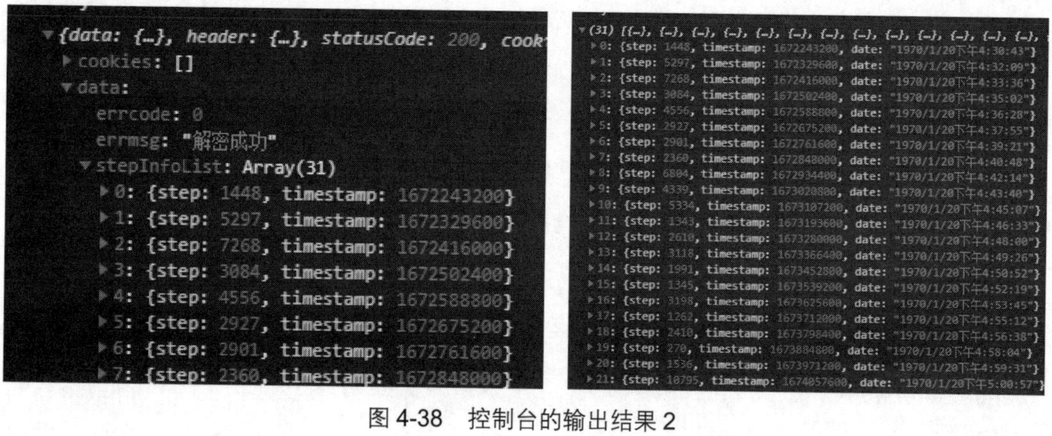

图 4-38　控制台的输出结果 2

3．解密手机号码

设置 button 组件的 open-type 属性的值为 getPhoneNumber，并使用 bindgetphonenumber 属性绑定一个事件处理函数。当用户点击 button 组件时，将触发绑定的事件处理函数，携带的参数有 code、encryptedData（加密数据）和 iv（加密算法的初始向量）。

关于用户手机号码的获取，微信开放平台提供了两种方式：一种是使用动态令牌，通过向微信服务器的 getUserPhoneNumber 接口发送请求来获取，另一种是使用会话密钥和加密算法的初始向量，通过解密加密数据来获取。

使用动态令牌通过向微信服务器的 getUserPhoneNumber 接口发送请求来获取手机号码的参考代码如下。

```
public static JSONObject getUserPhoneNumber(String code){
    JSONObject result=null;
    String url="https://api.weixin.qq.com/wxa/business/getuserphonenumber?access_
token=ACCESS_TOKEN";
    url=url.replace("ACCESS_TOKEN", getAccess_token());
//将{"code":"XXX"}作为请求参数
String str=Tools.post(url, "{\"code\":\""+code+"\"}");
    JSONObject json=JSONObject.parseObject(str);
    result=json;
    return result;
}
```

在 MpController.java 文件中增加一个供小程序请求的接口。出于学习的目的，将使用上述两种方式获取的用户手机号码都返回给小程序，在实际应用中根据业务需要选择其中一种即可，参考代码如下。

```
@PostMapping("/getUserPhoneNumber")
public ReturnMessage getUserPhoneNumber(@RequestParam(required=false) HashMap
<String,String> map,HttpServletRequest request){
    ReturnMessage rm=new ReturnMessage();
    if(map==null){
        rm.add("errcode", -1);
        rm.add("errmsg", "参数缺失");
        return rm;
    }
    if(request.getSession().getAttribute("session_key")==null){
        rm.add("errcode", -3);
        rm.add("errmsg", "会话丢失");
        return rm;
    }
    String sessionkey=(String)request.getSession().getAttribute("session_key");
    String encryptedData=map.get("encryptedData");
    String iv=map.get("iv");
    String code=map.get("code");
    if(encryptedData==null||iv==null||code==null){
        rm.add("errcode", -1);
        rm.add("errmsg", "参数缺失");
        return rm;
    }
    JSONObject from_code=MpTools.getUserPhoneNumber(code);//使用动态令牌换取手机号码
    JSONObject json=MpTools.decrypt(sessionkey, encryptedData, iv);//解密数据
    if(json==null&&from_code==null){
        rm.add("errcode", -4);
        rm.add("errmsg", "解密数据或换取手机号码失败");
```

```
        return rm;
    }
    rm.add("errcode", 0).add("errmsg", "解密成功").add("from_encrypteddata",
json).add("from_code", from_code);
    return rm;
}
```

小程序端请求的参考代码如下。

```
fn5:function(e){
   if(e.detail.code==undefined){
    wx.showToast({
      title: '未授权访问',
    })
    return;
}
    let {encryptedData,iv,code}=e.detail;
    var app=getApp();
    wx.request({
      url: 'http://liweilin.natapp1.cc/mp/getUserPhoneNumber',
      method:'POST',
      data:{encryptedData,iv,code},
      header:{'content-type':'application/x-www-form-
urlencoded','Cookie':'JSESSIONID='+app.globalData.sessionid},
      success:res=>{
          if(res.data.errcode==0){
            console.log(res)
          }
      },
      fail:e=>{
        console.log(e)
      }
    })
},
```

控制台的输出结果如图 4-39 所示。可以看出，from_encrypteddata 字段和 from _code 字段都含有用户绑定的手机号码（境外手机号码会有区号）、没有区号的手机号码和区号。

```
▼data:
  errcode: 0
  errmsg: "解密成功"
 ▼from_code:
    errcode: 0
    errmsg: "ok"
   ▶phone_info: {phoneNumber: "133[illegible]", watermark: {…}, purePhoneNumber: "1338[illegible]", countryCode: "86"}
   ▶__proto__: Object
 ▼from_encrypteddata:
    countryCode: "86"
    phoneNumber: "133800[illegible]"
    purePhoneNumber: "133800[illegible]
   ▶watermark: {appid: "wx25364f8779[illegible]", timestamp: 1674920220}
```

图 4-39　控制台的输出结果 3

4.4.4 发送订阅消息接口

与公众号的模板类似，小程序允许开发者在小程序后台选择订阅模板，让用户在小程序端触发事件时订阅，开发者服务器根据业务需要使用微信服务器接口以服务通知的方式发送订阅消息，用户通过点击查看详情，可以跳转至指定的页面中。

目前，普遍在用的订阅消息是一次性订阅消息，即用户自主订阅后，开发者不限时地下发一条对应的服务消息。一些公共服务类的应用允许用户订阅一次后，开发者长期下发多条服务消息。

使用测试号无法测试订阅消息，在开发时需要切换至小程序正式号，并相应地修改开发者服务器中的开发者标识和开发者密码，以适配向微信服务器接口请求时的验证。

小程序订阅消息使用流程如图4-40所示。

图4-40 小程序订阅消息使用流程

（1）开发者登录小程序后台，在“基础功能”→“订阅消息”界面中选择合适的订阅消息模板并获取模板ID，如果没有合适的订阅消息模板，那么可以申请添加新模板，待审核通过后方可使用。例如，订阅设备告警通知模板，如图4-41所示。

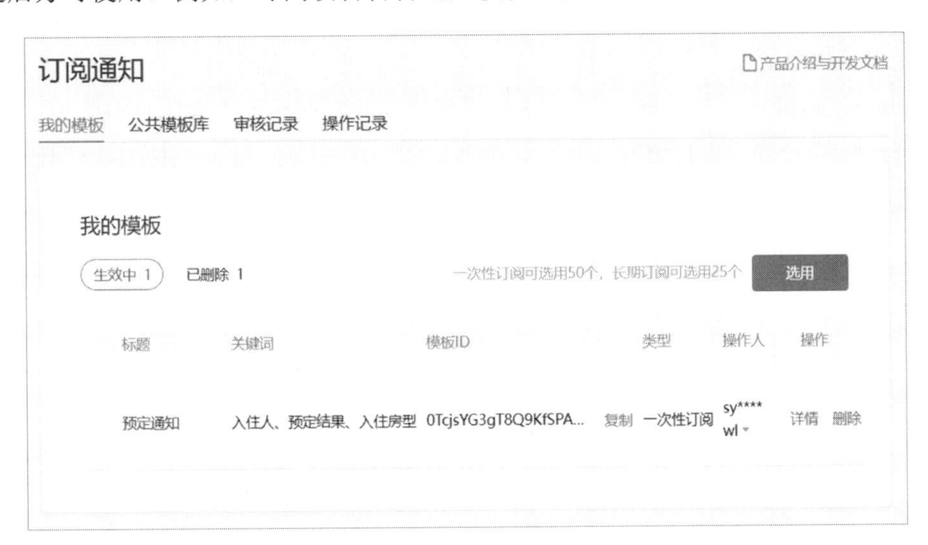

图4-41 订阅设备告警通知模板

其中，{{XXX.DATA}}的填充内容的格式在接口文档中有相应的约定。例如，{{thing.DATA}}表示20个字符以内的中英文，{{date.DATA}}表示日期，{{phrase.DATA}}表示5个以内的汉字，{{character_string.DATA}}表示32位以内的数字、字母或符号组合，等等。开发者服务器在向用户发送订阅消息时，填充内容的格式必须遵循接口文档的约定，否则会报错。

（2）在小程序设计上，当用户在小程序中发生点击行为或发起支付回调后，可以使用wx.requestSubscribeMessage({})接口调出如图 4-42 左图所示的订阅消息界面。点击按钮后绑定的事件处理函数的参考代码如下。

```
fn6:function(e){
    wx.requestSubscribeMessage({
      tmplIds: ['3jicD86qbmRFLfKJxedV1uRTos3n9sjotcp_RN-3Au8'],
      success:res=>{
          console.log(res)
if(res['3jicD86qbmRFLfKJxedV1uRTos3n9sjotcp_RN-3Au8']=='accept'){
              wx.showToast({
                title: '订阅设备告警通知成功',
                icon:'none'
              })
          }
        },
      fail:err=>{console.log(err)}
    })
},
```

接口的参数中的tmplIds字段的值是一个在第一步中选择的模板ID组成的列表（可以一次调用多个模板），成功回调函数的参数是用户订阅消息的操作结果，即以模板ID为键、以accept（接受订阅）或reject（拒绝订阅）为值的键值对。当用户选中如图4-42左图所示的“总是保持以上选择”单选按钮时，消息会被添加到用户的小程序设置页中，这样在下次调用wx.requestSubscribeMessage({})接口时将不再弹窗而保持之前的选择。要修改选择，需要打开小程序设置页进行修改，也可以通过调用 wx.getSetting ({})接口获取用户对相关模板消息的订阅状态，如图4-42右图所示。

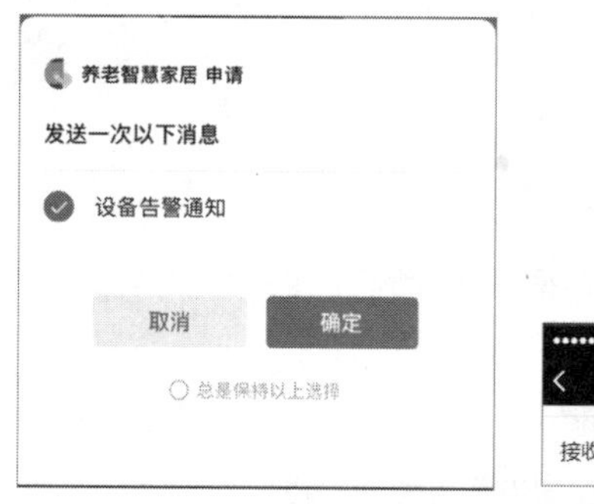

图4-42　订阅消息设置

用户可以选择接受订阅，也可以选择拒绝订阅，其在控制台的输出结果如图4-43所示。

```
[system] Launch Time: 1974 ms
▼{3jicD86qbmRFLfKJxedV1uRTos3n9sjotcp_RN-3Au8: "accept", errMsg: "requestSubscribeMessage:ok"}
  3jicD86qbmRFLfKJxedV1uRTos3n9sjotcp_RN-3Au8: "accept"
  errMsg: "requestSubscribeMessage:ok"
```

```
▼{3jicD86qbmRFLfKJxedV1uRTos3n9sjotcp_RN-3Au8: "reject", errMsg: "requestSubscribeMessage:ok"}
  3jicD86qbmRFLfKJxedV1uRTos3n9sjotcp_RN-3Au8: "reject"
  errMsg: "requestSubscribeMessage:ok"
```

图 4-43 用户接受订阅和拒绝订阅在控制台的输出结果

（3）根据业务需要，开发者服务器向用户发送订阅消息。从接口文档中获取接口的请求地址、请求方法、请求参数和返回结果，如表 4-4 所示。

表 4-4 接口要素和内容

接口要素	内容	备注
请求地址	https://api.******.qq.com/cgi-bin/message/subscribe/send?access_token= ACCESS_TOKEN	URL 带值
请求方法	POST	

请求参数	{
	"touser":"接收者标识",
	"template_id":"模板 ID",
	"page":"点击模板卡片后跳转到的页面",
	"data": {
	"character_string1":{"value":"模板{{character_string1.DATA}}位置的文本" } ,
	"thing2":{"value":"模板{{ thing2.DATA}}位置的文本"} ,
	" thing3":{"value":"模板{{ thing3.DATA}}位置的文本"} ,
	"time4":{"value":"模板{{ time4.DATA}}位置的文本"} ,
	" phrase7":{"value":"模板{{ phrase7.DATA}}位置的文本"}
	}
	}
		请求参数为 JSON 对象，其中，消息体 data 的内容也为 JSON 对象，其字段与模板内容字段一一对应，其值也为 JSON 对象，在使用时要注意文本格式和字符长度需遵循接口文档的约定

返回结果	{
	"errcode":错误码,
	"errmsg":"错误消息"
	}
		JSON 格式。错误码为 0，表示正常送达

介绍了发送订阅消息的接口四要素，接下来介绍如何实现一个通用的发送订阅消息函数，以适配不同模板不同格式的消息体。

首先，定义一个订阅消息的实体类，其成员变量包括调用发送订阅消息接口所需的全部参数；其次，使用构造函数初始化除消息体 data 外的其他参数，因为消息体 data 属于个性化参数，每个模板的消息体的内容和格式都不一样，所以在实体类中设计一个可动态追加消息体 data 内字段的 add(key,value)函数；最后，实现一个满足微信服务器发送订阅消息接口规范的关键发送函数，即 sendSubscribeMessage 函数。这样的设计可以满足不同消息模板的需要，提高代码的复用率。其参考代码如下。

```
package cn.liweilin.weixin.mp;
import com.alibaba.fastjson.JSONObject;
```

```
import cn.liweilin.weixin.Tools;
public class SubscribeMessage {定义订阅消息的实体类
    private String access_token;//定义访问令牌
    private JSONObject data=new JSONObject();//定义消息体
    private String touser;         //定义接收者标识
    private String template_id;  //定义模板ID
    private String page;           //定义点击模板卡片后跳转到的页面
    //使用构造函数初始化除消息体data外的其他字段
    public SubscribeMessage(String access_token,String touser,String template_id,
String page){
        this.access_token=access_token;
        this.touser=touser;
        this.template_id=template_id;
        this.page=page;
    }
    //新增字段到消息体data的函数中
    public SubscribeMessage add(String key,Object value){
        data.put(key, JSONObject.parseObject("{\"value\":\""+value+"\"}"));
        return this;
    }
    //实现满足微信服务器发送订阅消息接口规范的关键函数
    public String sendSubscribeMessage(){
        String url="https://api.weixin.qq.com/cgi-bin/message/subscribe/
send?access_token=ACCESS_TOKEN";
        url=url.replace("ACCESS_TOKEN",this.access_token);
        JSONObject json=new JSONObject();               //构建POST请求参数
        json.put("touser", this.touser);
        json.put("template_id", this.template_id);
        json.put("page", this.page);
        json.put("data", this.data);
        return Tools.post(url, json.toJSONString()); //调用POST方法，发送给接口
    }
}
```

有了上述订阅消息的实体类的定义，即可直接使用它新建一个对象。根据不同消息体的格式动态增加字段后，调用满足微信服务器发送订阅消息接口规范的关键函数，参考代码如下。

```
public static void main(String[] args) {
    // 定义设备编号
    String character_string1 = "ABCD1234";
    // 定义设备位置
    String thing2 = "中心机房";
    // 定义告警内容
    String thing3 = "温度超过临界值";
    // 定义告警时间
    String time4 = "2023年1月29日 18:50:00";
    // 定义设备状态
```

```
    String phrase7 = "在线";
    // 定义接收者标识
    String openid = "oeymq5YJ4WzLbiaYxWFoot7-rZ18";
    // 定义模板ID
    String tmplid = "3jicD86qbmRFLfKJxedV1uRTos3n9sjotcp_RN-3Au8";
    String page = " /pages/index/index";
    SubscribeMessage sm = new SubscribeMessage(MpTools.getAccess_token(), openid,
tmplid, page);
    sm.add("character_string1", character_string1).add("thing2", thing2).add
("thing3", thing3).add("time4", time4)
            .add("phrase7", phrase7);
    String result = sm.sendSubscribeMessage();
    System.out.println(result);
}
```

执行上述测试代码，如果用户标识指定的用户没有订阅过指定的模板消息，或虽订阅过但已经用完额度了，那么返回“user refuse to accept the msg”，表示用户拒绝接收消息；如果用户曾订阅过指定的模板消息，且尚有额度，那么用户将收到一条服务通知，先点击服务通知进入卡片，再点击卡片即可进入指定的页面中。小程序收到的订阅消息如图 4-44 所示。

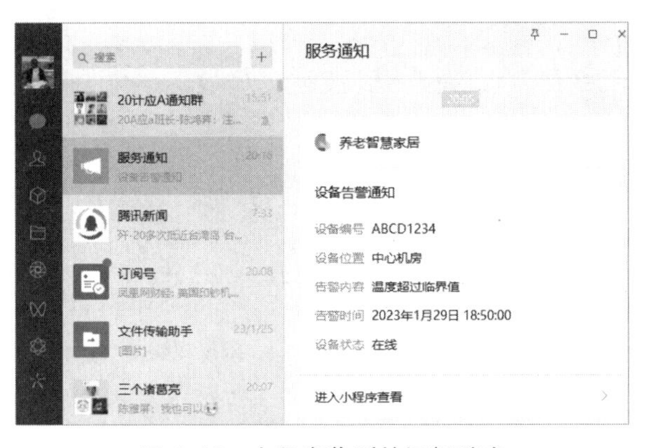

图 4-44　小程序收到的订阅消息

订阅消息是开发者服务器依据业务需要向用户发送的消息，是一种单向服务通知，当需要向开发者服务器发送消息时，用户可以通过 button 组件的 open-type 属性和 bindcontact 属性启用“客服消息”功能，同时登录小程序后台，点击“开发管理”选项，在打开的“开发管理”界面的“开发设置”选项卡中启用消息推送功能，设置用于接收用户消息的 URL 等。此设置与在公众号后台启用开发者模式的设置类似。而后续收到用户消息的格式，向用户回复消息的接口等设置，也与公众号收发用户消息的设置类似，读者可以自行实现。

4.5　小程序与数据库交互

在前文介绍的示例中已经成功地从数据库中检索到了特定用户的信息，并将这些信息返回给了小程序。实际上，小程序与数据库交互的过程，与公众号与数据库交互的过程类似，甚至更为便捷。这是因为小程序不仅拥有一系列内置的API，而且其使用的wx.request({})接口通常都是由开发者服务器提供的。这些接口的约定，包括请求地址、请求方法、请求参数，以及返回结果等，都具有很高的灵活性。因此，与公众号相比，在构建涉及数据的增删查改等与数据库之间的交互式接口时，小程序赋予了开发者更高的自由度。

本节将重点介绍开发者服务器需要提供给小程序访问的接口。

4.5.1 接收文件接口

小程序可以通过 wx.uploadFile({})接口上传文件。开发者服务器需要实现一个接收文件接口，用于处理上传的文件并向小程序反馈处理情况。

在 MpController.java 文件中新增一个向外开放的接收文件接口，其映射地址为/mp/upload，参考代码如下。

```
@PostMapping("/upload")
public ReturnMessage uploadFile(@RequestParam("file") MultipartFile file,
HttpServletRequest request){//file与name:'file'对应
    ReturnMessage rm=new ReturnMessage();
    String openid=request.getParameter("openid");//从请求中获取formData字段的参数
    if(file.isEmpty()||openid==null){              //如果没有选择文件或没有带用户标识
        rm.add("errcode", -2).add("errmsg", "参数缺失");
        return rm;
    }
    HttpSession session=request.getSession();     //获取HttpSession
//校验用户的合法性
if(session.getAttribute("openid")==null||!session.getAttribute("openid").equals
(openid)){
        rm.add("errcode", -1).add("errmsg", "未授权操作");
        return rm;
    }
String FilePath=request.getServletContext().getRealPath("/uploadfiles/");
    System.out.println(FilePath);
    //获取上传文件的后缀
   String suffix=file.getOriginalFilename().substring(file.getOriginalFilename().
lastIndexOf("."));
   //为了防止文件名重复，使用UUID生成新文件名
   String newfilename= UUID.randomUUID().toString().replaceAll("-","")+suffix;
    File newfile=new File(FilePath+newfilename);
    try {
        file.transferTo(newfile);
    } catch (IllegalStateException | IOException e) {
        e.printStackTrace();
        return rm.add("errcode", -3).add("errmsg", "处理文件时出错");
    }
```

```
    rm.add("errcode", 0).add("errmsg", "上传成功").add("data",request.getScheme()+
"://"+request.getServerName()+":"+request.getServerPort()+"/uploadfiles/"+
newfilename);
    return rm;
}
```

在上述代码的接口函数中，参数@RequestParam("file")与在小程序中调用的wx.uploadFile({})接口的参数{name:'file'}对应。上述代码在静态资源文件夹下新建了放置上传文件的目录，并把上传后的文件访问路径返回给了小程序；为了防止文件名重名，使用了UUID（通用唯一识别码）生成过滤短横线后的32位随机字符作为新文件名，并保留了从上传的原文件名中获取的文件扩展名。此外，建议补充根据文件扩展名对文件类型进行判断，以及通过白名单的方式限制可以上传的文件类型的代码。出于安全考虑，在上述代码中，接口对会话来源进行了登录态判断。实际上，在小程序中调用wx.uploadFile({})接口上传文件之前，应该先进行登录态判断，并在调用接口时让formData字段携带用户标识，让Cookie字段携带登录时的会话标识，这样开发者服务器就可以对客户端请求的合法性进行二级校验了。

完成开发者服务器响应小程序端文件上传请求的处理代码后，就可以完善本章4.3.6节小程序端文件上传的功能了。为了在页面中显示上传的文件，需要在history.wxml文件中添加一些组件，参考代码如下。

```
/*history.wxml文件*/
<button bindtap="test5">5.上传用户图片</button>
<block wx:for="{{uploadFiles}}" wx:key="index">
<image src="{{item}}"></image>
</block>
```

应重点完成在小程序端上传文件处理逻辑的history.js文件的部分代码，参考代码如下。

```
//history.js文件
Page({
data:{
//…
uploadFiles:[]              //定义上传的图片列表
}
test5:function(e){
//…

//如果选择了文件且登录过
if (res.tempFiles.length > 0 && app.globalData.openid != null) {
   wx.showLoading({        //显示加载等待
      title: '正在上传文件'
   })
   res.tempFiles.forEach(file => {
      wx.uploadFile({
         filePath: file.tempFilePath,
         name: 'file',
         url: 'http://localhost/mp/upload',
```

```
        header: {
            'Cookie': 'JSESSIONID=' + app.globalData.sessionid //保持同一会话
        },
        formData: {
            'openid': app.globalData.openid //携带用户标识
        },
        success: r => {
            var data=JSON.parse(r.data);     //将字符串转换为JSON对象
            if(data.errcode==0){
                var uploadFiles=this.data.uploadFiles;
                uploadFiles.unshift(data.data)
                this.setData({uploadFiles:uploadFiles}) //刷新列表
            }
        },
        fail: er => {
            console.log(er)
        },
        complete: () => {
            wx.hideLoading();                     //结束后隐藏模态窗
        }
      })
   });
}
```

为了配合在页面中显示上传的文件的效果，在 history.wxss 文件中应增加如下样式代码。

```
/*history.wxss文件*/
image{
width:150rpx;
height:150rpx;
float:left;
}
```

文件上传后的显示效果如图 4-45 所示。

图 4-45　文件上传后的显示效果

4.5.2　查询数据接口

在 4.2.1 节中介绍小程序基础构件时，为了展示效果，页面中的图文列表数据是被静态固定在变量 data 的 list 字段中的。一般在生产环境中，这些数据都应该从数据库中获取并在小程序中渲染出来。下面修正这个功能，把数据库的 products 表中的数据展示在小程序的 product 页面中。

products 表的结构及测试数据如图 4-46 所示。

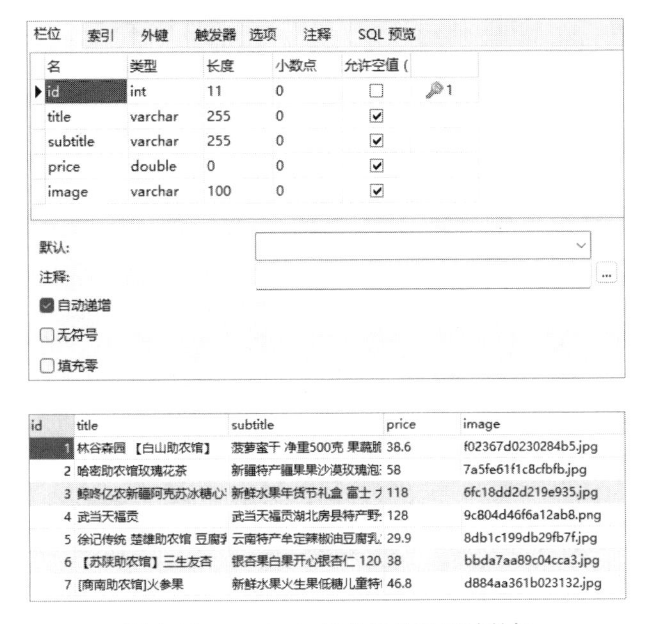

栏位　索引　外键　触发器　选项　注释　SQL 预览

名	类型	长度	小数点	允许空值 (	
id	int	11	0	☐	1
title	varchar	255	0	☑	
subtitle	varchar	255	0	☑	
price	double	0	0	☑	
image	varchar	100	0	☑	

默认:

注释:

☑ 自动递增

☐ 无符号

☐ 填充零

id	title	subtitle	price	image
1	林谷森园 【白山助农馆】	菠萝蜜干 净重500克 果蔬脆	38.6	f02367d0230284b5.jpg
2	哈密助农馆玫瑰花茶	新疆特产疆果果沙漠玫瑰泡:	58	7a5fe61f1c8cfbfb.jpg
3	鲸鸣亿农新疆阿克苏冰糖心:	新鲜水果年货节礼盒 富士 ﾌ	118	6fc18dd2d219e935.jpg
4	武当天福贡	武当天福贡湖北房县特产野:	128	9c804d46f6a12ab8.png
5	徐记传统 楚雄助农馆 豆腐乳	云南特产牟定辣椒油豆腐乳:	29.9	8db1c199db29fb7f.jpg
6	【苏陕助农馆】三生友杏	银杏果白果开心银杏仁 120	38	bbda7aa89c04cca3.jpg
7	[商南助农馆]火参果	新鲜水果火生果低糖儿童特	46.8	d884aa361b023132.jpg

图 4-46　products 表的结构及测试数据

根据 products 表的结构，在 Spring Boot 中依次新建相应的 Product.java 文件及 ProductMapper.java 文件，在 Dao.java 文件中增加一个 getProducts 函数，在 MpController.java 文件中为小程序增加一个请求的接口，即/mp/getProducts，参考代码如下。

```
//Product.java文件
@Data
@TableName(value="products")
public class Product {
    @TableId(type=IdType.AUTO)
    private Integer id;
    private double price;
    private String title;
    private String subtitle;
    private String image;
}
//ProductMapper.java文件
@Mapper
public interface ProductMapper extends BaseMapper<Product>{
```

```
}
//Dao.java文件
public List<Product> getProducts(QueryWrapper<Product> queryWrapper){
    List<Product> list=null;
    try{list=productMapper.selectList(queryWrapper);}catch(Exception e){}
    return list;
}
//MpController.java文件
@GetMapping("/getProducts")
public ReturnMessage getProducts(@RequestParam(required=false)Map<String,Object>
map,HttpServletRequest request){
    ReturnMessage rm=new ReturnMessage();          //初始化返回结果
    HttpSession session=request.getSession();      //获取HttpSession
    if(session.getAttribute("openid")==null){      //验证会话是否存在
        rm.add("errcode", -1).add("errmsg", "请先登录");
        return rm;
    }
QueryWrapper<Product> queryWrapper=new QueryWrapper<Product>();    //构建查询条件
    for(String key:map.keySet()){
        queryWrapper.eq(key, map.get(key));
    }
    List<Product> list=dao.getProducts(queryWrapper);              //携带条件查询
    if(list==null||list.size()==0){
        return rm.add("errcode", -2).add("errmsg", "商品为空！");
    }
    return rm.add("errcode", 0).add("errmsg", "获取商品成功").add("data", list);
}
```

上述代码根据正常用户登录时留在会话中的信息验证了用户是否登录过小程序。如果没有登录过，那么返回错误提示给小程序。在上述代码中，为了提高接口的利用率，使用QueryWrapper对象对查询条件进行了封装，这使得指定查询条件查询特定商品和不指定查询条件查询全部商品的需要都能被满足。

此外，在上述代码中，数据库表中的image表示图片文件名，需要将图片放在使用小程序可以访问到的位置；在项目的static目录下新建了images目录，用于放置图片文件。这样开发者服务器的部分就完成了。重启Spring Boot，等待小程序发送的请求。

下面在小程序的product.js文件中定义一个从开发者服务器中获取数据的函数，并在onLoad函数中调用它，这样在加载页面时就会从数据库中加载数据，参考代码如下。

```
onLoad(options) {
   this.getAllProducts();
},
getAllProducts() {
   var app = getApp();
   if (app.globalData.openid == null) {  //如果还没有登录
      setTimeout(() => {                 //0.1秒后进行递归调用
```

```
            this.getAllProducts()
        }, 100);
    } else { //已经登录
        //加载商品
        wx.showLoading({
            title: '数据加载中',
        })
        wx.request({
            url: 'http://localhost/mp/getProducts',
            method: 'GET',
            data: {},
            header: {
                'Cookie': 'JSESSIONID=' + app.globalData.sessionid //使用原会话
            },
            success: res => {
                if (res.data.errcode == 0) {
                    var list = res.data.data;
                    list = list.map(t => {
                        t.image = 'http://localhost/images/' + t.image;
                        t.price = t.price.toFixed(2);
                        return t;
                    })
                    this.setData({
                        list: list
                    })
                }
                wx.showToast({
                    title: res.data.errmsg,
                    icon: 'none'
                })
            },
            fail: err => {
                console.log(err)
            },
            complete: () => {
                wx.hideLoading()
            }
        })
    }
},
```

针对上述代码应注意两处设计：一是为了确保向开发者服务器发送请求时用户处于已经登录的状态，先进行了判断。如果未完成登录，那么等待 0.1 秒后进行递归调用重新判断；如果已经完成登录，那么开始发送请求；二是因为获取的仅是图片文件名，缺少完整的访问路径，且需要将价格显示为小数点后保留两位数的格式，所以使用 JavaScript 的 map 函数对获取的商品列表进行了修正。

要对商品进行分类，需要拉起某种商品，可以在 wx.request({})接口的 data 字段中指定条件。例如，要查询 ID 为 1 的商品，将 data 字段的值设置为{'id':1}即可。

最终加载效果如图 4-47 所示。

图 4-47　最终加载效果

4.5.3　增加数据接口

本节将以注册用户信息为例，通过小程序向开发者服务器提交表单数据，在开发者服务器中实现一个处理接口，并回传用户注册的结果。

下面介绍在小程序上的设计。在加载 control 目录对应的页面时，判断用户是否已经注册。如果用户已经注册，那么显示其注册信息，并提供“注销账号”按钮；如果用户没有注册，那么使用小程序组件设计一个表单，该表单中的信息包括用户表中的姓名（realname）、性别（gender）、年龄（age）、地址（address）、爱好（hobby）、生日（birthday）和电话（mobile）。在 control.wxml 文件中使用 wx:if 和 wx:else 进行判断，对动态字段使用“{{页面变量或属性}}”占位符，引用包括日期选择器、省市区选择器、滑动选择器在内的多种表单组件。为了配合页面排版，在 control.wxss 文件中进行简单样式的声明。页面设计的参考代码如下。

```
<!--control.wxml文件-->
<view wx:if="{{user!=null}}" class="box">
<!--如下为已经注册的用户显示的注册信息-->
<view class="item"> <view class="itemname">姓名</view> <view class="itemvalue">
```

```
{{user.realname}}</view></view>
<view class="item"><view class="itemname">性别</view><view class="itemvalue">
{{user.gender}}</view></view>
<view class="item"><view class="itemname">年龄</view><view class="itemvalue">
{{user.age}}</view></view>
<view class="item"><view class="itemname">地址</view><view class="itemvalue">
{{user.address}}</view></view>
<view class="item"><view class="itemname">爱好</view><view class="itemvalue">
{{user.hobby}}</view> </view>
<view class="item"><view class="itemname">生日</view><view class="itemvalue">
{{user.birthday}}</view></view>
<view class="item"><view class="itemname">电话</view><view class="itemvalue">
{{user.mobile}}</view></view>
<view><button bindtap="unbind">注销账号</button></view>
</view>
<view wx:else class="box"><!--如果没有注册，那么设计一个表单-->
<form bindsubmit="handleForm">
<view class="item-form"><view class="itemname">姓名</view><view class="itemvalue">
<input name='realname' placeholder="请输入姓名" /></view></view>
<view class="item-form"><view class="itemname">性别</view><view class="itemvalue">
<radio-group name='gender'><radio value="男" checked="checked" />男 <radio value=
"女" />女</radio-group></view></view>
<view class="item-form"><view class="itemname">年龄</view><view class="itemvalue">
<slider block-size="18" show-value="true" min="1" max="120" step="1" value="20"
name="age" /></view></view>
<view class="item-form"><view class="itemname">地址</view><view class="itemvalue">
<picker mode="region" name="address" value="{{region}}" bindchange="changeregion">
<view>{{region[0]}} {{region[1]}} {{region[2]}}</view></picker></view></view>
<view class="item-form"><view class="itemname">爱好</view><view class="itemvalue">
<checkbox-group name="hobby"><checkbox value="体育">体育</checkbox><checkbox
value="艺术">艺术</checkbox> <checkbox value="国学">国学</checkbox><checkbox value=
"科技">科技</checkbox></checkbox-group></view></view>
<view class="item-form"><view class="itemname">生日</view><view class="itemvalue">
<picker mode="date" name="birthday" value="{{date}}" start="1903-01-01" end="2023-
01-01" bindchange="changebirthday"><view>{{date}}</view></picker></view></view>
<view class="item-form"><view class="itemname">电话</view><view class="itemvalue">
<input type="number" name="mobile" placeholder="请输入手机号码" /></view></view>
<view><button form-type="submit">注册</button></view>
</form>
</view>
```

样式设计的参考代码如下。

```
/* control.wxss文件 */
page{background-color: #eee;}
.box{width:100%;margin-top:10rpx;}
.item{display: flex;justify-content: space-between;background-color: #fff;}
.itemvalue,.itemname{padding:20rpx;font-size:28rpx;}
```

```
.itemname{color:#999;}
.item:not(:last-child){border-bottom:1px solid #ddd;}
button{background-color: #ccc;margin-top:20px;color:#fff;background-color:#09f;}
.item-form{ display: flex;  background-color: #fff;}
.item-form:not(:last-child){ border-bottom:1px solid #ddd;}
slider{width:500rpx;height:20rpx; margin-top:4rpx;}
picker{width:500rpx;}
checkbox{margin-left:10rpx;width:140rpx;height:40rpx;}
```

页面效果如图 4-48 所示。

图 4-48　页面效果

下面重点介绍在 control.js 文件中处理数据的业务逻辑。根据页面设计可知，脚本需要处理如下 3 种情况。

（1）页面占位符的待渲染数据需要在 data 字段中声明和初始化。

（2）对改变日期选择器和省市区选择器后触发的事件应通过事件处理函数进行处理。

（3）“注销账号”按钮和“注册”按钮的点击事件处理函数需要与开发者服务器的数据库进行交互。

在 control.js 文件中处理数据的业务逻辑的参考代码如下。

```
// control.js文件
var app=getApp();//获取全局变量
Page({
data: {
   user:null,
   region:['广东省', '广州市', '天河区'],
   date:'2001-01-01'
},
changebirthday:function(e){this.setData({date:e.detail.value})},
changeregion:function(e){this.setData({region:e.detail.value})},
handleForm:function(e){
   var data=e.detail.value;
   if(data.realname==''||data.mobile==''){//验证表单是否已填写完整
```

```
        wx.showToast({
            title: '请填写完整',
            icon:'error'
        })
        return;
    }
    //提交表单数据和用户标识到接口中（待后面补充）
},
unbind:function(){
    wx.showModal({//注销前确认，避免误操作
        title: '确定要注销账号吗？',
        showCancel:true,
        complete: (res) => {
        if (res.confirm) {
            //提交用户标识到接口中
        }
        }
    })
},
```

上述代码在提交数据到接口中之前，先进行了必要的验证和提醒。

下面在开发者服务器的 MpController.java 文件中完成接口设计。为了提高代码的复用率，将注销和注册功能集成在一个接口上，设置一个标识参数用于区别。小程序用户注册/注销与开发者服务器接口交互流程如图 4-49 所示。

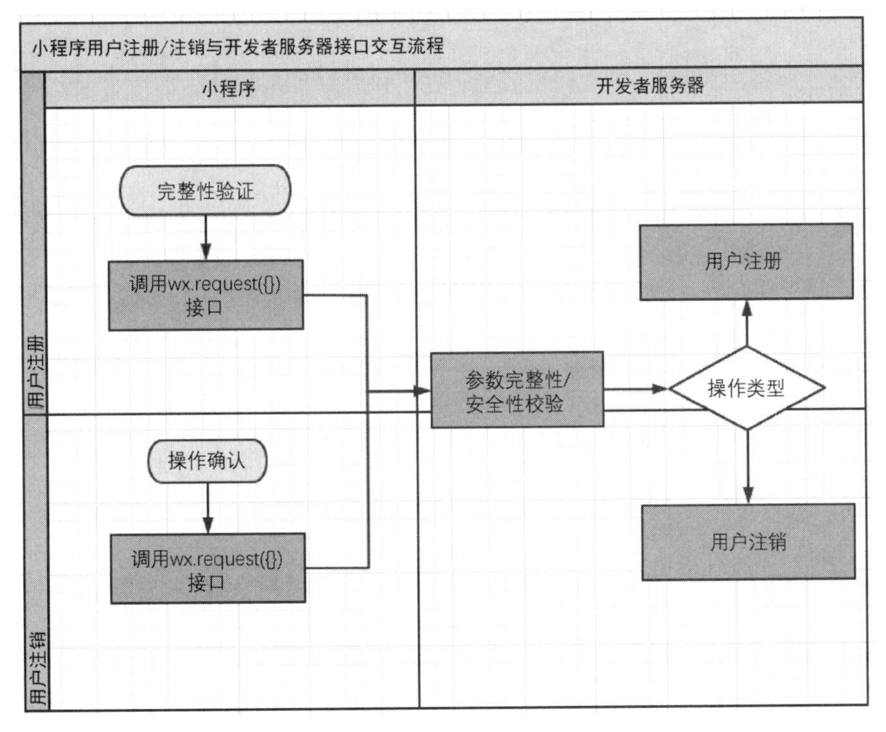

图 4-49　小程序用户注册/注销与开发者服务器接口交互流程

在 MpController.java 文件中完成接口设计的参考代码如下。

```
//MpController.java文件
@PostMapping("/user")
public ReturnMessage user(
@RequestParam(required = false, name = "openid") String openid,
        @RequestParam(required = false, name = "operate") String operate,
        @RequestParam(required = false, name = "formdata") String formdata,
HttpServletRequest request) {
    ReturnMessage rm = new ReturnMessage();
    if (openid == null || operate == null) {// 验证参数是否完整
        return rm.add("errcode", -1).add("errmsg", "参数缺失");
    }
    HttpSession session = request.getSession();// 获取HttpSession
// 验证会话是否存在
if (session.getAttribute("openid") == null|| !session.getAttribute("openid").
equals(openid)) {
        rm.add("errcode", -2).add("errmsg", "请先登录");
        return rm;
    }
    if (operate.equals("unregister")) {// 注销操作
        if (dao.deleteUser(openid)) {// 调用删除用户的函数
            return rm.add("errcode", 0).add("errmsg", "注销成功");
        } else {
            return rm.add("errcode", -3).add("errmsg", "注销成功");
        }
    }
    if (operate.equals("register")) {// 注册操作
        if (formdata == null) {// 检查有无表单数据
            return rm.add("errcode", -4).add("errmsg", "缺少表单数据");
        }
User user = JSONObject.parseObject(formdata, User.class);// 把JSON字符串转换为User对象
        user.setMpopenid(openid);// 补充不在表单中的mpopenid字段的值
        User u = dao.addUser(user);// 调用增加用户的函数
        if (u == null) {
            return rm.add("errcode", -5).add("errmsg", "注册失败");
        } else {
            return rm.add("errcode", 0).add("errmsg", "注册成功").add("user", user);
        }
    }
    return rm.add("errcode", -7).add("errmsg", "发生错误");
}
```

对应的数据访问层的参考代码如下。

```
// Dao.java文件
public User addUser(User user){
    QueryWrapper<User> qw=new QueryWrapper<User>();
```

```
    qw.eq("mpopenid", user.getMpopenid());
    if(userMapper.selectOne(qw)!=null){//
        return null;
    }
    int n=0;
    try{n=userMapper.insert(user);}catch(Exception e){}
    if(n>0){
        return userMapper.selectOne(qw);
    }else{
        return null;
    }
}
public boolean deleteUser(String mpopenid){
    QueryWrapper<User> qw=new QueryWrapper<User>();
    qw.eq("mpopenid", mpopenid);
    int n=0;
    try{n=userMapper.delete(qw);}catch(Exception e){}
    return n>0;
}
```

在上述代码中，增加用户前对同一个 mpopenid 字段值的用户进行了检索。如果已经存在，那么返回空值，即当成注册失败处理，这是因为不允许同一个 mpopenid 字段有多条记录。当然，也可以采取更新用户信息的方法（使用 userMapper.update(user, qw)方法），返回成功更新后的信息。

因为增加或更新用户的数据库操作有可能产生字段溢出、类型不匹配等异常，所以上述代码对可能产生异常的语句使用了 try-catch 进行捕获。当然，正式上线前建议对字段进行必要的适配和安全性验证。

实现了上述服务器接口，重启 Spring Boot 后，在小程序中就可以继续完成注册和注销的请求部分了。

调用接口发送注册请求的参考代码如下。

```
//提交表单数据和用户标识到接口中
data.address = data.address.join('-');     //把数组拼接成字符串
data.hobby = data.hobby.join('/');         //把数组拼接成字符串
wx.request({
    url: 'http://liweilin.natapp1.cc/mp/user',
    method: 'POST',
    header: {
        'content-type': 'application/x-www-form-urlencoded',
        'Cookie': "JSESSIONID=" + app.globalData.sessionid
    },
    data: {
        'formdata': JSON.stringify(data),
        'openid': app.globalData.openid,
        'operate': 'register'
```

```
    },
    success: (res) => {
        if (res.data.errcode == 0) {
            this.setData({
                user: res.data.user
            }) //刷新页面
            app.globalData.user = res.data.user; //保存到全局变量中
            wx.showToast({
                title: res.data.errmsg,
                icon: 'success'
            })
        } else {
            wx.showToast({
                title: res.data.errmsg,
                icon: 'error'
            })
        }
    },
    fail: (err) => {
        wx.showToast({
            title: '接口请求错误',
            icon: 'error'
        })
    }
})
```

在上述代码中，发送给开发者服务器的 formdata 字段表示采集的表单数据，其本身是 JSON 对象，但接收端需要将其解析成字符串。因此，需要使用 JSON.stringify 方法进行从 JSON 对象到字符串的转换。

同理，调用接口发送注销请求的参考代码如下。

```
//提交用户标识到接口中
wx.request({
    url: 'http://liweilin.natapp1.cc/mp/user',
    method: 'POST',
    header: {
        'content-type': 'application/x-www-form-urlencoded',
        'Cookie': "JSESSIONID=" + app.globalData.sessionid
    },
    data: {
        'openid': app.globalData.openid,
        'operate': 'unregister'
    },
    success: (res) => {
        if (res.data.errcode == 0) {
            app.globalData.user = null; //从全局变量中清除
            this.setData({
```

```
            user: null
        }); //刷新页面
        wx.showToast({
            title: res.data.errmsg,
            icon: 'success'
        })
    } else {
        wx.showToast({
            title: res.data.errmsg,
            icon: 'error'
        })
    }
},
fail: (err) => {
    wx.showToast({
        title: '接口请求错误',
        icon: 'error'
    })
}
})
```

4.6　小程序云开发

在前文介绍的公众号和小程序接口开发中，开发者服务器的系统环境、编程环境、数据库环境、网络穿透和域名配置环境、上线部署环境、安全环境的搭建，以及小程序与开发者服务器之间、开发者服务器与微信服务器之间的鉴权交互和数据加密等，对小型应用系统而言，开发成本是比较高的。

小程序云开发平台提供了云数据库服务、云函数服务、云存储服务等一整套简单、易用的 API 和管理界面。开发者无须搭建服务器即可免鉴权直接使用小程序云开发平台提供的 API，专注于核心业务逻辑的开发，尽可能轻松地完成对后端的操作和管理，降低后端开发成本。

在使用微信开发者工具创建小程序时，在如图 4-50 所示的“创建小程序”对话框的“后端服务”选项中选中“微信云开发”单选按钮，选择合适的模板后，进入小程序开发界面。新建的基于小程序云开发的模板，提供了有关云数据库、云函数、云存储等的示例，用户在开发时可以根据业务需要参考使用。

在“创建小程序”对话框中选中“微信云开发”单选按钮打开云开发控制台，如图 4-51 所示。在其中可以进行云开发资源的购买和管理（初次使用的用户有 30 天的免费体验期），其中右上方显示的“环境 ID”选项用于设置开发过程需要使用的云环境标识。

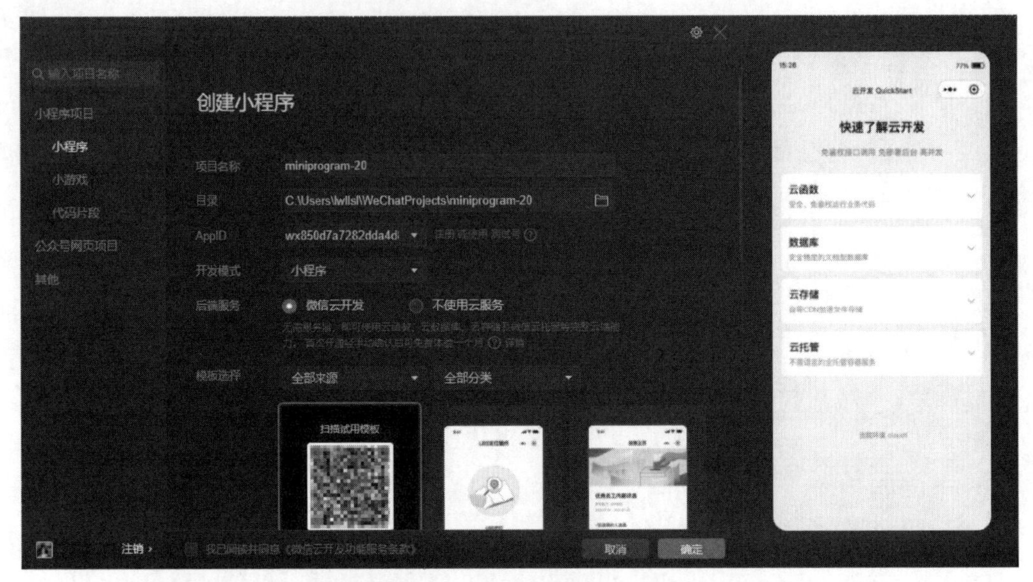

图 4-50　“创建小程序”对话框

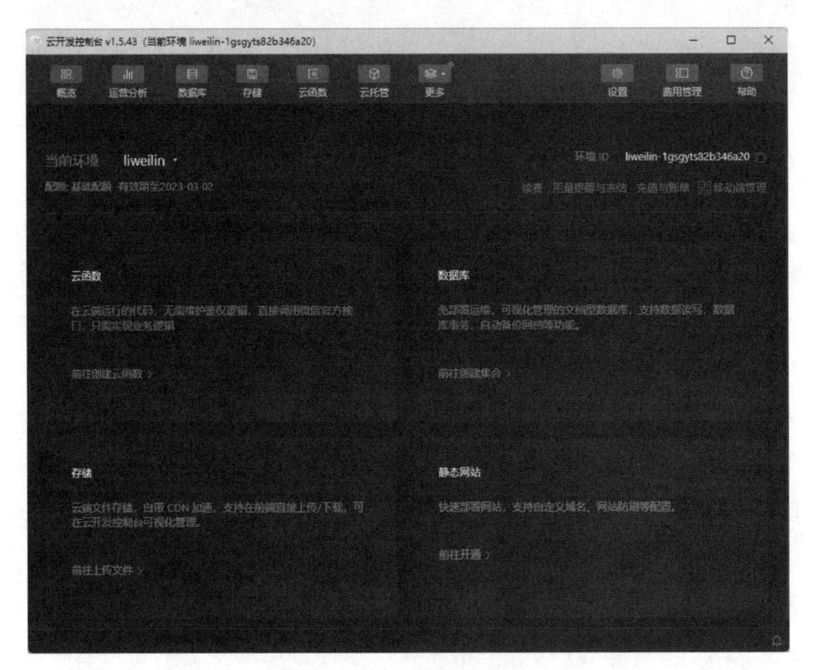

图 4-51　云开发控制台

在开始使用云能力前，需要先调用 wx.cloud.init 方法以完成云能力初始化。如果页面涉及云开发资源的使用，那么建议在 onLoad 函数中完成初始化。其参考代码如下。

```
wx.cloud.init({
  env: 云环境标识'
})
```

为了便于举例，在小程序项目的 pages 目录下新建 mypages 目录，在 mypages 目录下新建名为 index 的 Page 文件，并将新建的 Page 文件移动到首页。

4.6.1　云数据库开发

小程序云开发提供了一个非关系数据库（NoSQL），该数据库中的每条记录都是一个 JSON 对象。一个数据库可以有多个集合（collection，相当于关系数据库中的表），一个集合可以被看作一个 JSON 数组，数组中的每个对象都是一条记录，记录也是 JSON 对象。

关系数据库与云数据库的相关概念对应关系如表 4-5 所示。

表 4-5　关系数据库与云数据库的相关概念对应关系

关系数据库的相关概念	云数据库的相关概念
数据库（database）	数据库（database）
表（table）	集合（collection）
行（row）	记录（record / doc）
列（column）	字段（field）

在云开发控制台中，点击“数据库”标签，在打开的“数据库”标签页中通过“添加集合”入口创建一个集合，如表示用户信息的数据集合 users，如图 4-52 所示。开发者可以在云开发控制台中直接对新建的数据集合进行添加记录、查找记录、删除记录、管理索引和设置数据权限等操作。用户可以根据业务数据的交互需求通过脚本文件对数据库执行相应的操作。

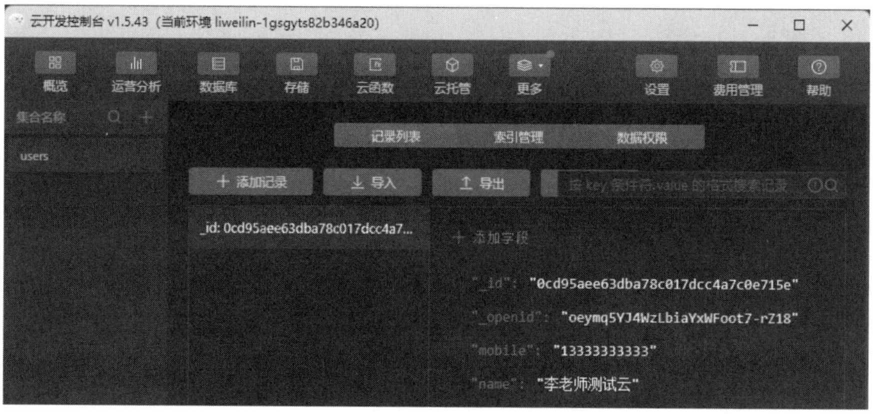

图 4-52　新建数据集合

在新建的小程序页面中，增加一个用于表示姓名和手机号码的 input 组件和被显示为“增加数据”的 button 组件（即“增加数据”按钮），点击该按钮，会将用户输入的数据保存到云数据库的数据集合中；增加一个被显示为“查询数据”的 button 组件（即“查询数据”按钮），点击该按钮，会查询所有用户信息，使用 setData 函数即可给占位符列表变量赋值，循环占位符列表的每项都是一个表单，其中包括一个可以编辑的 input 组件和两个 button 组件，同时包括一个不显示的记录标识。当用户点击“更新”按钮或“删除”按钮时，会执行相应的数据库操作。

页面设计的参考代码如下。

```
<!--pages/mypages/index.wxml文件-->
<view class="sep">增加数据</view>
<form bindsubmit="add" class="form">
<view class="form-item">
<view>姓名</view>
<view><input type="text" name="name" value="{{name}}" /></view>
</view>
<view class="form-item">
<view>电话</view>
<view><input type="number" name="mobile" value="{{mobile}}" /></view>
</view>
<button form-type="submit">增加数据</button>
</form>
<button bindtap="search">查询数据</button>
<view class="row">
<view class="column-name">姓名</view>
<view class="column-value">电话</view>
<view class="column-opt">操作</view>
</view>
<block wx:for="{{users}}" wx:key="_id">
<form bindsubmit="opt">
<input hidden="true" name='id' value="{{item._id}}" />
<view class="row">
<view class="column-name"><input name="name" value="{{item.name}}" /> </view>
<view class="column-value"><input name="mobile" value="{{item.mobile}}" /></view>
<view class="column-opt">
<button form-type="submit" data-opt='delete'>删除</button>
<button form-type="submit" data-opt='update'>更新</button>
</view>
</view>
</form>
</block>
```

样式设计的参考代码如下。

```
/* pages/mypages/index.wxss文件 */
.form {
padding: 20rpx;  font-size: 32rpx;
  width: 80%;  margin: auto;
  background-color: #ccc;
  line-height: 64rpx;
  border-radius: 10rpx;
}
.form view {
  align-items: center;
  justify-content: center;
}
input {
```

```
  background-color: #fff;
padding: 10rpx;  margin: 10rpx;
}
.form-item {  display: flex;}
button {
  background-color: #059;
  color: #fff;  margin: 20rpx;
}
.row {
  display: flex;  padding: 10rpx;
  background-color: #bfb;
  border-bottom: 1rpx solid #fff;
  font-size: 28rpx;  align-items: center;
}
.column-name {  flex: 4;}
.column-value {  flex: 5;
}
.column-opt {
  flex: 5;  display: flex;
}
.column-opt button {
  width: 120rpx !important;
  padding: 10rpx !important;
  margin: 0rpx;
}
```

上述代码的实现效果如图 4-53 所示。

下面在脚本文件中完成相应的操作。

首先，因为要进行云开发需要初始化云环境，所以在页面加载事件中调用初始化云环境的接口，在 data 字段中添加绑定页面查询结果的列表变量 users 和增加数据后清空表单组件使用的变量 name 和变量 mobile。

其次，先获取数据库对象，然后获取数据库中的数据集合，并调用其 ADD 方法，增加数据，增加结果可以使用 success 函数回调，也可以使用 Promise 方式处理，参考代码如下。

图 4-53　实现效果

```
// pages/mypages/index.js文件
Page({
data: {   users:[],   name: '',   mobile: ''  },
onLoad(options) {
//初始化云环境
  wx.cloud.init({env:'liweilin-1gsgyts82b346a20'})
},
```

```
add:function(e){//增加数据
//如果表单组件为空，那么返回
if(e.detail.value.name==''||e.detail.value.mobile=='')return;
  const db=wx.cloud.database();//获取数据库
  db.collection('users').add({ //获取数据库中的数据集合并调用ADD方法
    data:e.detail.value,
    success:res=>{ //成功回调
      wx.showToast({title: '增加数据成功'});//提示成功
      this.setData({name:'',mobile:''});//清空表单组件
    },
    fail:err=>{
      wx.showToast({title: '增加数据失败'});//提示失败
      console.log(err)
    }
  });
},
```

同样，查询操作的实现方式和增加操作的实现方式类似，不同的是可以使用 WHERE 方法或DOC方法增加查询条件，使用GET方法获取查询结果，查询结果同样可以使用success 函数回调，也可以使用 Promise 方式处理。使用 Promise 方式处理查询结果的参考代码如下。

```
search:function(){
  const db=wx.cloud.database(); //获取数据库
  db.collection('users').where({
    //查询条件
  }).get().then(res=>{this.setData({users:res.data});}).catch(err=>{console.log
(err)});
},
```

删除操作和更新操作可以共用一个事件处理函数，在 button 组件中使用 data-opt 属性加以区别；对删除或更新记录的筛选，可以使用表单中隐藏的域获取记录标识，并使用 WHERE 方法声明需要操作哪些记录的条件，参考代码如下。

```
opt: function (e) {
  const db = wx.cloud.database();
  if (e.detail.target.dataset.opt == 'delete') {
    db.collection('users').where({
       //声明需要操作哪些记录的条件
      _id: e.detail.value.id
    }).remove({
      success: res => {
        wx.showToast({title: '删除成功'})
        this.search();
      },
      fail: err => { console.log(err) }
    });
  }
 if (e.detail.target.dataset.opt == 'update') {
```

```
    db.collection('users').where({
      _id: e.detail.value.id
    }).update({
      data: e.detail.value,
      success: res => {
        wx.showToast({
          title: '更新成功',
        })
        this.search();
      },
      fail: err => {
        console.log(err)
      }
    });
  }
}
```

从上述代码中可以看出，云数据库的增加、查询、删除、更新 4 种操作是在获取数据集合后分别调用其 ADD 方法、GET 方法、REMOVE 方法、UPDATE 方法，配合使用 WHERE 方法、DOC 方法指定操作条件的情况下进行的，更多条件运算、聚合统计、游标排序等操作可以参考相关文档。

4.6.2　云函数开发

在云数据库操作的示例中，查询出来的是数据库的数据集合中的全部数据，包括其他用户在同一数据集合中增加的数据。当需要筛选时，只列出本人增加的数据，怎么操作呢？可以使用用户标识作为筛选条件。

观察云开发控制台中的数据集合可知，尽管在保存数据时只有两个字段，即 name 字段和 mobile 字段，但数据集合中有 4 个字段，即额外增加了_id 字段和_openid 字段，分别表示记录号和用户标识。此时，在检索记录时只检索出包含指定用户标识的记录即可满足要求。

如何获得用户标识呢？前文在介绍小程序 API 和小程序服务器接口时，调用 wx.login({})接口获取登录凭证，通过登录凭证向小程序服务器接口换取用户登录态，包括小程序的用户标识及本次登录的会话密钥等，过程相对复杂。但在小程序云环境中，可以通过云函数快速获取用户标识。云函数的独特优势在于与微信登录鉴权无缝整合。当在小程序中调用云函数时，云函数的传入参数中会被注入小程序的用户标识，开发者无须验证用户标识的正确性，这是因为云端已经完成了这部分鉴权，开发者可以直接使用该用户标识。

接下来介绍如何创建和使用云函数。在新建的基于小程序云开发的模板中，project.config.json 文件中已经存在关于云开发的本地根目录声明字段，即 cloudfunctionRoot 字段，其默认值为 cloudfunctions。右击这个目录，在弹出的快捷菜单中点击“新建 Node.js 云函数”选项，会创建出云函数入口文件 index.js，同时使用当前云环境创建出对应的云函数，参考代码如下。

```
// 创建index.js文件
const cloud = require('wx-server-sdk')
cloud.init({ env: cloud.DYNAMIC_CURRENT_ENV })     // 使用当前云环境
// 创建云函数
exports.main = async (event, context) => {
  const wxContext = cloud.getWXContext()           //获得上下文对象
//创建其他业务逻辑
  return {
    event,
    openid: wxContext.OPENID,
    appid: wxContext.APPID,
    unionid: wxContext.UNIONID,
  }
}
```

云函数的传入参数有两个，一个是 event，另一个是 context。event 表示触发云函数的事件，当小程序调用云函数时，event 就是小程序调用云函数传入的参数；context 包括此处的调用信息和运行状态上下文，可以使用它了解服务运行情况。对于函数体，可以根据业务逻辑的需要，从参数中获取信息进行加工，并返回加工结果。例如，在上述示例中，如果只需要用户标识，那么可以删除其他不需要的返回字段。

实现云函数后，右击“上传并部署”按钮，即可查看已上传并部署的全部云函数，如图 4-54 所示。

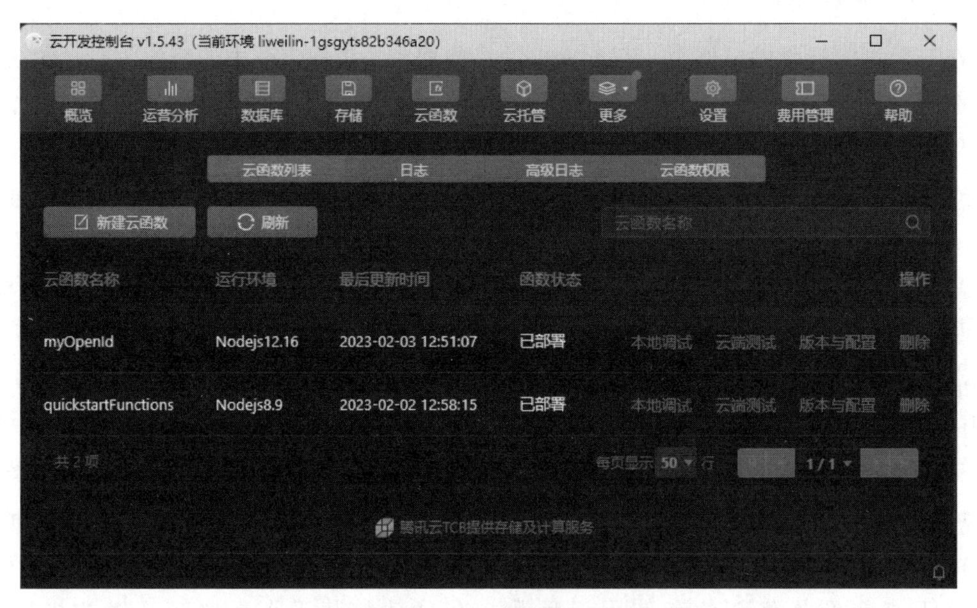

图 4-54　查看已上传并部署的全部云函数

使用云函数的方法是调用 wx.cloud.callFunction({})接口，用 name 字段指定云函数的名称，用 data 字段指定云函数的参数,用 success 字段指定调用成功的回调函数，返回结果就在这个回调函数的参数中。如下代码是对上述查询操作的改写。

```
search:function(){
  wx.cloud.callFunction({
    name:'myOpenId',
    data:{},
    success:res=>{
      var openid=res.openid;
      const db=wx.cloud.database();
      db.collection('users').where({
      //构建查询条件
        _openid:openid
      }).get().then(res=>{this.setData({users:res.data});}).catch(err=>{console.
log(err)});
    },
    fail:err=>{
      console.log(err)
    }
  });
},
```

当然，也可以对异步请求进行同步化处理，将调用云函数获取用户标识的方法封装成一个 getOpenid 函数，返回一个 Promise 对象。此时，上述代码可以修改为：

```
getOpenid: function () {
  return new Promise((resolve, reject) => {
    wx.cloud.callFunction({
      name: 'myOpenId',
      data: {},
      success: res => {
        resolve(res.openid)
      },
      fail: () => {
        reject(null)
      }
    })
  })
},
search: async function () {
  var openid = await this.getOpenid();
  const db = wx.cloud.database();
  db.collection('users').where({
    //构建查询条件
    _openid: openid
  }).get().then(res => {
    this.setData({
      users: res.data
    });
  }).catch(err => {
```

```
    console.log(err)
  });
},
```

4.6.3　云存储开发

wx.uploadFile({})接口支持向开发者服务器发送上传文件的请求，在开发者服务器接收上传的文件后，会将其保存到开发者服务器的硬盘上，并回传可以通过 Web 访问的 URL 给小程序。

在无须开发者服务器和动态规划文件存储空间的情况下，小程序云开发提供了云存储空间和存取与云存储服务相关的 API 的功能。常用的与云存储服务相关的 API 如下。

1．wx.cloud.uploadFile({})接口

wx.cloud.uploadFile({})接口用于将小程序中选择的文件上传到云端，参数为 JSON 对象，除包括用于声明回调函数的 success 字段、fail 字段和 complete 字段外，还包括用于设置上传至云端的路径的 cloudPath 字段（可以带子目录，但需要在云开发控制台中提前创建好子目录），以及用于设置小程序中待上传的临时文件路径的 filePath 字段。success 函数的参数包括用于设置成功上传文件生成的文件标识的 fileID 字段，后续操作文件都基于 fileID 字段。若该文件内容是图片或视频，则可以直接在小程序中显示或播放。

2．wx.cloud.downloadFile({})接口

wx.cloud.downloadFile({})接口用于从云存储空间中下载文件到小程序中，参数为 JSON 对象，除包括用于声明回调函数的 success 字段、fail 字段和 complete 字段外，还包括用于指定要下载的云端文件的 fileID 字段。success 函数的参数包括用于设置成功下载到小程序的临时文件路径的 tempFilePath 字段，开发者可以用其渲染页面。

3．wx.cloud.getTempFileURL({})接口

wx.cloud.getTempFileURL({})接口根据 fileID 字段换取临时文件的网络链接，一次最多可以换取 50 个文件，只需要将待转换文件的 fileID 字段放在同一个列表中，并将其赋给接口参数中的 fileList 字段即可，success 函数的参数包括用于设置文件列表的 fileList 字段，fileList 字段包括表示原文件标识的 fileID 字段、表示转换后的 URL 的 tempFileURL 字段，以及表示转换结果状态的 status 字段（值为 0 表示转换成功）。

4．wx. cloud.deleteFile({})接口

wx. cloud.deleteFile({})接口用于从云存储空间中删除文件，一次最多可以删除 50 个文件，只需要将待删除文件的 fileID 字段放在同一个列表中，并将其赋给接口参数中的 fileList 字段即可。success 函数的参数包括用于设置文件列表的 fileList 字段，fileList 字段包括表示原文件标识的 fileID 字段和表示删除结果状态的 status 字段（值为 0 表示删除成功）。

接下来通过一个示例来介绍如何综合使用与云存储相关的 API，具体要求如下。

（1）用户在小程序中选择一张图片，保留原文件扩展名并以时间戳为主文件名将其上传到云端存储。

（2）使用文件标识，将文件下载到小程序中，并将图片显示在页面中。

（3）点击页面中的图片，获取图片的 URL，直接复制 URL 到粘贴板上，可以在浏览器的地址栏中粘贴该 URL 并查看图片。

（4）一键清空图片。

为了满足上述要求，在页面中增加一个 button 组件，用于触发上传文件的操作，并增加一个循环模块，用于显示上传的全部图片。

页面设计的参考代码如下。

```
<!--pages/mypages/index.wxml文件-->
<button bindtap="upload2Cloud">上传图片到云端</button>
<view>
<view wx:for="{{fileIds}}" wx:key="index" class="image" data-fileID="{{item.
fileid}}" bindtap="copyUrl">
<image src="{{item.tempFilePath}}"></image>
</view>
</view>
<button bindtap="clearCloudFile">一键清空图片</button>
```

样式设计的参考代码如下。

```
/* pages/mypages/index.wxss文件 */
.image{  width:30%;  height:150rpx;  float:left;margin:1.6%;}
.image image{  width:100%;height:100%;}
```

页面效果如图 4-55 所示。

图 4-55　页面效果

点击“上传图片到云端”按钮，触发事件处理函数的参考代码如下。

```
//pages/mypages/index.js文件
data:{
//…
fileIds:[]
},
//…
upload2Cloud:function(){
wx.chooseMedia({//选择图片或视频
  mediaType:'mix',
  count:1,
  success:res=>{
    console.log(res)
    var filename=new Date().getTime();     //定义时间戳
    var t=res.tempFiles[0].tempFilePath;   //定义原文件名
    t=t.substring(t.lastIndexOf("."));     //定义原文件扩展名
    filename=filename+t;                   //构建新文件名（将时间戳作为文件名）
    wx.cloud.uploadFile({
      cloudPath: filename,                 // 指定上传到的路径
      // 指定要上传的小程序的临时文件路径
      filePath: res.tempFiles[0].tempFilePath,
      success: (result) => {
        wx.showToast({
          title: '上传成功'+filename,
          icon:'none'
        })
        this.getCloudFile(result.fileID); //调用函数，从云端下载文件到小程序中
      },
      fail:err=>{
        console.log(err)
      }
    })
  }
});
},
```

将文件上传到云端后，调用 getCloudFile 函数从云端反向下载文件到小程序中，参考代码如下。

```
getCloudFile:function(fileid){    //从云端反向下载文件到小程序中
  wx.cloud.downloadFile({         //调用云端下载文件接口
    fileID:fileid,
    success:res=>{
      console.log(res)
      this.data.fileIds.push({fileid:fileid,tempFilePath:res.tempFilePath});
      this.setData({fileIds:this.data.fileIds});
    }
```

```
  });
},
```

当用户点击页面中的图片时，执行 copyUrl 函数，并携带通过 button 组件的属性设置的文件标识，参考代码如下。

```
copyUrl:function(e){                    //获取URL并将其复制到粘贴板上
  var fileid=e.currentTarget.dataset.fileid;//获取参数中的文件标识
  wx.cloud.getTempFileURL({
    fileList:[fileid],                  //参数值为文件列表
    success:res=>{
      wx.setClipboardData({
        data: res.fileList[0].tempFileURL,
      })
    },
    fail:err=>{  console.log(err);   }
  });
},
```

上述代码使用了 wx.setClipboardData({})接口，把从云端获取的 URL 复制到粘贴板上，此时用户将其粘贴到浏览器的地址栏中，以访问相应的图片文件。

调用 wx.cloud.deleteFile({})接口，删除云端的文件，从页面的变量 fileIds 中获取上传的文件列表，如果列表为空，那么退出。success 函数的参数包括操作结果的文件列表，使用 JavaScript 中的 reduce 函数统计列表中 status 字段的值为 0 的数量，会提示删除成功的文件个数，参考代码如下。

```
clearCloudFile:function(){
  var fs=this.data.fileIds;
  if(fs.length==0)return;       //如果列表为空，那么退出
  wx.cloud.deleteFile({         //调用用于删除云端的文件的接口
    fileList:fs.map(t=>{return t.fileid;}),//获取上传的文件列表
    success:res=>{
 var n=res.fileList.reduce((a,b)=>{return a+(b.status==0?1:0);},0);
      wx.showToast({
        title: '成功删除'+n+"个文件",
      })
      this.setData({fileIds:[]});            //刷新页面显示
    },
    fail:err=>{console.log(err); }
  });
}
```

在操作过程中，可以在云开发控制台中点击“存储”标签，在打开的如图 4-56 所示的“存储”标签页中观察结果。

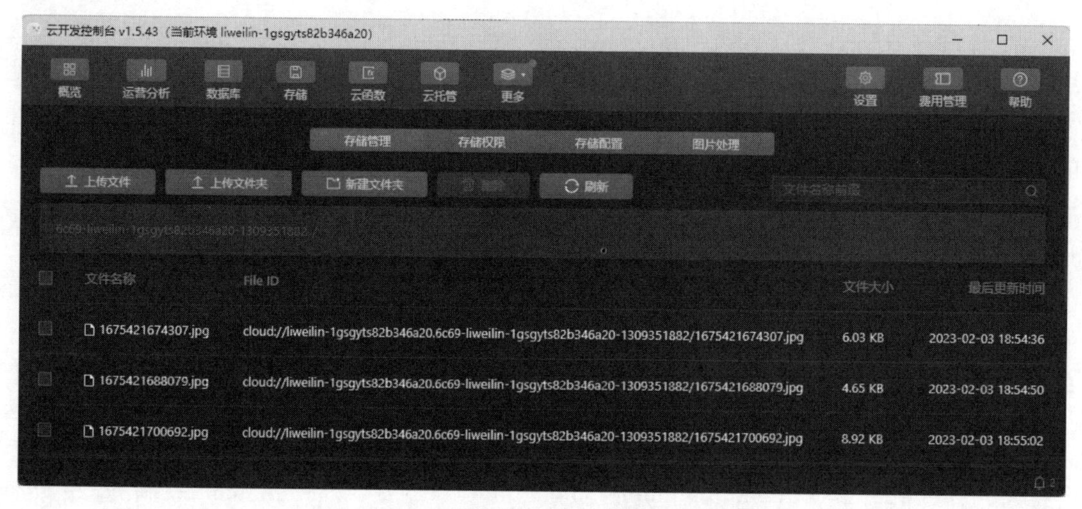

图 4-56　云开发控制台的“存储”标签页

第 5 章

综合应用案例

【知识目标】

1. 复习和梳理本书前文介绍的理论知识
2. 掌握软件工程基础理论知识
3. 熟悉基于 OAuth 的鉴权逻辑设计
4. 理解基于 MVC 的分层设计

【技能目标】

1. 具备针对问题建模的能力和进行信息系统流程化设计的能力
2. 具备熟练使用 Redis 快速存取数据的能力
3. 具备前端交互式设计与后端业务逻辑接口的集成能力

【素质目标】

1. 通过学习科技助农项目，增强科技报国的爱国主义精神
2. 通过学习实践训练项目，培养脚踏实地、求真务实的科学精神

本书第 1 章主要介绍了移动应用接口开发的相关知识，读者通过学习，可以对常见移动应用场景下的接口、接口四要素、接口文档的内容及编写规范、接口安全认证有一个总体的了解；第 2 章主要介绍了开发后端服务接口的 Spring Boot 的相关知识，读者通过学习，可以具备构建前端需要的业务逻辑接口或数据访问接口的能力；第 3 章和第 4 章以微信开放平台为代表分别介绍了公众号和小程序接口开发的相关知识，讲解了如何使用微信开放平台提供的便捷接口和组件构建系统前端交互式界面，并列举了简单业务逻辑环境中云数据库开发、云函数开发、云存储开发的相关知识。有了上述知识储备，就可以开发出

基于移动应用接口的业务系统了。

业务系统的开发，需要借助软件工程基础理论，按步骤有计划地进行。一般而言，业务系统的开发过程通常包括系统设计、系统实现、部署测试 3 个步骤。下面将以一个电子商城小程序系统开发为例说明如何综合运用前文介绍的知识开发业务系统的核心功能。

5.1 系统设计

5.1.1 概要设计

一个典型的电子商城小程序的基本功能模块如下。

商品管理：包括商品的添加、修改、查询、下架。

购物车（订单）管理：包括购物车的加入、修改、查询、清空。

用户管理：包括用户的注册、编辑、登录、注销。

后端接口结构如图 5-1 所示。

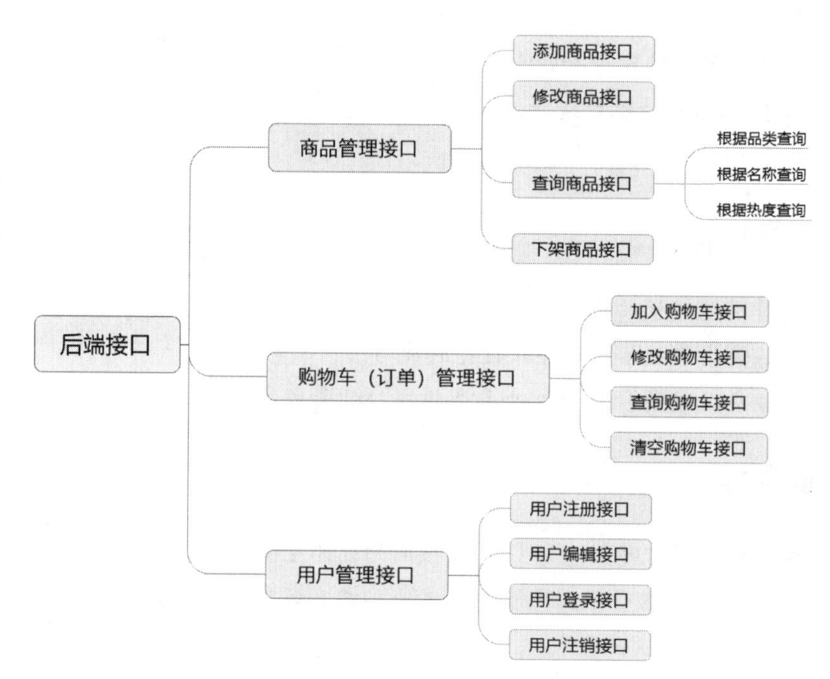

图 5-1　后端接口结构

从功能上看，电子商城小程序要实现的功能类似于系统用户对数据库的增删查改操作。

相应地，前端页面的基本功能模块除包括“首页”模块外，还包括用于展示商品的“商品分类”模块、用于展示已挑选商品的“购物车”模块、用于展示与用户信息相关的“个人中心”模块。前端页面结构如图 5-2 所示。

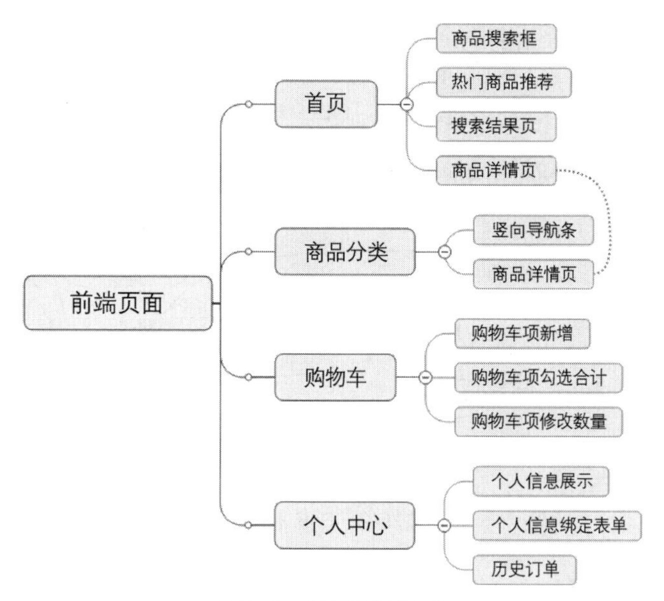

图 5-2　前端页面结构

5.1.2　详细设计

1．模型设计

在软件工程基础理论中，为了使系统数据结构更加清晰，通常借助 E-R 模型（Entity-Relationship Model，实体关系模型）设计和描述在系统开发过程中数据实体的结构与关系。E-R 模型的核心思想是将数据视为实体和实体关系的集合，并通过属性来描述实体的特征。在 E-R 模型中，实体使用矩形表示，属性使用椭圆形表示，关系使用菱形表示。实体和实体的关系有一对一、一对多、多对多 3 种。

根据系统功能需求，在数据实体层面设计 4 个实体，分别为商品、顾客、购物车、商家，各实体属性分别如下。

商品（商品标识、名称、描述、单价、折扣价、分类、库存、图片）。

顾客（顾客标识、姓名、性别、联系电话、通信地址、邮政编码、头像、昵称、公众号标识、小程序标识、联合标识）。

购物车（购物车标识、顾客标识、商品标识、成交数量、成交单价、成交时间、交易状态）。

商家（商家标识、名称、用户名、密码）。

当然，可以根据业务需要继续扩展或分裂上述实体，如记录顾客浏览痕迹，以便后续创建用于商品精准营销的日志实体，将通信方式（联系电话、通信地址、邮政编码）这个复合属性从顾客实体中独立出来，以便与顾客标识进行关联。

E-R 模型如图 5-3 所示。

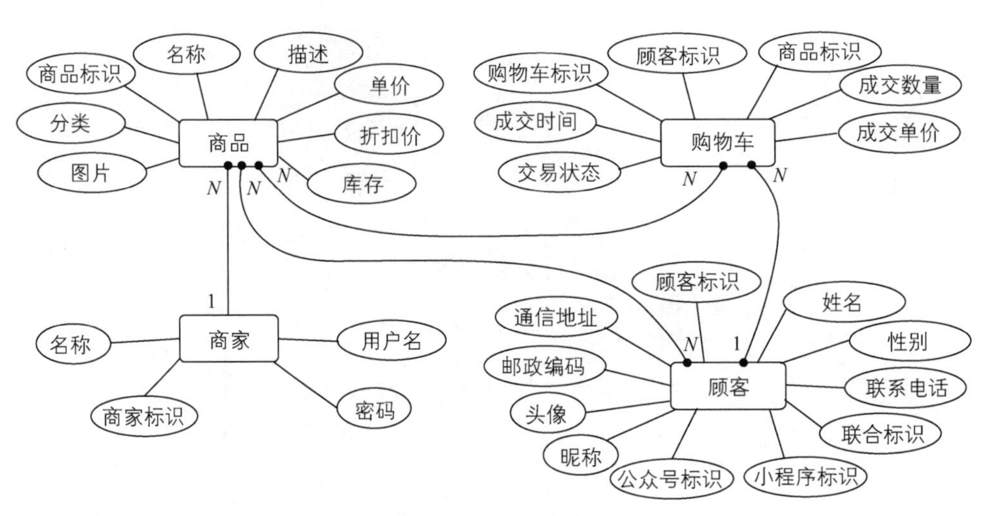

图 5-3　E-R 模型

上述实体和实体关系的约定如下。

商家与商品的关系：一个商家可以销售多件商品，一件商品只属于一个商家。

商品与购物车的关系：一个购物车可以添加多件商品，一件商品可以被添加到一个或多个购物车中。

顾客与购物车的关系：一个顾客可以拥有一个或多个购物车中的商品，在购物车中选择商品进行购买。

顾客与商品的关系：一个顾客可以购买一件或多件商品，一件商品可以被多个顾客购买。

在 E-R 模型中，购物车是顾客和商品的中介，支持顾客选择和管理要购买的商品。通过购物车，顾客可以很方便地查看他们已经选择的商品、修改购物车项的数量或删除购物车项，同时商家可以很方便地对他们的商品进行管理和跟踪。

2．数据库设计

有了 E-R 模型，在数据库设计过程中，可以进行高效的数据建模，以免出现数据冗余、数据不一致等问题。

作为数据库设计的参考依据，数据字典能够对数据库中的各个数据元素进行清晰的定义和描述（每个数据元素的定义、属性及不同数据元素之间的关系等），可以帮助用户更好地理解数据库的结构和含义。

数据元素的定义包括表名、字段名、数据类型、长度、键值约束、数据来源、数据描述、示例等。根据 E-R 模型，定义本系统的数据字典如下。

1）products 表（商品表）

product_id：商品标识，自增整数。

name：商品名称，字符串。

description：商品描述，字符串。

unit_price：商品单价，浮点数。

discounted_price：商品折扣价，浮点数。

category：商品分类，字符串。

stock_quantity：商品库存，整数。

image：商品图片，字符串。

2）customers 表（顾客表）

customer_id：顾客标识，自增整数。

name：顾客姓名，字符串。

gender：顾客性别，字符串。

phone_number：顾客联系电话，字符串。

address：顾客通信地址，字符串。

postal_code：顾客所在地区的邮政编码，字符串。

avatar：顾客头像，字符串。

nickname：顾客昵称，字符串。

wechat_id：顾客的微信公众号标识，字符串。

mini_program_id：顾客的微信小程序标识，字符串。

union_id：顾客的微信联合标识，字符串。

3）shopping_carts 表（购物车表）

cart_id：购物车标识，自增整数。

customer_id：购物车所属的顾客标识，整数。

product_id：购物车中包含的商品标识，整数。

quantity：购物车中商品的成交数量，整数。

unit_price：购物车中商品的成交单价，浮点数。

transaction_time：购物车中商品的成交时间，时间戳。

transaction_status：购物车中商品的交易状态，整数，默认值为 0。

4）merchants 表（商家表）

merchant_id：商家标识，自增整数。

name：商家名称，字符串。

username：商家登录的用户名，字符串。

password：商家登录的密码，字符串。

上述数据字典中的字符串的长度，视业务需要确定。

根据数据字典生成的数据表结构如图 5-4 所示。具体的建库脚本被放在本书的附录 A 中。

products @mpdb (localhost) - 表

名	类型	长度	小数点	允许空值	
product_id	int	11	0	☐	🔑1
name	varchar	255	0	☐	
description	varchar	255	0	☑	
unit_price	float	10	2	☐	
discounted_price	float	10	2	☐	
category	varchar	255	0	☑	
stock_quantity	int	11	0	☐	
image	varchar	255	0	☑	

栏位数: 8

（a）products 表结构

customers @mpdb (local) - 表

名	类型	长度	小数点	允许空值	
customer_id	int	11	0	☐	🔑1
name	varchar	255	0	☐	
gender	varchar	10	0	☑	
phone_number	varchar	20	0	☐	
address	varchar	255	0	☐	
postal_code	varchar	10	0	☑	
avatar	varchar	255	0	☑	
nickname	varchar	255	0	☑	
wechat_id	varchar	255	0	☑	
mini_program_id	varchar	255	0	☑	
union_id	varchar	255	0	☑	

栏位数: 11

（b）customers 表结构

shopping_carts @mpdb (localhost) - 表

名	类型	长度	小数点	允许空值	
cart_id	int	11	0	☐	🔑1
customer_id	int	11	0	☐	
product_id	int	11	0	☐	
quantity	int	11	0	☐	
unit_price	float	10	2	☐	
transaction_time	timestamp	0	0	☐	
transaction_status	int	255	0	☑	

栏位数: 7

（c）shopping_carts 表结构

图 5-4　数据表结构

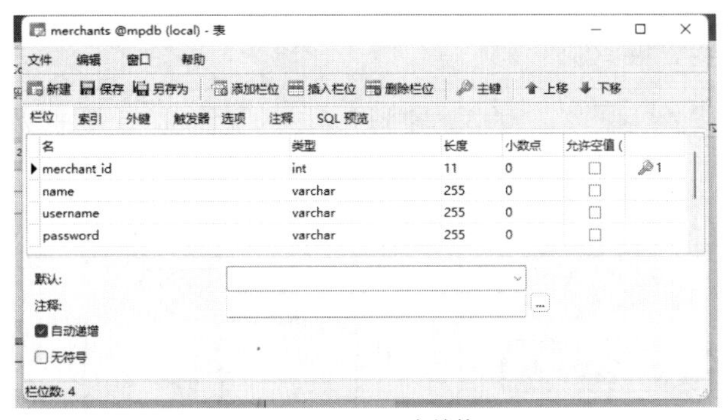

（d）merchants 表结构

图 5-4　数据表结构（续）

另外，为了适应存储 emoji 这种移动互联网设备上常用的以 4 字节表示 1 个字符的需求，在新建数据库时选择“utf8mb4--UTF-8 Unicode”字符集，这是因为默认的 UTF-8 是以 3 字节表示 1 个字符的，这样不能满足需求。例如，在使用 Navicat for MySQL 管理 MySQL 5.6，新建名为 mpdb 的数据库时，“新建数据库”对话框如图 5-5 所示。

图 5-5　“新建数据库”对话框

3. 流程设计

购物活动的基本流程如下。

（1）商家登录系统后，在后台增加商品。

（2）顾客绑定身份信息并完成登录。

（3）顾客在前端浏览商品。

（4）顾客选择商品后，将商品加入购物车。

（5）顾客查看购物车，对所选商品进行结算。

（6）结算完成后，商家扣减库存，查询订单，安排发货。

（7）顾客确认收货后，对所购买的商品进行评价。

根据购物活动的基本流程绘制电商系统操作流程，如图 5-6 所示。

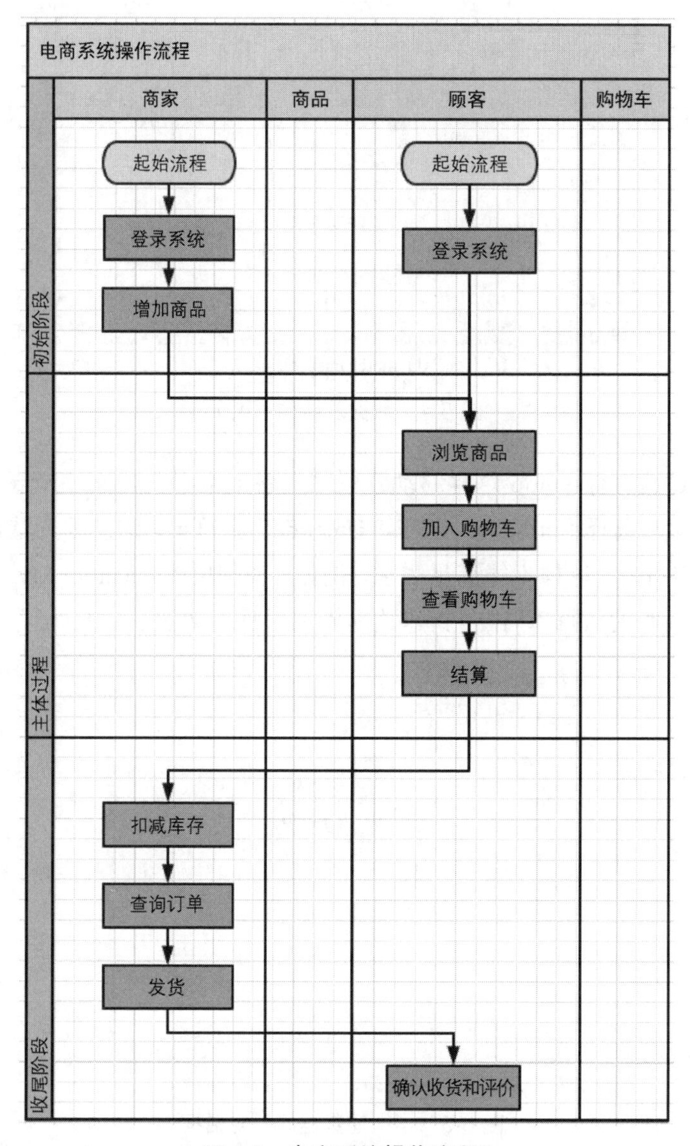

图 5-6　电商系统操作流程①

从图 5-6 可以看出，系统的用例包括登录系统、增加商品、浏览商品、加入购物车、查看购物车、结算、扣减库存、查询订单、发货、确认收货和评价等。其中，涉及顾客的用例包括登录系统、浏览商品、加入购物车、查看购物车、结算、确认收货和评价等；涉及商家的用例包括登录系统、增加商品、扣减库存、查询订单、发货等。购物车和商品作为中间实体，在顾客和商家之间进行信息交互。

后续在进行具体业务的实现时将会细化每个流程。

① 本书软件绘图中字体顺序为软件默认顺序，无须修改。

4. 鉴权逻辑设计

与传统的电商网站相比，基于小程序的电商系统可以使用小程序提供的认证机制和其他开放接口获取用户信息，这样做可以简化传统的基于用户名和密码的鉴权逻辑。

微信公众号、微信小程序、支付宝小程序等提供了基于 OAuth 的认证服务。其典型示例是进行微信 OAuth 认证登录，可以让用户使用微信信息安全登录系统，不需要每次登录时都使用用户名和密码，只需要在首次访问系统时绑定用户信息即可。

为了获取用户信息，客户端（用户侧）先向开放平台服务器请求获取一个临时登录凭证，接口开发者（用户）再将其连同授权的身份信息向开放平台服务器申请获取一个长效访问令牌，并凭此长效访问令牌访问授权的接口资源。这部分内容在前文已经介绍过，接下来要在项目中将其封装成相应的服务。

作为接口开发者，取得登录凭证和用户标识后，需要对其进行保存并记录会话标识，以免频繁访问开放平台服务器，仅在客户端第一次请求或登录凭证过期时才向开放平台服务器申请新登录凭证。典型的鉴权逻辑设计流程如图 5-7 所示。

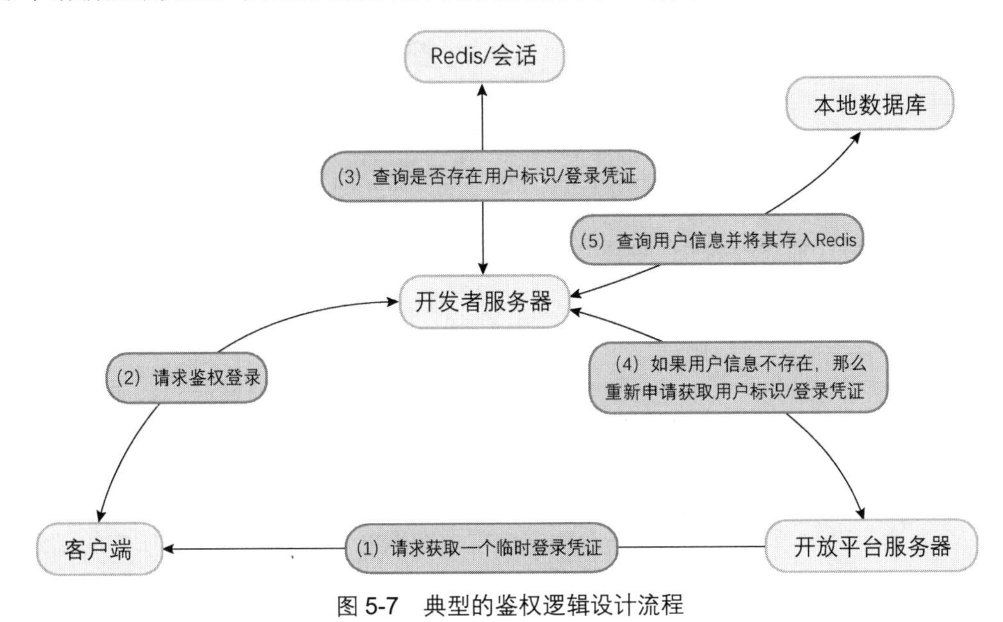

图 5-7 典型的鉴权逻辑设计流程

（1）客户端向开放平台服务器请求获取一个临时登录凭证。

（2）客户端向开发者服务器请求鉴权登录。

（3）开发者服务器在 Redis 或会话中查询是否存在用户标识/登录凭证。

（4）如果存在那么直接返回，否则重新申请获取用户标识/登录凭证。

（5）根据用户标识/登录凭证，在本地数据库中查询用户信息并将其存入 Redis。客户端凭用户标识/登录凭证向开发者服务器发送请求，完成后续业务。

在上述典型的鉴权逻辑设计流程中，引入了开源的 Redis，这是一个以键值对形式在内存中存取数据的非关系数据库，因其无须向外部存储器执行输入/输出（I/O）操作，且无须额外的开销表达数据之间的关联关系，故其访问速度比关系数据库快。

5.2 系统实现

5.2.1 系统框架实现

1. 初始化 Spring Boot

后台采用 Spring Boot，对外向小程序和公众号提供访问接口，对内访问系统数据库，并根据业务需要访问微信开放平台提供的内置接口。为了快速构建和部署基于 Spring Boot 的程序，除可以手动新建 Maven 项目外，Spring 官网还提供了快速生成项目基础框架代码的功能，如图 5-8 所示。

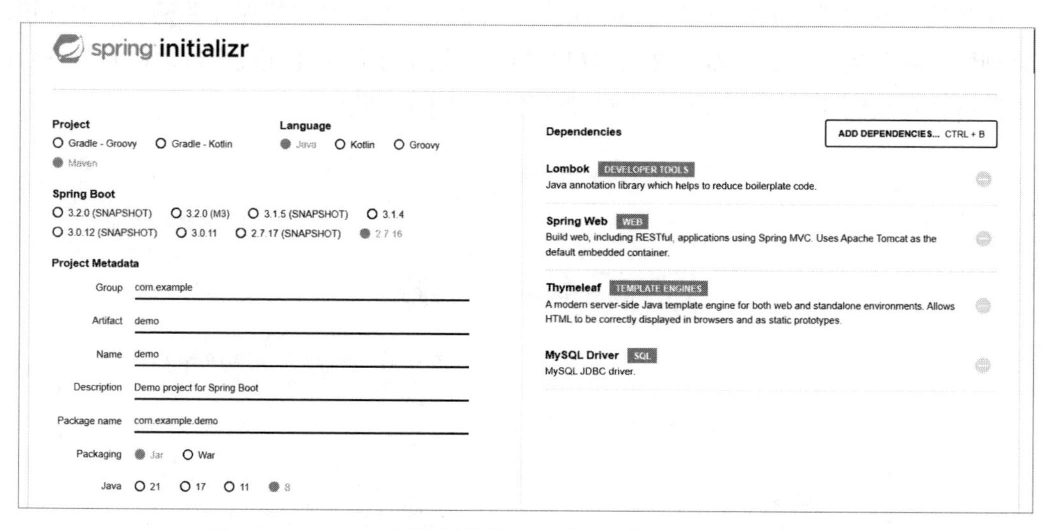

图 5-8　Spring 官网提供的快速生成项目基础框架代码的功能

start.spring.io 提供了一个简单的页面，支持用户指定项目类型（指定依赖包的管理工具）和开发语言，设置项目的元数据，并支持用户在网站上直接挑选项目所需的初始依赖包，以减少项目开发过程中手动添加的烦琐步骤。其操作就像在超级市场中挑选商品放入购物车一样，只需要先点击“ADD DEPENDENCIES…CTRL+B”按钮打开可选依赖包列表，再点选所需的依赖包即可。

配置完成后，可以点击“GENERATE”按钮，生成并下载压缩包文件，也可以点击“EXPLORE”按钮，浏览项目文件结构，还可以点击“SHARE”按钮，分享项目配置。

将下载的压缩包文件解压缩到要求的目录下，在 MyEclipse 中导入已经存在的 Maven 项目。只需要先点击“File”→“Import”命令，打开“Import”窗口，在列表框中点击“Maven”→“Existing Maven Projects”选项，再在打开的“Import Maven Projects”窗口中选择解压缩的目录，即可导入刚刚配置的 Maven 项目，如图 5-9 所示。

导入 Maven 项目后，默认会从本地或远程 Maven 仓库中加载所需的依赖包到 Maven

项目中。如果出现中断或不能自动下载的情况，那么可以右击 Maven 项目，在弹出的快捷菜单中点击“Maven”→“Update Project”命令，更新 Maven 项目，如图 5-10 所示。

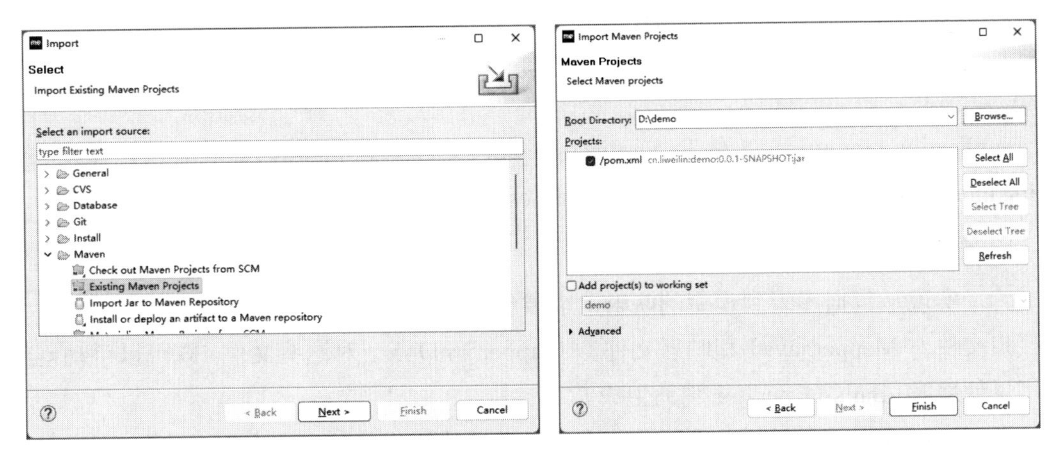

图 5-9　导入 Maven 项目

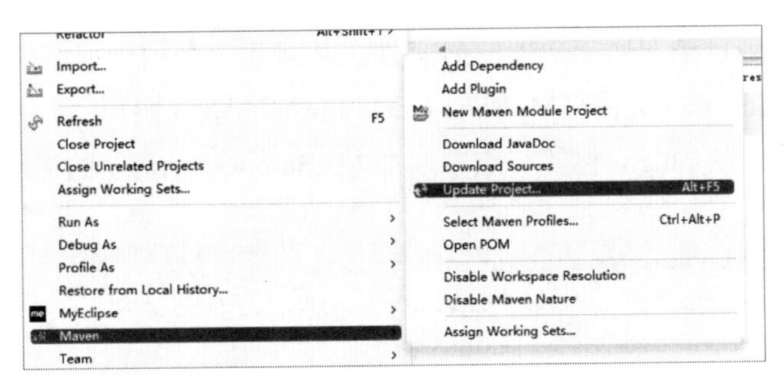

图 5-10　更新 Maven 项目

更新后的 Maven 项目结构如图 5-11 所示。

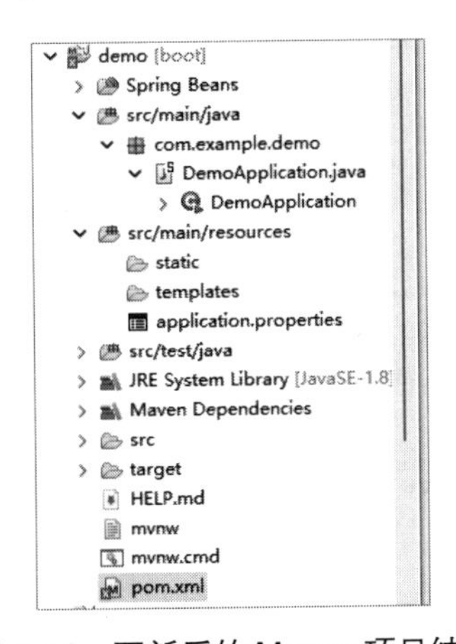

图 5-11　更新后的 Maven 项目结构

其中，src/main/java 目录主要用于完成 Java 逻辑代码的编写，默认已创建 DemoApplication.java 文件；src/main/resources 目录用于放置项目的资源文件，默认包括

application.properties 文件，以“属性=值”的形式进行项目配置，如配置 Web 对外服务端口：server.port=80。如果习惯以键值对形式进行项目配置，那么可以在该目录下新建 application.yml 文件，配置相同的端口，参考代码如下。

```
server:
  port: 80
```

application.properties 文件和 application.yml 文件只保留其中一个即可，推荐使用 application.yml 文件，删除 application.properties 文件。

2．使用 MyBatis-Generator 生成代码

为了实现从数据库表到模型的映射，需要创建与数据库表一一对应的模型类文件、映射接口文件（*Mapper.java）和映射文件（*Mapper.xml）等。对这些文件，既可以手动创建，也可以使用 MyBatis-Generator 辅助生成。

在 src/main/java 目录下分别新建一个用于放置模型类的包和一个用于放置映射接口的包，如 com.example.demo.models 和 com.example.demo.mappers，在 src/main/resources 目录下新建一个 mappers 目录，用于放置映射文件，并新建一个用于声明自动生成代码规则的 generator-configuration.xml 文件（MyBatis-Generator 的配置文件）。

在 pom.xml 文件的 plugin 标签节点中增加 MyBatis-Generator 的声明，参考代码如下。

```
<plugin>
    <groupId>org.mybatis.generator</groupId>
    <artifactId>mybatis-generator-maven-plugin</artifactId>
    <version>1.4.0</version>
    <executions>
        <execution>
            <id>Generate MyBatis Artifacts</id>
            <goals>
                <goal>generate-code</goal>
            </goals>
        </execution>
    </executions>
    <dependencies>
        <dependency>
            <groupId>com.mysql</groupId>
            <artifactId>mysql-connector-j</artifactId>
            <scope>runtime</scope>
            <version>8.0.33</version>
        </dependency>
    </dependencies>
    <configuration>
        <!-- 输出详细信息 -->
        <verbose>true</verbose>
        <!-- 覆盖生成的文件 -->
        <overwrite>true</overwrite>
```

```
        <!-- 定义配置文件 -->
        <configurationFile>
${basedir}/src/main/resources/generator-configuration.xml
        </configurationFile>
    </configuration>
</plugin>
```

在上述代码中，由于将 overwrite 标签节点配置为 true 时，每次运行代码自动生成命令后都将覆盖之前生成的代码，因此如果因项目需要而修改了自动生成的代码，那么自动生成的代码将有被覆盖的风险；configurationFile 标签节点指定了 MyBatis-Generator 的配置文件的位置，该文件中包括一个 generatorConfiguration 节点及一个其下的 context 标签节点，主要配置内容如下。

（1）数据库连接信息节点 jdbcConnection：包括数据库连接四要素，即 driverClass（驱动程序类）、connectionURL（数据库地址）、userId（用户标识）和 password（密码）。

（2）生成模型类地址节点 javaModelGenerator：包括 targetPackage（目标包名）和 targetProject（目录路径）。

（3）生成映射文件地址节点 sqlMapGenerator：包括 targetPackage（目标包名）和 targetProject（目录路径）。

（4）生成映射接口文件地址节点 javaClientGenerator：包括 targetPackage（目标包名）和 targetProject（目录路径），且必须指定 type 属性，通常其值为 XMLMAPPER，表示同时生成用于表达映射关系的 XML 文件，而当值为 ANNOTATEDMAPPER 时，表示接口使用注解而不生成 XML 文件。

（5）需要生成代码的数据库表节点 table：主要属性是 tableName，用于指定需要生成代码的数据库表名。

在默认情况下，模型类名会根据数据库表名进行驼峰命名格式化。如果需要生成不同于数据库表名的模型类，那么可以指定 domainObjectName 属性的值。例如，products 表对应的模型类名默认为 Products，要想将其修改为 Product，只需将 domainObjectName 属性的值设置为 Product 即可。

同样地，在默认情况下生成的模型类的字段名（成员变量名）也会根据数据库表的字段名进行驼峰命名格式化，MyBatis-Generator 之所以有这种默认设置，是因为大多数数据库表的字段采用蛇形命名，即用下画线连接单词，根据下画线自动转换为驼峰命名。当然，如果不想被格式化，那么可以设置其下的 property 标签节点的 useActualColumnNames 属性的值为 true。

如果数据库表中存在自增主键字段，那么需要在其下的 generatedKey 标签节点中将 column 属性的值指定为该字段，并设置 identity 属性的值为 true，以声明其为主键。

（6）注释声明节点 commentGenerator：在默认情况下，生成代码的同时会生成注释，生成的注释包括代码注释和时间戳注释。

如果不想要这些注释，那么可以在 commentGenerator 标签节点的两个 property 标签节点中分别设置 suppressAllComments 属性和 suppressDate 属性的值为 true。

根据上述 XML 文件各标签节点的说明，使用 MyBatis-Generator 自动生成代码的配置文件的参考代码如下。

```
<?xml version="1.0" encoding="UTF-8"?>
<!DOCTYPE generatorConfiguration
      PUBLIC "-//mybatis.org//DTD MyBatis Generator Configuration 1.0//EN"
      "http://mybatis.org/dtd/mybatis-generator-config_1_0.dtd">
<generatorConfiguration>
    <context id="simple" targetRuntime="MyBatis3Simple">
        <commentGenerator>
            <property name="suppressAllComments" value="true" />
            <property name="suppressDate" value="true" />
        </commentGenerator>
        <jdbcConnection driverClass="com.mysql.cj.jdbc.Driver"
    connectionURL="jdbc:mysql://localhost:3306/mpdb?serverTimezone=Asia/Shanghai"
            userId="root1" password="123456" />
        <javaModelGenerator targetPackage="com.example.demo.models"
            targetProject="src/main/java" />
        <sqlMapGenerator targetPackage="mappers"
            targetProject="src/main/resources" />
        <javaClientGenerator targetPackage="com.example.demo.mappers"
            targetProject="src/main/java" type="XMLMAPPER" />
        <table tableName="products" domainObjectName="Product">
            <!-- 数据库表主键 -->
            <generatedKey column="product_id" sqlStatement="mysql"
                identity="true" />
        </table>
        <!-- 省略其他数据库表的生成配置，类似于上述table标签节点 -->
    </context>
</generatorConfiguration>
```

有了上述配置文件，可执行“Maven generate-sources”命令自动生成代码文件，具体操作为：右击 pom.xml 文件，在弹出的快捷菜单中点击“Run As”→“Maven generate-sources”命令，如图 5-12 所示。

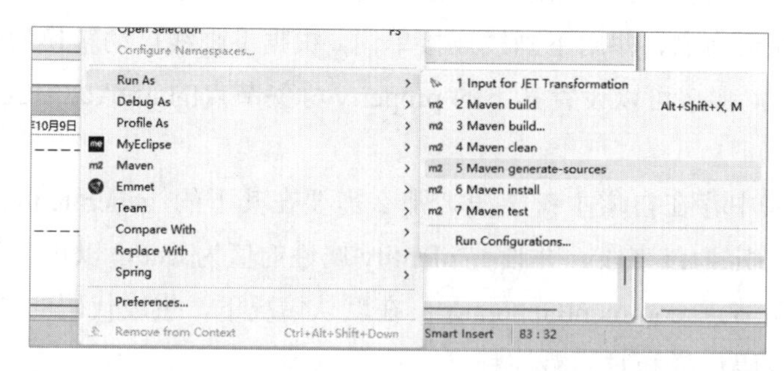

图 5-12　点击“Run As”→“Maven generate-sources”命令

生成的代码文件都在配置文件指定的目录下。生成代码文件后的项目结构如图 5-13 所示。

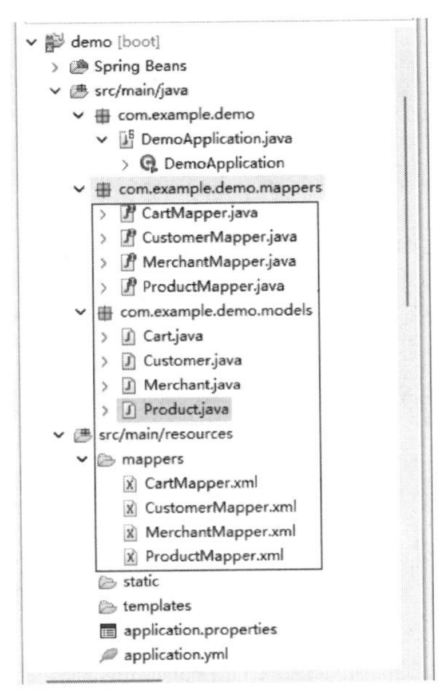

图 5-13　生成代码文件后的项目结构

3．与 MyBatis-Plus 集成

为了简化 JDBC 操作，可以在项目中引入 MyBatis-Plus 依赖。在 pom.xml 文件中增加如下依赖并保存，将自动下载相关 JAR 文件。

```
<dependency>
    <groupId>com.baomidou</groupId>
    <artifactId>mybatis-plus-boot-starter</artifactId>
    <version>3.5.2</version>
</dependency>
```

将数据库的连接信息配置在 application.yml 文件中，使 MyBatis-Plus 可以连接数据库，并指定映射文件所在的位置，将程序对数据库的操作对应起来，参考代码如下。

```
spring:
  datasource:
    driver-class-name: com.mysql.cj.jdbc.Driver
    url: jdbc:mysql://localhost:3306/mpdb?serverTimezone=Asia/Shanghai
    username: root1
password: 123456
mybatis-plus:
mapper-locations: classpath:mappers/*.xml
```

引入 MyBatis-Plus 依赖以后，需要在映射接口文件中添加@Mapper 注解。只有这样才能使这个映射接口文件被 Spring Boot 扫描到，知晓其实现类是由 MyBatis 负责创建的，并将其实现类对象存储到容器中以供调用。

映射接口对应的映射接口文件中定义的功能有限，为了扩展映射接口的其他基础功能，可以让映射接口继承 BaseMapper<T>这个由 MyBatis-Plus 定义的基础映射接口。例如，对自动生成的 ProductMapper.java 文件，可以进行如下优化。

```
@Mapper
public interface ProductMapper extends BaseMapper<Product>{

}
```

上述代码除使用了@Mapper 注解外，还使用了 extends 继承 BaseMapper<T>接口，并指定了泛型参数 Product。当这个映射接口使用@Autowired 注解实例化后，实例化对象就拥有了丰富的可选功能，使用这些功能对数据库表除可以进行增删查改操作外，还可以进行一些统计操作。图 5-14 所示为继承 BaseMapper<T>接口前后的数据库操作函数对比。

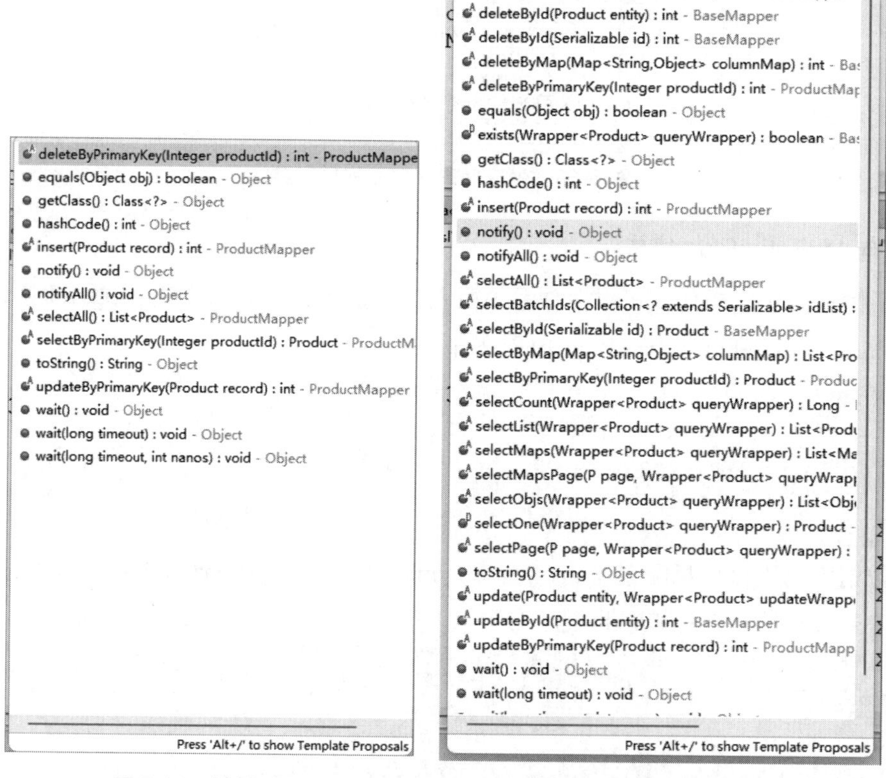

图 5-14　继承 BaseMapper<T>接口前后的数据库操作函数对比

如果业务逻辑需要对数据库进行某种特定操作，而上述优化后的映射接口文件仍不能满足，那么有两种选择：一种是在映射接口文件中使用@Select 注解、@Insert 注解、@Update 注解、@Delete 注解进行扩展；另一种是在映射接口文件中自定义接口函数，在映射文件中自定义 SQL 操作。

值得注意的是，通过继承 BaseMapper<T>接口扩展的这些功能函数，对数据库表的理解是依赖其泛型参数T的。例如，当将参数T指定为模型类时，会根据模型类推理数据库表名和字段信息，而当模型类名与数据库表名不一致时，或当模型类的成员变量名与数据库表的字段名不一致时，就需要在模型类中使用@TableName注解显式声明数据库表名，或使用@TableField注解显式声明字段名。当字段名为自增主键时，还需要使用@TableId注解进行显式声明。例如：

```
@TableName(value="products")
public class Product {
    @TableField(value="product_id")
    @TableId(type=IdType.AUTO)
private Integer productId;
//…
}
```

上述代码对自动生成的模型类进行了优化，使用@TableName注解声明的这个模型类与products表为对应关系，使用@TableField注解声明的成员变量productId与数据库表中的product_id字段为对应关系，使用@TableId注解声明的该字段名为自增主键。

项目其他映射接口和模型类的优化，可以参考ProductMapper.java文件和Product.java文件。

4. 测试系统框架

至此，系统框架搭建完成，接下来介绍如何测试系统框架。

创建一个用于专门放置控制器类的com.example.demo.controller包，并在其下创建一个用于测试的TestController.java文件。

为了便于测试，在products表中手动增加两条记录。手动增加的记录如图5-15所示。

product_id	name	description	unit_price	discounted_price	category	stock_quantity	image
1	助农产品1	服务乡村振兴	100	88	农副产品	10	1.jpg
2	养老产品1	服务智慧养老	200	166	家居产品	2	2.jpg

图5-15 手动增加的记录

创建一个获取全部商品信息的控制器，并返回商品列表，参考代码如下。

```
package com.example.demo.controller;
@RestController
public class TestController {
    @Autowired
    ProductMapper productMapper;
    @RequestMapping("/test")
    public List<Product> Test() {
        return productMapper.selectAll();
    }
}
```

上述代码首先使用@RestController注解声明了这是一个控制器类（当然，也可以联合使用@Controller 注解和@ResponseBody 注解），以使控制器类能在容器中被扫描到并完成初始化。当客户端请求到相应的控制器映射地址时，返回 JSON 对象。

其次在控制器类中通过@Autowired 注解自动装配了一个 ProductMapper 对象，以使其在项目启动时被装到容器中供程序调用。

最后使用@RequestMapping 注解声明了一个映射地址，即/test，当客户端使用这个映射地址向服务器发送请求时，Spring 将请求自动路由到 Test 方法中。该方法直接调用了 ProductMapper 对象的 selectAll 方法，并返回了一个商品列表。

保存代码后，在 DemoApplication.java 文件中启动项目，在浏览器或其他接口测试工具（Postman、Apipost 等）中输入 http://localhost/test，将返回 JSON 列表。

除了可以像调用 selectAll 方法一样实现简单查询功能，还可以实现统计功能。例如，为了获取商品数量，在 TestController.java 文件中增加一个控制器方法，即 getProductCount 方法，参考代码如下。

```
@RequestMapping("/getProductCount")
public Map<String,Long> getProductCount() {
    Map<String,Long> map=new HashMap<String,Long>();
    map.put("count", productMapper.selectCount(null));
    return map;
}
```

调用上述控制器方法会返回 Map 对象，Spring 将自动将其解析为 JSON 对象并返回给客户端。

两个控制器方法的访问结果如图 5-16 所示。

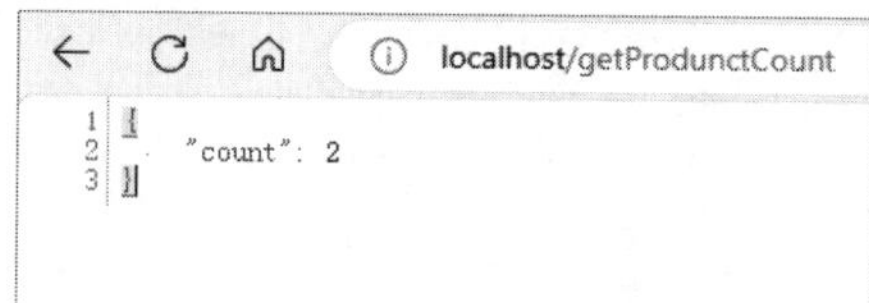

图 5-16　两个控制器方法的返回结果

5.2.2　公共服务模块实现

1．Redis 的配置

根据鉴权逻辑设计可知，要完成项目需要使用 Redis，可以在 Redis 官网上下载 Linux

版本的 Redis 或在 GitHub 中下载 Windows 版本的 Redis，如图 5-17 所示。

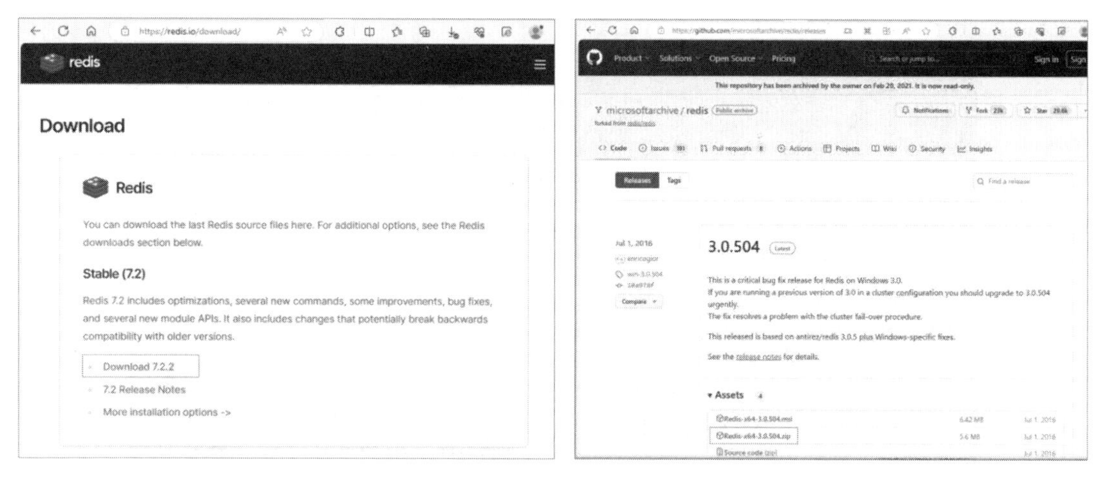

图 5-17　Redis 的下载

以 Windows 版本的 Redis 为例，在下载的 Redis 的目录中，redis.windows.conf 文件是 Redis 的配置文件。使用该配置文件可以修改 Redis 的端口号（在 port 后先输入空格再设置）和密码（在 requirepass 后先输入空格再设置），还可以绑定允许访问的客户端（在 bind 后先输入空格再设置），redis-server.exe 文件是 Redis 的服务启动文件。Redis 的目录和 redis.windows.conf 文件如图 5-18 所示。

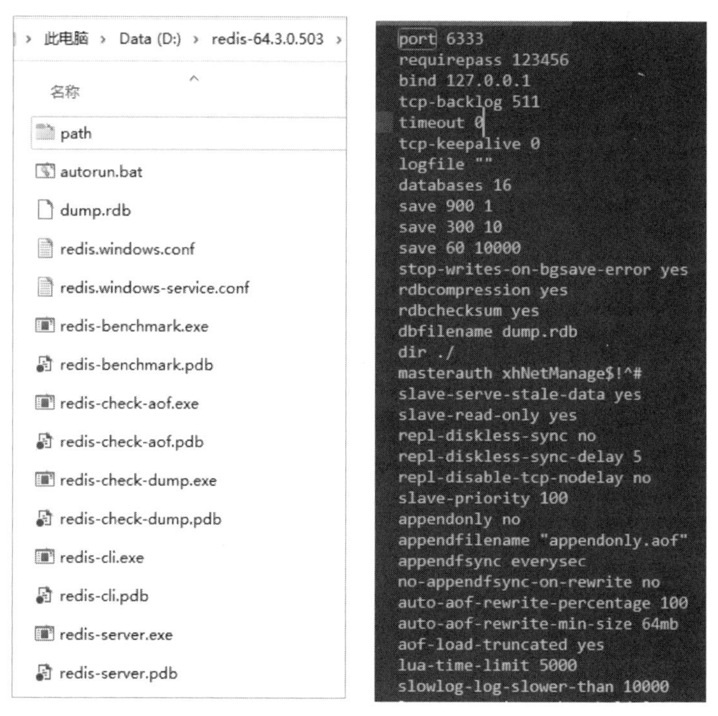

图 5-18　Redis 的目录和 redis.windows.conf 文件

当运行 redis-server.exe redis.windows.conf 命令时，Redis 根据配置文件启动服务。Redis 运行界面如图 5-19 所示。

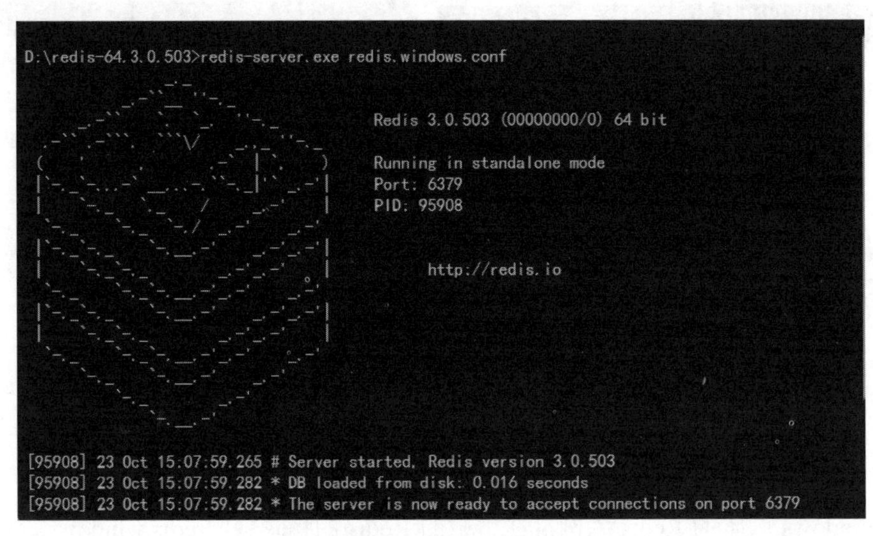

图 5-19　Redis 运行界面

上述 Redis 的配置默认采用单机部署模式，在高并发且有高可用需求的情况下可以使用集群模式部署。

为了便于访问 Redis，需要引入 Redis 的访问组件，以及便于对 JSON 对象进行解析的 FastJSON。在 pom.xml 文件中加入对应依赖包的声明如下。

```
<dependency>
    <groupId>org.springframework.boot</groupId>
    <artifactId>spring-boot-starter-data-redis</artifactId>
</dependency>
<dependency>
    <groupId>com.alibaba</groupId>
    <artifactId>fastjson</artifactId>
    <version>2.0.21</version>
</dependency>
```

保存上述声明后，下载相应的依赖包。下面在 application.yml 文件中配置 Redis 的主机、端口和密码，参考代码如下。

```
spring:
  redis:
    host: 127.0.0.1
    port: 6379
    password: 123456
```

下载的 Redis 的依赖包会在 Spring Boot 中自动装配一个以@Bean 注解声明的 Redis 操作模板类，即 RedisTemplate<K,V>，其中的两个泛型参数分别代表键和值，即指定保存到 Redis 中的键值对。Redis 中的键值对在保存时需要被序列化。因此，在默认情况下，如果保存的键值对都是字符串，那么使用 RedisTemplate<String,String>声明的对象操作 Redis 即可。然而，如果保存的键值对不是字符串而是对象，那么每次保存前都需要先将对象序列化为字符串（通常是 JSON 字符串）。

为此，对于需要存入 Redis 的对象，应先让其实现 Serializable 接口，使其能够被序列化为字符串。例如，Customer 类、Product 类、Merchant 类和 Cart 类。以 Customer 类为例，实现 Serializable 接口的参考代码如下。

```
public class Customer implements Serializable{
    private static final long serialVersionUID = 1L;
//…
}
```

其他实体类的实现代码类似。

当然，这些实体类的实现代码本身是由 MyBatis-Generator 自动生成的，在生成这些实现代码的配置文件（这里指 generator-configuration.xml 文件）的 context 标签节点中进行如下配置，生成的实体类将自动实现 Serializable 接口。

```
<plugin type="org.mybatis.generator.plugins.SerializablePlugin" />
```

为了在 Spring Boot 中能将对象存入 Redis，还需要配置一个以@Configuration 注解声明的配置类，使 RedisTemplate<String,Object>类在启动 Spring Boot 时被实例化并装入容器，以便后续根据业务逻辑的需要对 Redis 进行操作。

在启动类下新建一个用于放置配置类的子包，并在其下新建一个配置类，参考代码如下。

```
@Configuration
public class RedisAutoConfiguration {
    @Bean//自动装配对象
    public RedisTemplate<String, Object> redisTemplate(RedisConnectionFactory
factory) {
        RedisTemplate<String, Object> template = new RedisTemplate<>();
        template.setConnectionFactory(factory);
        return template;
    }
}
```

至此，Redis 的配置完成，接下来测试一下效果。在 TestController.java 文件中新建的测试代码如下。

```
    @Autowired
    RedisTemplate<String,Object> redisTemplate;   //装配一个RedisTemplate对象
    @Autowired
    CustomerMapper customerMapper;                //装配一个CustomerMapper对象
    @GetMapping("/testRedis")
    public Object testRedis(){
        Customer c=customerMapper.selectById(1); //获取一个对象
//将对象序列化后保存到Redis中
redisTemplate.opsForValue().set("userid", c,7200,TimeUnit.SECONDS);
```

```
        return redisTemplate.opsForValue().get("userid");          //取出对象
    }
```

上述代码先从 CustomerMapper 对象中获取了一个对象，并将其序列化后存入 Redis，有效期为 7200 秒，再从 Redis 中取出对象，并将其反序列化后返回给客户端。客户端请求的结果及通过 Another Redis Desktop Manager 查看的结果如图 5-20 所示。

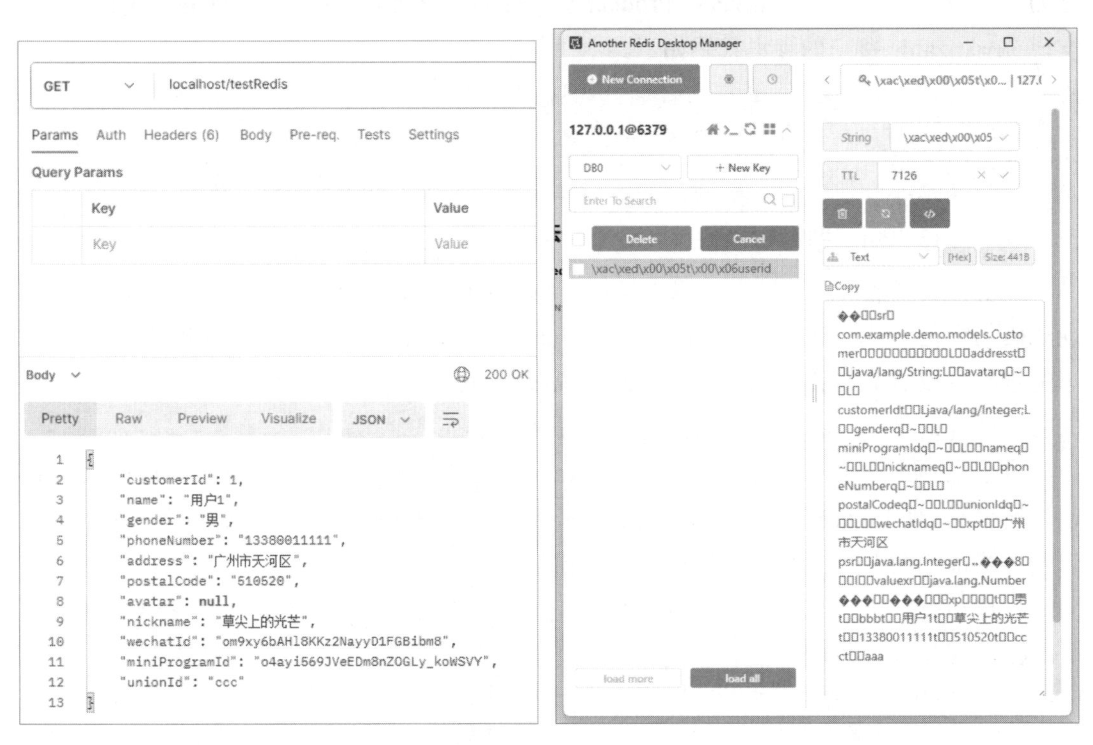

图 5-20　客户端请求的结果及通过 Another Redis Desktop Manager 查看的结果

2. HttpClient 的引入与封装

项目除向客户端提供接口服务外，还向微信开放平台提供各种接口发送服务请求，这时就需要使用 HttpClient 完成这类操作。在 pom.xml 文件中引入对 HttpClient 的依赖，并将其封装成常用的 GET 方法和 POST 方法，参考代码如下。

```
<dependency>
    <groupId>org.apache.httpcomponents</groupId>
    <artifactId>httpclient</artifactId>
    <version>4.5.13</version>
</dependency>
```

新建一个名为 utils 的子包，用于放置工具类。在该子包中新建一个 ApiTools 类，用于封装 GET 方法和 POST 方法，参考代码如下。

```
@Component
public class ApiTools {
    public  String get(String url){
        String result=null;
```

```
        CloseableHttpClient httpclient = HttpClients.createDefault();//新建请求工具
        HttpGet httpGet = new HttpGet(url);//新建请求对象
        CloseableHttpResponse response=null;                //初始化返回结果
        try {
            response = httpclient.execute(httpGet);         //执行请求
           if(response.getStatusLine().getStatusCode()==200){//如果顺利返回
            HttpEntity entity = response.getEntity();       //获取返回实体对象
            result=EntityUtils.toString(entity, "utf-8");//转换为字符串
           }
           response.close();                                //关闭返回结果
        } catch(IOException e){
            System.out.println("IO错误！");
        }
        return result;
    }
    public  String post(String url,String params){//参数为请求地址和请求参数
        String result=null;
        CloseableHttpClient httpclient = HttpClients.createDefault();//新建请求工具
        HttpPost httpPost = new HttpPost(url);    //新建请求对象
        CloseableHttpResponse response=null;      //初始化返回结果
        try {
        StringEntity se=new StringEntity(params,"utf-8");//将请求参数封装为实体对象
            httpPost.setEntity(se);                 //在实体对象中注入请求参数
            response = httpclient.execute(httpPost);        //执行请求
           if(response.getStatusLine().getStatusCode()==200){//如果顺利返回
            HttpEntity entity = response.getEntity();       //获取返回实体对象
            result=EntityUtils.toString(entity, "utf-8");//转换为字符串
           }
           response.close();                                //关闭返回结果
        } catch(IOException e){
            System.out.println("IO错误！");
        }
        return result;
    }
```

上述代码使用了@Component 注解将 ApiTools 类声明为一个组件，在启动 Spring Boot 时可以扫描到这个组件并在容器中加载这个组件。

5.2.3　后端业务逻辑实现

根据系统设计中的概要设计可知，后端需要实现商品、用户和购物车（订单）三大类相关功能。这些功能通常是对数据库的交互式操作，在大多数情况下是对数据库的增删查改操作的逻辑组合。例如，在添加用户前，需要判断用户是否已经存在，涉及查询和添加两种操作。这些需要实现的功能可以通过对数据库的映射接口根据业务逻辑封装，以服务的方式向控制器提供调用服务。基于 MVC 的分层设计如图 5-21 所示。

图 5-21　基于 MVC 的分层设计

在图 5-21 中，控制器用来接收客户端发送过来的请求，并向请求者返回信息。控制器收到请求后不直接访问数据库，而根据请求调用不同的服务。服务主要负责业务模块的逻辑设计，在涉及对数据库的访问时，可以调用一个或多个数据映射接口，由数据映射接口完成对数据库实体的访问。

对于服务的封装，通常先从概念上设计其接口，再完成具体的实现类，且服务接口和实现类分别可以继承 MyBatis-Plus 提供的 IService<T>接口和 ServiceImpl<T,U>类，以扩展服务的基础功能，减少开发者编写的代码量。

接下来以几个典型示例介绍如何实现后端业务逻辑。为了便于调试，在未实现前端页面之前，使用 Postman 模拟客户端向服务器发送请求。

1．构建用户鉴权服务

根据鉴权逻辑设计可知，客户端传送过来的登录请求参数可能是首次鉴权的凭证（由开放平台授予的临时登录凭证），也可能是此前已经鉴权过获得的用户标识，开发者服务器先从 Redis 中检索是否存在用户标识。如果存在，那么鉴权通过，获取用户信息；如果不存在，那么先使用临时登录凭证向开放平台换取用户标识，再根据用户标识从数据库中检索用户信息并将其保存到 Redis 中。

为了便于前端请求者处理返回结果，在 utils 包下新建一个通用的 ReturnMessage 类，包括返回状态码、返回状态描述、返回实体和其他可扩展的键值对，且将需要返回的实体类定义为泛型（待具体请求时再指定类型），参考代码如下。

```
@Data
public class ReturnMessage<T> implements Serializable{
    private static final long serialVersionUID = 1L;
    private Integer errCode;              //定义返回状态码
    private String errMsg;                //定义返回状态描述
    private T entity;                     //定义返回实体
    private HashMap<String,Object> map;   //定义预留扩展字段
    public ReturnMessage<T> errCode(Integer errCode){
        this.errCode=errCode;
        return this;
    }
    public ReturnMessage<T> errMsg(String errMsg){
        this.errMsg=errMsg;
        return this;
    }
    public ReturnMessage<T> entity(T entity){
        this.entity=entity;
```

```
        return this;
    }
}
```

上述代码使用了@Data 注解，用于自动生成 setters 方法和 getters 方法，使用微信开发者工具前应确保已安装该组件且已生效。此外，上述代码的类中还使用了属性名作为函数名来给属性赋值，且赋值函数的返回结果为对象本身，这样设计的目的是支持对象连续赋值。

关于返回状态码，通常将 0 作为成功处理请求返回结果的状态码，其他非 0 的整数分别代表各种异常结果的状态码，具体可以由前后端约定。

下面继续在 utils 包下新建一个与用户验证有关的 AuthService 类。先完成一个根据用户标识验证用户是否登录的方法。其主要流程为：依次在 Redis 中验证用户标识是否存在，如果存在，那么返回 0，并将用户信息作为实体返回；如果不存在，那么根据临时凭证换取用户标识，使用换取的用户标识检索数据库。如果已绑定，那么将用户信息保存到 Redis 中并返回，否则鉴权失败。鉴权流程如图 5-22 所示。

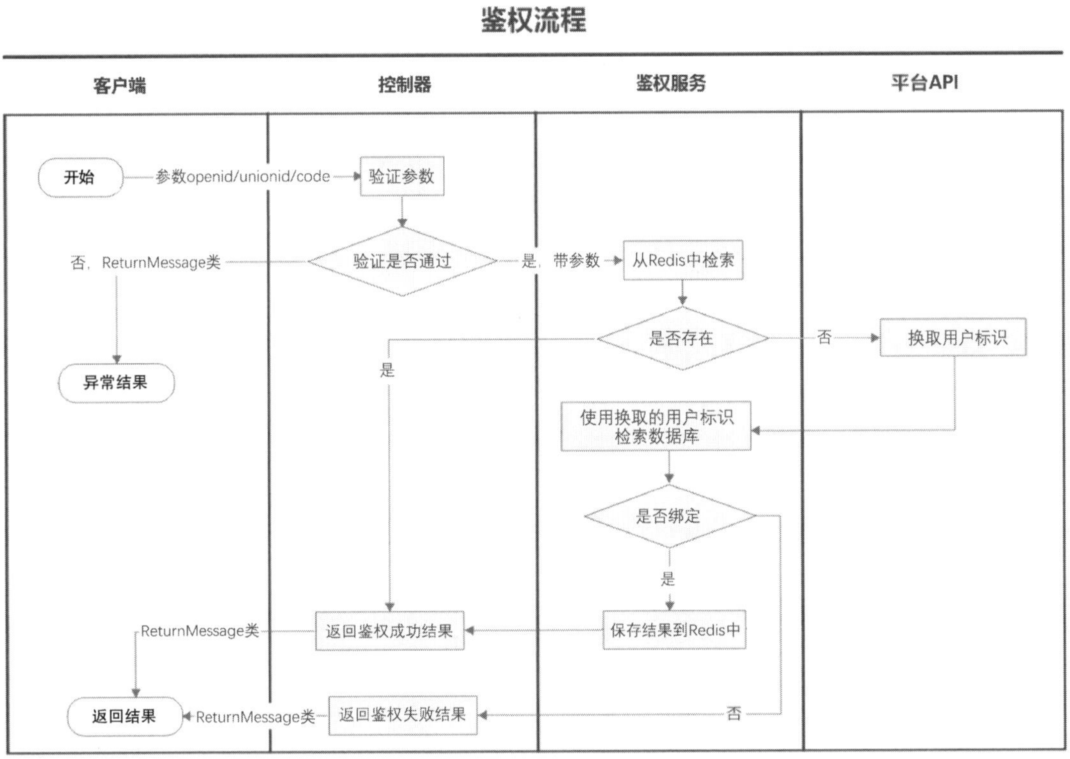

鉴权流程

客户端	控制器	鉴权服务	平台API

开始 —参数openid/unionid/code→ 验证参数

验证参数 → 验证是否通过

验证是否通过 —否，ReturnMessage类→ 异常结果

验证是否通过 —是，带参数→ 从Redis中检索

从Redis中检索 → 是否存在

是否存在 —否→ 换取用户标识

是否存在 —是→ 返回鉴权成功结果

换取用户标识 → 使用换取的用户标识检索数据库

使用换取的用户标识检索数据库 → 是否绑定

是否绑定 —是→ 保存结果到Redis中

是否绑定 —否→ 返回鉴权失败结果

保存结果到Redis中 → 返回鉴权成功结果

返回鉴权成功结果 —ReturnMessage类→ 返回结果

返回鉴权失败结果 —ReturnMessage类→ 返回结果

图 5-22　鉴权流程

实现鉴权流程的参考代码如下。

```
@Component
public class AuthService {
    @Autowired
```

```
    RedisTemplate<String, Object> redisTemplate;
    @Autowired
    ApiTools apiTools;
    @Autowired
    CustomerMapper customerMapper;
    public  ReturnMessage<Customer> login(String openid,String unionid,String 
code){
        if(code==null&&openid==null&&unionid==null){
return new ReturnMessage<Customer>().entity(null).errCode(-1).errMsg("参数错误！");
        }
        Object object =null;
//通过用户标识获取临时登录凭证
if(openid!=null)object=redisTemplate.opsForValue().get(openid);
//通过联合标识获取临时登录凭证
if(object==null&&unionid!=null)object=redisTemplate.opsForValue().get(unionid);
        if (object == null) {    //如果没有在Redis中
            if(code!=null){       //如果凭证不为空，那么尝试用凭证换取用户标识
            JSONObject ret=apiTools.code2Session(code);
            System.out.println(ret);
            if(ret!=null){
                openid=ret.getString("openid");
                unionid=ret.getString("unionid");
                String session_key=ret.getString("session_key");
        //留作备用
        redisTemplate.opsForValue().set(openid+"_session_key", session_key);
            }
            }
            if(openid!=null||unionid!=null){//使用换取的用户标识检索数据库
    QueryWrapper<Customer> queryWrapper=new QueryWrapper<Customer>();
                queryWrapper.eq("mini_program_id", openid).or().eq("wechat_id", 
openid).or().eq("union_id", unionid);
                object=customerMapper.selectOne(queryWrapper);
                redisTemplate.opsForValue().set(openid, (Customer)object);
            }
        }
        if(object!=null){
            return new ReturnMessage<Customer>().errCode(0).errMsg("认证成功").
entity((Customer)object);
        }else{
            return new ReturnMessage<Customer>().errCode(-2).errMsg("认证失败");
        }
    }
```

上述代码同样使用了@Component 注解将 AuthService 类注册为 Spring Boot 的组件，并在该类中自动装配了一个 RedisTemplate 对象，用于访问 Redis。此外，为了从开放平台上获取用户标识，上述代码调用了 ApiTools 类中的 code2Session 方法。实现 code2Session

方法的参考代码如下。

```
@Value("${appid}")
String appid;
@Value("${appsecret}")
String appsecret;
public JSONObject code2Session(String code) {
      JSONObject result=null;
//构建请求地址
String url="https://api.weixin.qq.com/sns/jscode2session?appid=APPID&secret=
SECRET&js_code=JSCODE&grant_type=authorization_code";
//完善请求参数
url=url.replace("APPID", appid).replace("SECRET",appsecret).replace("JSCODE",code);
//执行请求方法
String ret=get(url);
//处理返回结果
       JSONObject json=JSONObject.parseObject(ret);
       if(json.getIntValue("errcode")==0)result=json;
       return result;
   }
```

在上述代码中，添加@Value 注解是为了让程序和配置分离，使配置不参与编译且修改更灵活，程序把要使用的配置在配置文件中初始化，编译时会自动从配置文件中读取相应的配置。为此，在 application.yml 文件中增加 appid 和 appsecret 这两个变量声明，参考代码如下。

```
appid: 'wx25364f8779d6f4**'
appsecret: 'ecd802c1a38ed0c33edbea38a23cc7**'
```

在接下来的设计中，凡涉及与开放平台请求相关的方法，都被安排在 ApiTools 类中，按照开放接口文档的描述，遵循接口四要素实现，具体如下。

（1）构建请求地址。

（2）完善请求参数。

（3）执行请求方法（GET 方法或 POST 方法）。

（4）处理返回结果。

例如，获取公众号和小程序访问令牌的方法可以被添加到 ApiTools 类中，参考代码如下。

```
@Autowired
RedisTemplate<String,String> redisTemplate;//需要使用Redis保存访问令牌
private JSONObject getAccess_Token(String a,String s){//定义获取公众号访问令牌的函数
//构建请求地址
String url="https://api.weixin.qq.com/cgi-
bin/token?grant_type=client_credential&appid=APPID&secret=APPSECRET";
//完善请求参数
url=url.replace("APPID", a).replace("APPSECRET", s);
//执行请求方法
String ret= get(url);
```

```
//处理返回结果
JSONObject json=JSONObject.parseObject(ret);
        return json;
}
private String getMiniprogram_Access_Token(){//定义获取小程序访问令牌的函数
//从Redis中取出
String token=redisTemplate.opsForValue().get("Miniprogram_Access_Token");
        if(token==null){//若访问令牌为空则将访问令牌保存到Redis中
            JSONObject json=getAccess_Token(appid,appsecret);
            if(json.getInteger("errcode")==null||json.getInteger("errcode")==0){
                token=json.getString("access_token");
                redisTemplate.opsForValue().set("Miniprogram_Access_Token",
token, json.getLongValue("expires_in"),TimeUnit.SECONDS);
            }else{
                System.out.println(json);
            }
        }
        return token;
}
```

诸如此类，凡涉及向开放接口发送请求的操作，都可以参照上述步骤实现。

有了上述准备，只需要一个控制器，将需要验证用户信息的请求转发到 AuthService 类的 login 方法中即可，参考代码如下。

```
@RestController
public class CustomerController {
    @Autowired
    AuthService authService;
    @PostMapping("/customer/login")
    public ReturnMessage<Customer> login(@RequestBody() Map<String,String> map){
        String openid=map.get("openid");
        String unionid=map.get("unionid");
        String code=map.get("code");
        if(openid!=null)openid=openid.replace("'", "").replace(" ", "");//安全过滤
        if(unionid!=null)unionid=unionid.replace("'", "").replace(" ", "");
        if(code!=null)code=code.replace("'", "").replace(" ", "");
if(StringUtils.isNullOrEmpty(openid)&&StringUtils.isNullOrEmpty(unionid)&&String
Utils.isNullOrEmpty(code)){//参数不能全为空
return new ReturnMessage<Customer>().entity(null).errCode(-1).errMsg("参数错误！");
        }
        return authService.login(openid, unionid, code);
    }
}
```

为了测试效果，需要使用测试号新建一个小程序，并在其 app.js 文件的 wx.login({})接口中调用 wx.request({})接口访问上述控制器，参考代码如下。

```
//登录小程序
wx.login({
  success: res => {
    //使用登录凭证换取用户标识和会话密钥
    console.log(res)
    wx.request({
      url: 'http://localhost /customer/login',
      method:'POST',
      data:{'code':res.code},
      header:{'content-type':'application/x-www-form-urlencoded'},
      success:(res)=>{
        console.log(res)
        var openid=res.data.entity.miniProgramId;
        var unionid=res.data.entity.unionId;
        wx.setStorageSync('openid', openid)//将用户标识保存到客户端存储器中
        wx.setStorageSync('unionid', unionid)          },
      fail:(err)=>{
        console.log(err)
      }
    })
  }
})
```

未绑定用户信息时小程序控制台的输出结果如图 5-23 所示。

```
{data: {…}, header: {…}, statusCode: 200, cookies: Array(0), errMs
g: "request:ok"}
  ▸cookies: []
  ▾data:
     entity: null
     errCode: -2
     errMsg: "认证失败"
     map: null
   ▸__proto__: Object
  errMsg: "request:ok"
```

图 5-23　未绑定用户信息时小程序控制台的输出结果

与此同时，在后台控制台中输出了用户标识，如图 5-24 所示。

```
{"session_key":"pz10MhMsv9optinhePZGMQ==","openid":"o4ayi569JVeEDm8nZOGLy_koWSVY"}
{"openid":"o4ayi569JVeEDm8nZOGLy_koWSVY","session_key":"pz10MhMsv9optinhePZGMQ=="}
2023-10-31 23:03:21.157  INFO 89840 --- [p-nio-80-exec-1] com.zaxxer.hikari.HikariDataSource
2023-10-31 23:03:21.393  INFO 89840 --- [p-nio-80-exec-1] com.zaxxer.hikari.HikariDataSource
```

图 5-24　后台控制台的输出结果

如果这个用户标识在数据库的 customers 表中绑定了用户信息，那么小程序控制台的输出结果如图 5-25 所示。

这证明上述设计构建的鉴权服务可以正常工作。后续需要鉴权后执行的操作，可以调用上述鉴权服务，待鉴权通过后执行其他操作即可。

```
                                                          app.js? [sm]:14
{data: {…}, header: {…}, statusCode: 200, cookies: Array(0), errMs
g: "request:ok"}
  ▶cookies: []
  ▼data:
    ▶entity: {customerId: 11, name: "张三", gender: "男", phoneNumb…
     errCode: 0
     errMsg: "认证成功"
     map: null
    ▶__proto__: Object
   errMsg: "request:ok"
```

图 5-25　已绑定用户信息时小程序控制台的输出结果

2．绑定用户信息

如果用户首次登录，那么需要通过小程序表单绑定用户信息。小程序调用 wx.login({}) 接口获取临时登录凭证，将其连同表单信息一并发送到后端，后端根据临时登录凭证获取其用户标识，把用户标识和表单信息一并保存到数据库中，并以用户标识为键，以用户信息为值，将键值对保存到 Redis 中，供后续业务鉴权使用，之后返回用户信息到客户端。后端鉴权流程如图 5-26 所示。

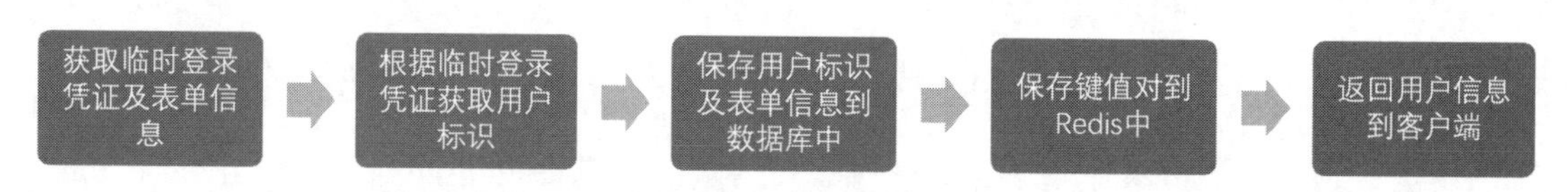

图 5-26　后端鉴权流程

为了实现上述流程，在 CustomerController 类中新增一个控制器，用于接收小程序的请求，验证请求参数，并在调用相关服务后返回请求结果，参考代码如下。

```
@PostMapping("/customer/bind")
public ReturnMessage<Customer> bind(@RequestBody() Map<String,String> map){
String code=map.get("code"),name=map.get("name"),gender=map.get("gender");
String phone_number=map.get("phone_number"),address=map.get("address");
String postal_code=map.get("postal_code"),avatar=map.get("avatar");
String nickname=map.get("nickname");
    //登录凭证和姓名、手机号码均为非空参数，在这里先进行验证
    if(StringUtils.isNullOrEmpty(code)||StringUtils.isNullOrEmpty(name)||StringUtils.
isNullOrEmpty(phone_number)){
        return new ReturnMessage<Customer>().errCode(-1).errMsg("参数错误！");
    }
    Customer customer=new Customer();//构建用户对象
customer.setName(name);customer.setGender(gender);customer.setPhoneNumber(phone_
number);
customer.setAddress(address);customer.setPostalCode(postal_code);customer.
setAvatar(avatar);
    customer.setNickname(nickname);
    return authService.bind(customer, code);
}
```

上述控制器接口调用了 AuthService 类中的 bind 方法，参数为用户请求参数封装的用

户信息和临时登录凭证。AuthService 类中的 bind 方法是绑定业务的核心，参考代码如下。

```
    public ReturnMessage<Customer> bind(Customer customer,String code){
        JSONObject ret=apiTools.code2Session(code);//向开放接口请求获取用户标识
        if(ret!=null){
            String openid=ret.getString("openid");
            String unionid=ret.getString("unionid");
            String session_key=ret.getString("session_key");
            redisTemplate.opsForValue().set(openid+"_session_key", session_key);
            customer.setMiniProgramId(openid);//
            customer.setUnionId(unionid);
            //查询数据库中是否已经存在相应用户信息
        QueryWrapper<Customer> queryWrapper=new QueryWrapper<Customer>();
            queryWrapper.eq("mini_program_id", openid).or().eq("union_id", unionid);
            Customer c=customerMapper.selectOne(queryWrapper);
            if(c!=null){//如果存在，那么更新用户原绑定信息
                customer.setCustomerId(c.getCustomerId());
                customerMapper.updateById(customer);
            }else{//否则新增用户绑定信息
                customerMapper.insert(customer);
            }
            redisTemplate.opsForValue().set(openid, customer);//保存到Redis中
return new ReturnMessage<Customer>().errCode(0).errMsg("操作成功").entity(customer);
        }else{
            return new ReturnMessage<Customer>().errCode(-3).errMsg("操作失败");
        }
    }
```

上述代码先调用了 ApiTools 类中的 code2Session 方法向开放接口请求获取用户标识，然后查询数据库中是否已经存在相应用户信息。如果存在，那么更新用户原绑定信息；否则，新增用户绑定信息，并将其保存到 Redis 中，之后返回用户信息给客户端。

为了测试上述绑定用户信息的接口，下面在小程序中使用 button 组件绑定一个点击事件处理函数（函数名为 test），参考代码如下。

```
test:function(){
  wx.login({
    success: (res) => {
      wx.request({
        url: 'http://localhost/customer/bind',
        method: 'POST',
        data: {
          code: res.code,name:'测试姓名',gender:'男',phone_number:'1388888****',
          address:'广东省东莞市',avatar:'无',postal_code:'510520',nickname:'西柚'
        },
        success: res => {console.log(res)},
        fail: err => {console.log(err)}
      })
```

```
        },
    })
}
```

绑定用户信息接口的返回结果如图 5-27 所示。

```
                                                    index.js? [sm]:15
▼{data: {…}, header: {…}, statusCode: 200, cookies: Array(0), errMs
 g: "request:ok"}
 ▶cookies: []
 ▼data:
   ▶entity: {customerId: 11, name: "测试姓名", gender: "男", phone…
    errCode: 0
    errMsg: "操作成功"
    map: null
   ▶__proto__: Object
  errMsg: "request:ok"
```

图 5-27　绑定用户信息接口的返回结果

3．管理商品

1）获取商品列表

获取指定商品标识的单件商品，属于按数据库表的主键查询，只需要在构建控制器方法时，先获取请求的商品标识，再以这个商品标识为参数调用 ProductMapper 对象内置的 productMapper.selectById(productId)方法即可。同样地，如果要获取全部商品，那么只需要调用 ProductMapper 对象的 selectAll 方法。

然而，如果希望构建一个能够获取全部指定查询条件的商品列表，如按名称或类别精确匹配、按商品描述模糊匹配，那么需要先构建一个能够表示查询条件的 QueryWrapper 对象，再交给 ProductMapper 对象去执行这个查询。当然，这些工作可以在控制器方法中完成，但这属于有关业务逻辑的内容，应该让控制器只进行与控制转发客户端请求相关的本职工作，而不应该增加其额外的业务逻辑。因此，更建议使用处理业务逻辑的服务完成。

为此，在项目下建立一个服务接口包和一个对应的服务实现包，分别用来放置处理业务逻辑的服务接口及对应的实现类，如图 5-28 所示。

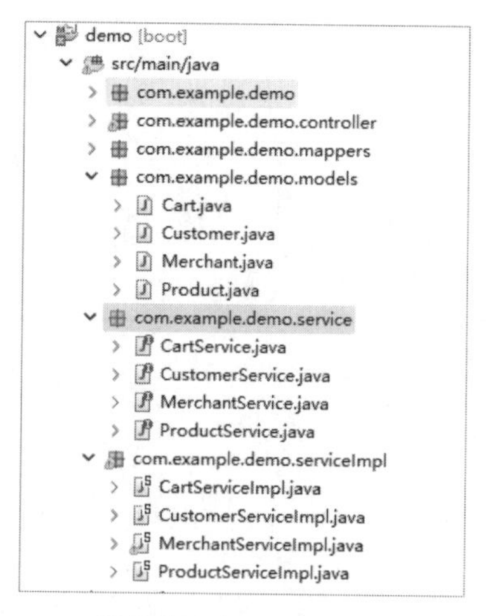

图 5-28　服务接口包和对应的服务实现包

服务接口用于定义服务的名称、参数和返回结果，对应的服务实现类负责功能代码的实现。例如，ProductService.java 文件的参考代码如下。

```
//ProductService.java文件
public interface ProductService extends IService<Product> {
    List<Product> getProductList(Product product);
}
```

ProductServiceImpl.java 文件的参考代码如下。

```
//ProductServiceImpl.java文件
@Service
public class ProductServiceImpl extends ServiceImpl<ProductMapper, Product>
implements ProductService {
    @Autowired
    ProductMapper productMapper;//注入映射对象
    @Override
    public List<Product> getProductList(Product product) {
        //查询条件构建器
        QueryWrapper<Product> queryWrapper=new QueryWrapper<Product>();
        if(product!=null){
            if(product.getProductId()!=null)
                //按商品标识精确查询
                queryWrapper.eq("product_id", product.getProductId());
            if(product.getCategory()!=null)
                //按商品类别精确查询
                queryWrapper.eq("category", product.getCategory());
            if(product.getName()!=null)
                queryWrapper.like("name", product.getName()); //按商品名称精确查询
            if(product.getDescription()!=null)
        //按商品描述模糊查询
        queryWrapper.like("description", product.getDescription());
        }
return productMapper.selectList(queryWrapper);//交给映射对象执行查询并返回结果
    }
}
```

服务接口继承了 MyBatis-Plus 提供的 IService<T>接口，而对应的服务实现类继承了MyBatis-Plus 提供的 ServiceImpl<T,U>类，泛型参数中指定了对应实体的映射接口和实现类，从而使构建的服务自带 MyBatis-Plus 内置的一些功能。例如，对于 getById 方法，更重要的是，个性化的业务逻辑代码都集中在实现类中完成，这使得整个项目的层级结构更加清晰。

为了使服务可以被 Spring Boot 扫描到，上述代码在实现类开始前添加了@Service 注解，将服务实例封装到了 Spring Boot 容器中。

完成服务的构建后，就可以在控制器类中直接调用了。新建相应实体的控制器类，完成根据商品标识获取单件商品和根据复杂查询条件获取商品列表的两个控制器方法，参考代码如下。

```
@RestController
public class ProductController {
    @Autowired
    ProductService productService;//自动装配与商品相关的服务
    @PostMapping("/product/getProductList")
    ReturnMessage<List<Product>> getProductList(@RequestBody(required=false)
Product product){
        List<Product> list=productService.getProductList(product);
        return new ReturnMessage<List<Product>>().errCode(0).errMsg("操作成功！").
entity(list);
    }
    @PostMapping("/product/getProductById")
    ReturnMessage<Product> getProductById(@RequestParam(required=false,name=
"productId")Integer productId){
        if(productId==null){
            return new ReturnMessage<Product>().errCode(-1).errMsg("参数错误！");
        }
        Product p=productService.getById(productId);
        if(p==null){
            return new ReturnMessage<Product>().errCode(-2).errMsg("无此商品！");
        }
        return new ReturnMessage<Product>().entity(p).errCode(0).errMsg("操作成功");
    }
}
```

由上述代码可知，控制器只负责接收客户端的请求，并调用相应的服务。保存代码并重启项目后，使用 Postman 在地址栏中输入相应的请求地址，在参数栏中输入相关的参数，观察接口返回的测试结果，如图 5-29 和图 5-30 所示。

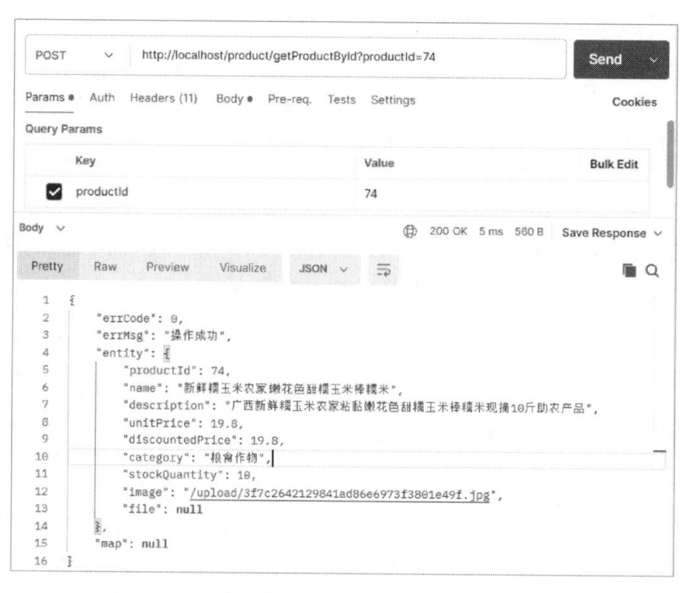

图 5-29　获取指定商品接口返回的测试结果

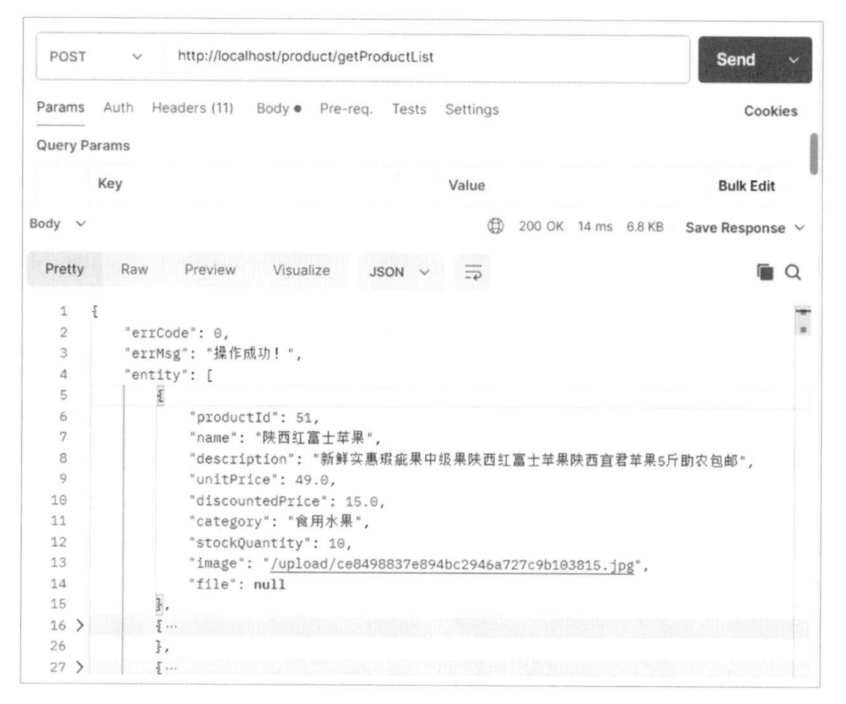

图 5-30　获取商品列表接口返回的测试结果

为了配合在前端主页展示热门销售商品，还需要定制一个获取销量排名靠前的若干商品的访问接口。为此，先在 ProductMapper.java 文件中使用@Select 注解编写一个自定义 SQL 查询的映射接口方法，从数据库中获取销量为前 12 名的商品，然后在 ProductService.java 文件中定义服务接口，并在 ProductServiceImpl.java 文件中调用这个接口的方法，最后新增控制器访问接口。这个完整功能包括的数据模型映射接口的参考代码如下。

```
    //ProductMapper.java文件
    @Select("select products.* from products left join (select product_id,sum
(quantity) as amt from shopping_carts group by product_id order by amt desc
limit 12)a on products.product_id=a.product_id order by amt desc limit 12;")
    List<Product> getTop12();
```

这个完整功能包括的服务接口及其实现类的参考代码如下。

```
//ProductService.java文件
List<Product> getTop12();

    //ProductServiceImpl.java文件
    @Override
    public List<Product> getTop12() {
        return productMapper.getTop10();
    }
```

这个完整功能包括的控制器访问接口的参考代码如下。

```
@PostMapping("/product/getTop12")
    ReturnMessage<List<Product>> getTop12(){
```

```
List<Product> list=productService.getTop12();
return new ReturnMessage<List<Product>>().errCode(0).errMsg("操作成功！").entity
(list);
    }
```

保存并重启服务后，使用 Postman 在地址栏中输入“http://localhost/product/getTop12”，即可获取销量排名前 12 名的商品列表。

2）增加/删除商品

增加商品功能作为系统管理员的常用功能，可以在 PC（个人计算机）端完成，这与传统包含文件等多媒体内容的 multipart/form-data 表单提交的处理方式是一样的，通常会借助第三方文件上传组件。当然，也可以充分使用小程序的云存储功能保存商品图片，以节约开发者服务器的输入/输出和存储成本，同时降低文件上传在程序处理逻辑上的复杂度和安全风险。

以使用程序的云存储功能保存商品图片为例，后端除需要保存商品基本信息外，只需要将图片的云存储地址保存到图片字段中即可，而要保存这种模型对象，直接调用映射方法即可。

同样地，删除商品功能的实现也只需要先传递商品主键，再调用相应的映射方法即可。

因此，只需要在 ProductController 类中增加如下代码，即可增加/删除商品。

```
    @PostMapping("/product/addProduct") //增加商品
    ReturnMessage<Boolean> addProduct(@RequestBody(required=false)Product p){
        Boolean r=true;
        if(p==null){
return new ReturnMessage<Boolean>().errCode(-1).errMsg("参数错误").entity(false);
        }
    //省略鉴权逻辑
    r=productService.save(p);
    return new ReturnMessage<Boolean>().errCode(0).errMsg("操作成功").entity(r);
    }
    @PostMapping("/product/delProduct") //删除商品
    ReturnMessage<Boolean> delProduct(@RequestBody(required=false)Product product){
        Boolean r=true;
        if(product==null){
    return new ReturnMessage<Boolean>().errCode(-1).errMsg("参数错误").entity
(false);
        }
        //省略鉴权逻辑
        r=productService.removeById(product);
        return new ReturnMessage<Boolean>().errCode(0).errMsg("操作成功").entity(r);
    }
```

保存并重启服务后，使用 Postman 增加商品的测试结果、删除商品的测试结果分别如图 5-31 和图 5-32 所示。

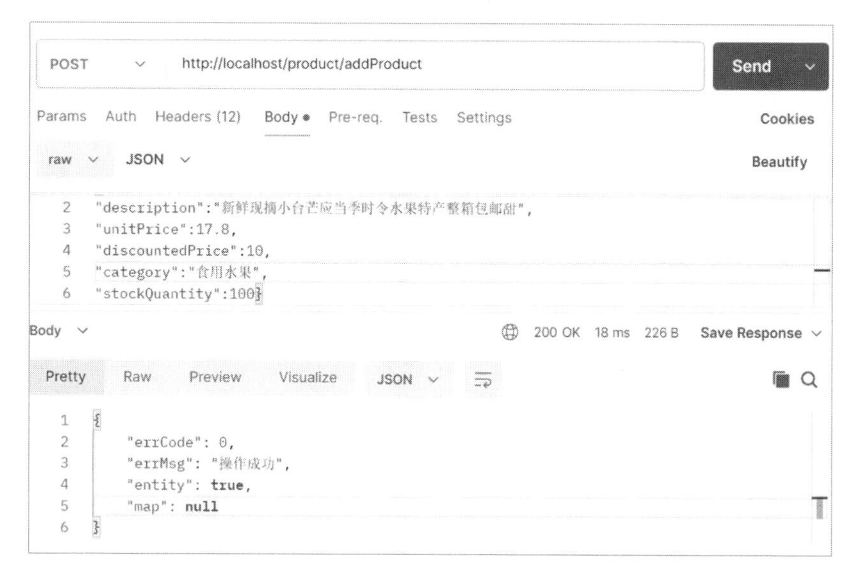

图 5-31　增加商品的测试结果

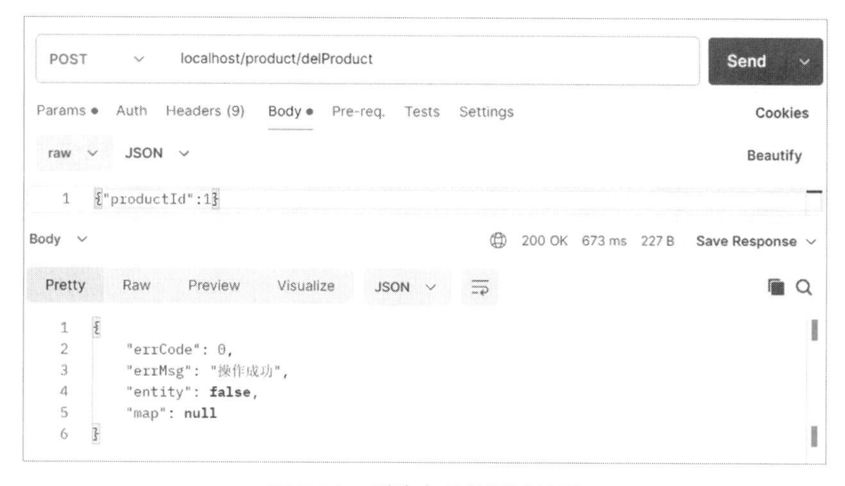

图 5-32　删除商品的测试结果

上述管理商品功能的实现，还未考虑管理权限判断的问题，后续会对此进行补充说明。

4．管理购物车

1）将商品加入购物车

将商品加入购物车涉及的参数包括顾客在开放平台的用户标识、系统中的顾客标识、商品标识及数量，需要进行合理性验证的包括顾客和商品是否存在，以及库存是否满足顾客下单的数量要求。确认请求参数无异常后，需要再次进行判断：如果购物车中原来就存在同一顾客同一商品的未结算项，那么更新数量和下单时间，否则增加购物车项。确认更新或增加成功后，修改库存（或留待结账后修改），并返回该顾客的全部购物车项清单及数量，以便前端显示。为了提示顾客下单成功，还可以向顾客发送同一个主体账号下的公众号模板消息。

将商品加入购物车的流程如图 5-33 所示。

图 5-33　将商品加入购物车的流程

在购物车的 CartController 类中增加控制器方法，并对参数进行验证，参考代码如下。

```
@RestController
public class CartController {
@Autowired
CartService cartService;
    @PostMapping("/cart/addCart")
    public ReturnMessage<Integer> addCart(@RequestBody() HashMap<String,String>
params){
        //对参数进行验证
        int productId=-1;
        int amount=-1;
        String openid=params.get("openid");
        String unionid=params.get("unionid");
        try{
            productId=Integer.parseInt(params.get("productId"));
            amount=Integer.parseInt(params.get("amount"));
        }catch(Exception e){}
        if(openid!=null)openid=openid.replace(" ", "").replace("'", "");
        if(unionid!=null)unionid=unionid.replace(" ", "").replace("'", "");
        if(productId==-1||amount==-1||(StringUtils.isNullOrEmpty(openid)&
&StringUtils.isNullOrEmpty(unionid))){
            return new ReturnMessage<Integer>().errCode(-1).errMsg("参数错误！");
        }
        return cartService.addCart(productId, openid, unionid, amount);
    }
}
```

在 CartService.java 文件中增加将商品加入购物车的接口，并在 CartServiceImpl.java 文件中实现这个接口，参考代码如下。

```
//CartService.java文件
ReturnMessage<Integer> addCart(Integer productId,String openid,String unionid,
Integer amount);
//CartServiceImpl.java文件
    @Autowired
    AuthService authService;      //进行用户鉴权
    @Autowired
    CartMapper cartMapper;        //增加和查询购物车项
    @Autowired
    ProductMapper productMapper; //查询和更新库存
    @Autowired
    ApiTools apiTools;
```

```
    @Override
    public ReturnMessage<Integer> addCart(Integer productId, String openid, String
unionid,Integer amount ) {
        //验证顾客身份
        ReturnMessage<Customer> rm = authService.login(openid, unionid, null);
        if (rm.getErrCode() == 0) {
            Customer customer = rm.getEntity();
                    //验证商品库存
                    Product p = productMapper.selectByPrimaryKey(productId);
        if (p == null)
        return new ReturnMessage<Integer>().errCode(-3).errMsg("库存无所选商品");
        if (p.getStockQuantity() < amount)
return new ReturnMessage<Integer>().errCode(-4).errMsg("所选商品已售罄或库存不足");
            Float price = p.getDiscountedPrice();          //获取售价
            int n=0;                                        //更新购物车项
            Date now=Calendar.getInstance().getTime();    //定义当前时间
QueryWrapper<Cart> queryWrapper=new QueryWrapper<Cart>(); //构造查询条件
queryWrapper.eq("product_id", productId)
.eq("customer_id", customer.getCustomerId())
.eq("transaction_status",0);
            Cart cart=cartMapper.selectOne(queryWrapper);
            if(cart!=null){//若购物车中已存在同一顾客同一商品的未结算项，则更新数量和时间
                cart.setQuantity(cart.getQuantity()+amount);
                cart.setTransactionTime(now);
                n=cartMapper.updateById(cart);
            }else { //否则增加购物车项
                cart=new Cart();                            //新建购物车项
                cart.setCustomerId(customer.getCustomerId());
                cart.setProductId(productId);
                cart.setQuantity(amount);
                cart.setUnitPrice(price);
                cart.setTransactionTime(now);
cart.setTransactionStatus(0);
                n = cartMapper.insert(cart);                // 加入购物车
            }
            if (n > 0) {
//更新库存，可以在结账后更新
//p.setStockQuantity(p.getStockQuantity() - amount);     // 减少库存
//productMapper.updateById(p);                            // 更新库存
//此处待插入对发送模板消息函数的调用内容
Integer ret=cartMapper.getCartCounts(customer.getCustomerId());//获取购物车项的数量
return new ReturnMessage<Integer>().errCode(0).errMsg("操作成功！").entity(ret);
            } else {
    return new ReturnMessage<Integer>().errCode(-5).errMsg("操作失败！");
            }
} else {
    return new ReturnMessage<Integer>().errCode(-2).errMsg("认证失败！");
```

```
}
}
```

上述代码是根据将商品加入购物车的流程编写的核心代码。其中，统计已加入购物车的商品数量是对购物车项数量的累加和，而非计数和。为了统计这个累加和，可以在CartMapper.java文件中使用@Select注解增加一个专门的统计接口，参考代码如下。

```
@Select("select ifnull(sum(quantity),0) from shopping_carts where customer_id=
#{customerId}")
    int getCartCounts(Integer customerId);
```

上述代码使用了MySQL的ifnull函数，当没有挑选任何商品时，统计结果为空，此时将其数量设置为0。

有了这个统计接口，就可以在上述核心代码中直接调用，以实现累加和功能。当然，Java提供的对集合对象的流处理函数，也可以满足对查询结果列表按指定字段进行统计的需要。因此，即使不使用上述接口，也可以直接使用如下代码实现累加和功能。

```
QueryWrapper<Cart> query=new QueryWrapper<Cart>();
query.eq("customer_id", customer.getCustomerId());
Integer ret=cartMapper.selectList(query).stream().collect(Collectors.summingInt
(Cart::getQuantity));
```

可以使用Postman或在小程序中增加一个点击事件，测试将商品加入购物车的功能，参考代码如下。

```
 test:function(){
   wx.request({
     url: 'http://localhost/cart/addCart',
     method:'POST',
     data:{productId:2,openid:wx.getStorageSync('openid'),amount:2},
     success:res=>{console.log(res)},
     fail:err=>{console.log(err)}
   })
 },
```

上述代码假设当前登录用户增加2件2号商品到购物车中，可以适当调整测试参数的值，以实现对加入购物车功能接口的多种场景测试，客户端的响应结果如图5-34所示。

```
▼{data: {…}, header: {…}, statusCode: 200, cookies: Array(0), errMsg: "request:ok"}
  ▶cookies: []
  ▼data:
     entity: null
     errCode: -2
     errMsg: "认证失败！"
     map: null
   ▶__proto__: Object
  errMsg: "request:ok"
```

（a）未绑定身份时增加购物车项的客户端的响应结果

图5-34　加入购物车功能接口的多种场景测试的客户端的响应结果

```
▼{data: {…}, header: {…}, statusCode: 200, cookies: Array(0), errMsg: "request:ok"}
 ▶cookies: []
 ▼data:
   entity: null
   errCode: -4
   errMsg: "所选商品已售罄或库存不足"
   map: null
  ▶__proto__: Object
 errMsg: "request:ok"
```

（b）商品已售罄或库存不足时增加购物车项的客户端的响应结果

```
▼{data: {…}, header: {…}, statusCode: 200, cookies: Array(0), errMsg: "request:ok"}
 ▶cookies: []
 ▼data:
   entity: null
   errCode: -3
   errMsg: "库存无所选商品"
   map: null
  ▶__proto__: Object
 errMsg: "request:ok"
```

（c）无此商品时增加购物车项的客户端的响应结果

```
▼{data: {…}, header: {…}, statusCode: 200, cookies: Array(0), errMsg: "request:ok"}
 ▶cookies: []
 ▼data:
   entity: 2
   errCode: 0
   errMsg: "操作成功！"
   map: null
  ▶__proto__: Object
 errMsg: "request:ok"
```

（d）可正常加入购物车时增加购物车项的客户端的响应结果

图 5-34　加入购物车功能接口的多种场景测试的客户端的响应结果（续）

2）发送模板消息

为了实现公众号模板消息的提醒功能，上述核心代码可以在实现更新库存后，即在 productMapper.updateById(p)后添加一个发送公众号消息的方法，这个方法根据逻辑分类归属于 ApiTools 类，这是因为它涉及与开放接口的交互。

在 ApiTools 类中声明这个方法之前，需要在公众号后台配置模板内容，并获取模板 ID，公众号后台如图 5-35 所示。

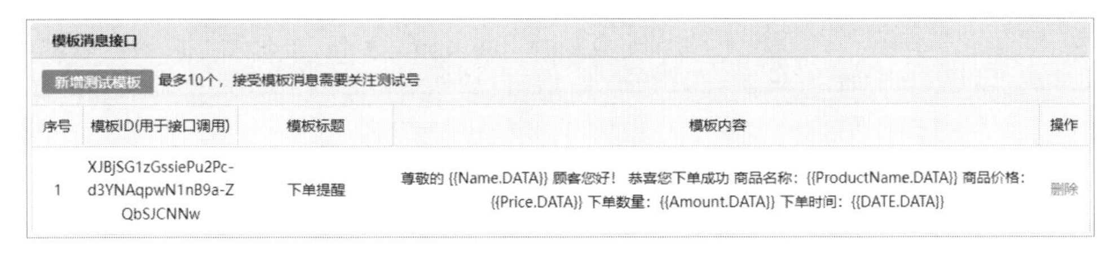

模板消息接口

新增测试模板　最多10个，接受模板消息需要关注测试号

序号	模板ID(用于接口调用)	模板标题	模板内容	操作
1	XJBjSG1zGssiePu2Pc-d3YNAqpwN1nB9a-ZQbSJCNNw	下单提醒	尊敬的 {{Name.DATA}} 顾客您好！ 恭喜您下单成功 商品名称：{{ProductName.DATA}} 商品价格：{{Price.DATA}} 下单数量：{{Amount.DATA}} 下单时间：{{DATE.DATA}}	删除

图 5-35　公众号后台

把这个模板 ID，连同公众号标识和密钥一起保存到项目的 application.yml 文件中，以便在程序中使用@Value 注解将这些信息注入变量。application.yml 文件的部分参考代码如下。

```
weixin_appid: 'wx4814cc781**'
```

```
weixin_appsecret: '98b0b1103c7a8a***'
weixin_template_id: 'XJBjSG1zGssiePu2Pc-d3YNAqpwN1nB9a-ZQbSJCNNw'
```

为了避免与小程序标识和密钥混淆，公众号标识、密钥及模板 ID 的变量名加上了前缀 weixin_以示区别。

由于发送公众号模板消息需要使用访问令牌，因此，下面参考获取小程序访问令牌的方法，在 ApiTools 类中增加获取公众号访问令牌的方法，参考代码如下。

```
//获取公众号访问令牌（与获取小程序访问令牌的方法类似，只是标识和密钥不同）
@Value("${weixin_appid}")                    //获取公众号标识
String weixin_appid;
@Value("${weixin_appsecret}")                //获取公众号密钥
String weixin_appsecret;
private String getWeixin_Access_Token(){  //获取公众号访问令牌
String token=redisTemplate.opsForValue().get("WeiXin_Access_Token");//从Redis中取出
    if(token==null){//若访问令牌为空则将访问令牌保存到Redis中
        JSONObject json=getAccess_Token(weixin_appid,weixin_appsecret);
        if(json.getInteger("errcode")==null||json.getInteger("errcode")==0){
            token=json.getString("access_token");
redisTemplate.opsForValue().set("WeiXin_Access_Token", token, json.getLongValue
("expires_in"),TimeUnit.SECONDS);
            }else{
                System.out.println(json);
            }
        }
        return token;
}
```

完成上述准备，下面在 ApiTools 类中实现发送模板消息的方法，参考代码如下。

```
@Value("${weixin_template_id}")
String weixin_template_id;
public void sendCartTemplateMessage(String touser,String name,String productname,
int amount,double price,Date time){
        String url="https://api.weixin.qq.com/cgi-bin/message/template/
send?access_token=ACCESS_TOKEN";
        url=url.replace("ACCESS_TOKEN", getWeixin_Access_Token());
        JSONObject params=new JSONObject();
        params.put("touser", touser);
        params.put("template_id", weixin_template_id);
        JSONObject data=new JSONObject();
        //商品名称：{{ProductName.DATA}} 商品价格：{{Price.DATA}} 下单数量：{{Amount.
DATA}} 下单时间：{{DATE.DATA}}
        data.put("Name", JSONObject.parseObject("{\"value\":\""+name+"\",
\"color\":\"#173177\"}"));
        data.put("ProductName", JSONObject.parseObject("{\"value\":
\""+productname+"\"}"));
        //格式化价格
```

```
        DecimalFormat df=new DecimalFormat("0.00");
        data.put("Price", JSONObject.parseObject("{\"value\":\""+df.format
(price)+"\"}"));     data.put("Amount", JSONObject.parseObject("{\"value\":
\""+amount+"\"}"));
        data.put("DATE", JSONObject.parseObject("{\"value\":\""+time.
toLocaleString()+"\"}"));
        params.put("data", data);
        System.out.println(params);
        System.out.println(post(url,params.toJSONString()));
}
```

实现公众号发送模板消息的方法后，即可在商品加入购物车的核心代码中调用这个方法，调用格式如下。

```
apiTools.sendCartTemplateMessage(customer.getWechatId(),customer.getName(),
p.getName(), amount, price, now);
```

保存代码并重启服务，当将商品成功加入购物车时，系统将向公众号发送一条模板消息，公众号接收的模板消息如图5-36所示。

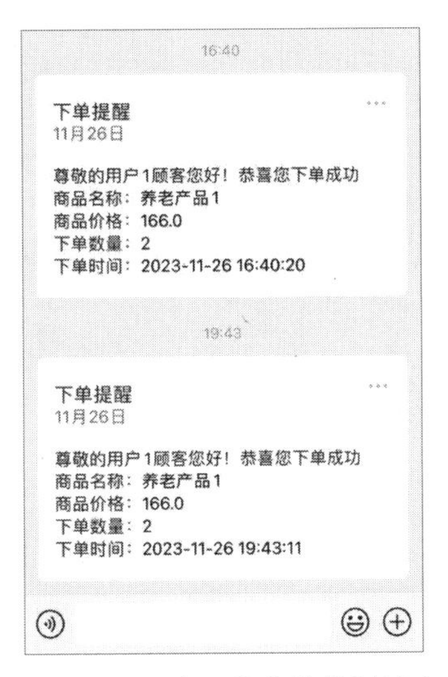

图5-36　公众号接收的模板消息

至此，前端就可以访问控制器接口请求地址/cart/addCart，并提供相应的参数实现将商品加入购物车的操作了。

3）获取购物车列表

客户端需要获取指定顾客未结账的购物车项，包括每个购物车项下的购物信息和对应的商品信息，而现有的购物车实体类缺少了商品名称、单价、图片等信息，商品实体类也缺少了购物车项数量等信息。为了能够让购物车项作为完整的视图对象被客户端解析，可以新建一个从购物车实体类中扩展出来的CartVO类，把客户端需要而原本的购物车实体类没有的商品名称、图片等信息添加进来。CartVO类的参考代码如下。

```
public class CartVO extends Cart implements Serializable{
```

```
private static final long serialVersionUID = 1L;
    private String name;
    private String description;
    private String category;
    private Integer stockQuantity;
    private String image;
//省略CartVO类的setters方法和getters方法
}
```

在 CartMapper.java 文件中使用@Select 注解增加一个查询接口，参考代码如下。

```
@Select("select shopping_carts.*,products.`name`,products.category,products.
description,products.image from shopping_carts left join products on shopping_
carts.product_id=products.product_id where customer_id=#{customer_id} and
transaction_status=0")
    List<CartVO> getCart(Integer customer_id);
```

在 CartService.java 文件及 CartServiceImpl.java 文件中实现获取指定顾客的购物车列表，参考代码如下。

```
//CartService.java文件
ReturnMessage<List<CartVO>> getCart(String openid,String unionid);
//CartServiceImpl.java文件
@Override
public ReturnMessage<List<CartVO>> getCart(String openid, String unionid) {
    ReturnMessage<Customer> rm = authService.login(openid, unionid, null);
    if(rm.getErrCode()==0){
        Customer customer=rm.getEntity();
        List<CartVO> cart=cartMapper.getCart(customer.getCustomerId());
return new ReturnMessage<List<CartVO>>().errCode(0).errMsg("操作成功！").entity
(cart);
    }else{
        return new ReturnMessage<List<CartVO>>().errCode(-2).errMsg("认证失败！");
    }
}
```

在 CartController 类中增加获取指定顾客的购物车列表的控制器方法，参考代码如下。

```
@PostMapping("/cart/getCart")
public ReturnMessage<List<CartVO>> getCart(@RequestBody() HashMap<String,String>
params){
    String openid=params.get("openid");
    String unionid=params.get("unionid");
    if(openid!=null)openid=openid.replace(" ", "").replace("'", "");
    if(unionid!=null)unionid=unionid.replace(" ", "").replace("'", "");
    if(StringUtils.isNullOrEmpty(openid)&&StringUtils.isNullOrEmpty(unionid)){
      return new ReturnMessage<List<CartVO>>().errCode(-1).errMsg("参数错误！");
    }
    return cartService.getCart(openid, unionid);
}
```

在小程序中使用点击事件测试上述以/cart/getCart 为接口地址获取购物车项的功能接口，可以输出顾客的全部未结账购物车项，参考代码如下。

```
  test:function(){
    wx.request({
      url: 'http://localhost/cart/getCart',
      method:'POST',
data:{openid:wx.getStorageSync('openid')},
      success:res=>{console.log(res)},
      fail:err=>{console.log(err)}
    })
  },
```

获取指定顾客的购物车列表的结果如图 5-37 所示。

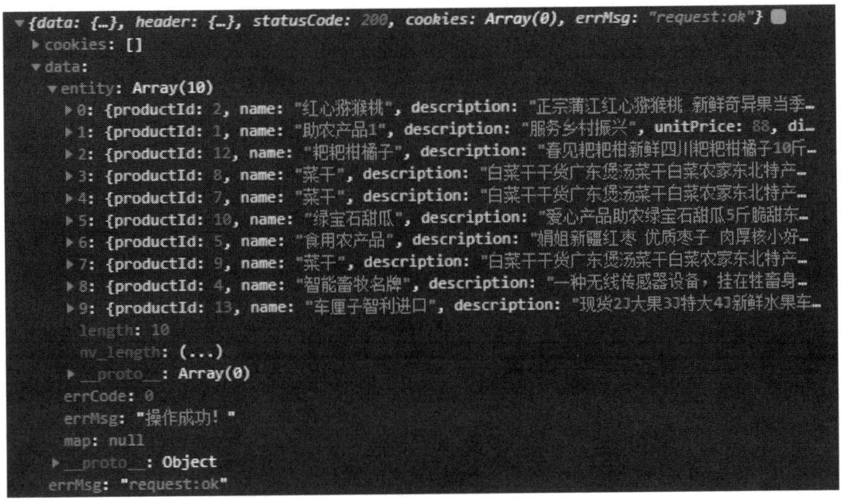

```
▼{data: {…}, header: {…}, statusCode: 200, cookies: Array(0), errMsg: "request:ok"}
  ▶cookies: []
  ▼data:
    ▼entity: Array(10)
      ▶0: {productId: 2, name: "红心猕猴桃", description: "正宗蒲江红心猕猴桃 新鲜奇异果当季…
      ▶1: {productId: 1, name: "助农产品1", description: "服务乡村振兴", unitPrice: 88, di…
      ▶2: {productId: 12, name: "耙耙柑橘子", description: "春见耙耙柑新鲜四川耙耙柑橘子10斤…
      ▶3: {productId: 8, name: "菜干", description: "白菜干干货广东煲汤菜干白菜农家东北特产…
      ▶4: {productId: 7, name: "菜干", description: "白菜干干货广东煲汤菜干白菜农家东北特产…
      ▶5: {productId: 10, name: "绿宝石甜瓜", description: "爱心产品助农绿宝石甜瓜5斤脆甜东…
      ▶6: {productId: 5, name: "食用农产品", description: "娟姐新疆红枣 优质枣子 肉厚核小好…
      ▶7: {productId: 9, name: "菜干", description: "白菜干干货广东煲汤菜干白菜农家东北特产…
      ▶8: {productId: 4, name: "智能畜牧名牌", description: "一种无线传感器设备，挂在牲畜身…
      ▶9: {productId: 13, name: "车厘子智利进口", description: "现货2J大果3J特大4J新鲜水果车…
       length: 10
       nv_length: (...)
      ▶__proto__: Array(0)
     errCode: 0
     errMsg: "操作成功！"
     map: null
    ▶__proto__: Object
   errMsg: "request:ok"
```

图 5-37　获取指定顾客的购物车列表的结果

在上述示例中，CartVO 类继承了 Cart 类，拥有 Cart 类的所有非私有属性和方法，同时补充了 Product 类中的部分客户端需要的商品属性。

4）修改/删除购物车项

顾客可以在购物车列表中查看自己挑选的商品，并修改购物车列表中任意商品意向购买的数量，包括增加（不能超过该商品库存）或减少。减少后，购物车项的数量为 0 时，进行删除购物车项处理。

在 CartService.java 文件中增加接口，传入购物车项标识、顾客标识和修改数量（可以是负数，表示减少），返回修改后购物车项的数量，当修改失败时返回 0。CartService.java 文件和 CartServiceImpl.java 文件的参考代码如下。

```
//CartService.java文件
ReturnMessage<Integer> modifyCart(String openid,String unionid,int cartId,int
amount);
```

```
    //CartServiceImpl.java文件
    @Override
public ReturnMessage<Integer> modifyCart(String openid, String unionid, int
cartId, int amount) {
        ReturnMessage<Customer> rm=authService.login(openid, unionid, null);
            if(rm.getErrCode()!=0){
    return new ReturnMessage<Integer>().errCode(-2).errMsg("认证失败！").entity(0);
        }else{
            Cart cart=cartMapper.selectById(cartId);
            //如果购物车项不存在或购物车项不属于登录用户
            if(cart==null||!cart.getCustomerId().equals(rm.getEntity().
getCustomerId())){
    return new ReturnMessage<Integer>().errCode(-3).errMsg("无此购物车项").entity
(0);
            }
            int new_amount=cart.getQuantity()+amount;
            Product product=productMapper.selectById(cart.getProductId());
            //库存异常，或不存在商品，或库存不足，或减少后数量为负数
            if(product==null||new_amount>product.getStockQuantity()||new_amount<0){
    return new ReturnMessage<Integer>().errCode(-4).errMsg("库存异常").entity(0);
            }
            //减少后，如果购物车项的数量为0，那么无须保留该购物车项，可以直接删除它
            if(new_amount==0){
                cartMapper.deleteById(cart);
            }else{
                cart.setQuantity(new_amount);//修改数量
                cartMapper.updateById(cart); //更新数据库
            }
        //重新获取数量
        int n=cartMapper.getCartCounts(rm.getEntity().getCustomerId());
    return new ReturnMessage<Integer>().errCode(0).errMsg("操作成功").entity(n);
        }
    }
```

在 CartController 类中增加访问服务的控制器方法，完成对客户端请求参数的合法性校验后，直接调用上述服务，参考代码如下。

```
@PostMapping("/cart/modifyCart")//修改购物车项的数量
public ReturnMessage<Integer> modifyCart(@RequestBody() HashMap<String,String>
params){
        String openid=params.get("openid");
        String unionid=params.get("unionid");
        int cartId=-1,amount=-1;
        try{
            cartId=Integer.parseInt(params.get("cartId"));
            amount=Integer.parseInt(params.get("amount"));
        }catch(Exception e){}
        if(openid!=null)openid=openid.replace(" ", "").replace("'", "");
```

```
        if(unionid!=null)unionid=unionid.replace(" ", "").replace("'", "");
    if(StringUtils.isNullOrEmpty(openid)&&StringUtils.isNullOrEmpty(unionid)||ca
rtId==-1||amount==-1){
            return new ReturnMessage<Integer>().errCode(-1).errMsg("参数错误！");
        }
        return cartService.modifyCart(openid, unionid, cartId, amount);
    }
```

后续将在前端应用中通过请求地址/cart/modifyCart 访问控制器接口，完成相应的操作。

至此，完成了后端主要业务功能代码的编写，基本实现了电子商城小程序系统的核心业务。为了便于前端页面调用这些业务功能接口，根据接口四要素，上述项目主要接口及对应要素如表 5-1 所示。

表 5-1 项目主要接口及对应要素

<table>
<tr><td rowspan="3">顾客登录</td><td>请求地址</td><td>/customer/login</td><td>请求方法</td><td>POST</td></tr>
<tr><td>请求参数</td><td colspan="3">JSON:
{"openid":"用户标识","unionid":"联合标识","code":"临时码"}</td></tr>
<tr><td>返回结果</td><td colspan="3">JSON:
{"errCode":返回码,"errMsg":"返回文本","entity":(Customer 类转 JSON 对象),"map":{"扩展键 1":"值 1",...}}</td></tr>
<tr><td rowspan="3">绑定用户信息</td><td>请求地址</td><td>/customer/bind</td><td>请求方法</td><td>POST</td></tr>
<tr><td>请求参数</td><td colspan="3">JSON:
{"code":"临时码","name":"姓名","gender":"性别","phone_number":"联系电话","address":"收货地址","postal_code":"邮政编码","avatar":"头像链接","nickname":"昵称"}</td></tr>
<tr><td>返回结果</td><td colspan="3">JSON:
{"errCode":返回码,"errMsg":"返回文本","entity":(Customer 类转 JSON 对象),"map":{"扩展键 1":"值 1",...}}</td></tr>
<tr><td rowspan="3">获取商品列表</td><td>请求地址</td><td>/product/getProductList</td><td>请求方法</td><td>POST</td></tr>
<tr><td>请求参数</td><td colspan="3">JSON:
(Product 类转 JSON 对象，可作为筛选条件)</td></tr>
<tr><td>返回结果</td><td colspan="3">JSON:
{"errCode":返回码,"errMsg":"返回文本","entity":(Product 类数组转 JSON 数组),"map":{"扩展键 1":"值 1",...}}</td></tr>
<tr><td rowspan="3">获取指定商品</td><td>请求地址</td><td>/product/getProductById</td><td>请求方法</td><td>POST</td></tr>
<tr><td>请求参数</td><td colspan="3">JSON:
{"productId":"商品标识"}</td></tr>
<tr><td>返回结果</td><td colspan="3">JSON:
{"errCode":返回码,"errMsg":"返回文本","entity":(Product 类转 JSON 对象),"map":{"扩展键 1":"值 1",...}}</td></tr>
<tr><td rowspan="3">销量为前 12 名的商品</td><td>请求地址</td><td>/product/getTop12</td><td>请求方法</td><td>POST</td></tr>
<tr><td>请求参数</td><td colspan="3">无</td></tr>
<tr><td>返回结果</td><td colspan="3">JSON:
{"errCode":返回码,"errMsg":"返回文本","entity":(Product 类数组转 JSON 数组),"map":{"扩展键 1":"值 1",...}}</td></tr>
</table>

续表

<table>
<tr><td rowspan="3">增加商品</td><td>请求地址</td><td>/product/addProduct</td><td>请求方法</td><td>POST</td></tr>
<tr><td>请求参数</td><td colspan="3">(Product 类转 JSON 对象)</td></tr>
<tr><td>返回结果</td><td colspan="3">JSON:
{"errCode":返回码,"errMsg":"返回文本","entity":true 或 false,"map":{"扩展键 1":"值 1",...}}</td></tr>
<tr><td rowspan="3">删除商品</td><td>请求地址</td><td>/product/delProduct</td><td>请求方法</td><td>POST</td></tr>
<tr><td>请求参数</td><td colspan="3">(Product 类转 JSON 对象)</td></tr>
<tr><td>返回结果</td><td colspan="3">JSON:
{"errCode":返回码,"errMsg":"返回文本","entity":true 或 false,"map":{"扩展键 1":"值 1",...}}</td></tr>
<tr><td rowspan="3">将商品加入购物车</td><td>请求地址</td><td>/cart/addCart</td><td>请求方法</td><td>POST</td></tr>
<tr><td>请求参数</td><td colspan="3">JSON:
{"productId":商品标识,"amount":数量,"openid":"用户标识","unionid":"联合标识"}</td></tr>
<tr><td>返回结果</td><td colspan="3">JSON:
{"errCode":返回码,"errMsg":"返回文本","entity":购物车项的数量,"map":{"扩展键 1":"值 1",...}}</td></tr>
<tr><td rowspan="3">获取购物车列表</td><td>请求地址</td><td>/cart/getCart</td><td>请求方法</td><td>POST</td></tr>
<tr><td>请求参数</td><td colspan="3">JSON:
{"openid":"用户标识","unionid":"联合标识"}</td></tr>
<tr><td>返回结果</td><td colspan="3">JSON:
{"errCode":返回码,"errMsg":"返回文本","entity":（CartVO 类数组转 JSON 数组）,"map":{"扩展键 1":"值 1",...}}</td></tr>
<tr><td rowspan="3">修改购物车项</td><td>请求地址</td><td>/cart/modifyCart</td><td>请求方法</td><td>POST</td></tr>
<tr><td>请求参数</td><td colspan="3">{
"cartId":购物车标识,"amount":数量,
"openid":"用户标识","unionid":"联合标识"
}</td></tr>
<tr><td>返回结果</td><td colspan="3">JSON:
{"errCode":返回码,"errMsg":"返回文本","entity":购物车项的数量,"map":{"扩展键 1":"值 1",...}}</td></tr>
</table>

接下来将根据上述知识，继续介绍如何实现前端页面。

5.2.4 前端页面实现

下面使用微信开发者工具创建小程序，以创建 JS-基础模板为例，可以使用测试号，也可以使用正式号。使用测试号的“创建小程序”界面如图 5-38 所示。

小程序有 4 个主要的 Tab 页，分别为首页、商品分类页、购物车页、个人中心页（即“我的”页面）。

首页用于推荐热门商品，可以根据营销策略、顾客喜好、区域商圈等设计不同的版面；商品分类页用于按商品分类罗列商品列表供顾客挑选，允许登录用户将商品加入购物车，并修改底部的 tabBar 组件中“购物车”图标右上方的数值，表示顾客选购的商品总数量；购物车页用于罗列顾客已经挑选的商品，支持选择购物车项后计算总价并结账；个人中心页用于显示顾客绑定信息及购物记录等。要展示商品详情，可以增加一个商品详情页，用于显示商品详情和顾客评论等。

小程序 4 个主要 Tab 页的显示效果如图 5-39 所示。

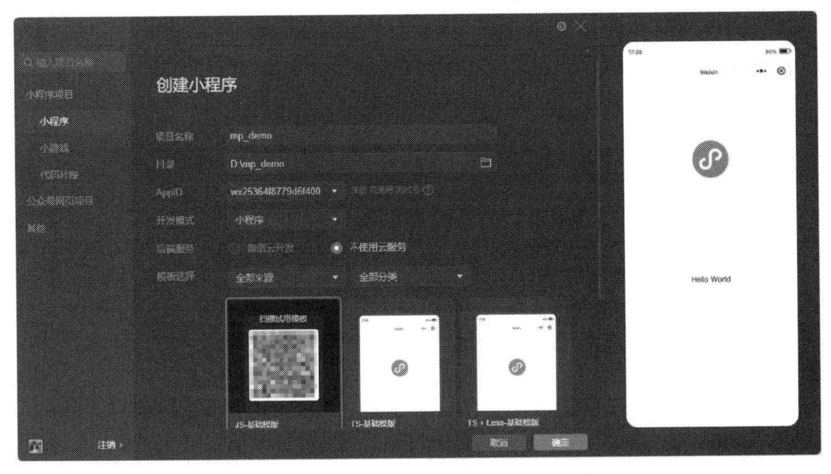

图 5-38　使用测试号的“创建小程序”界面“创建小程序”界面

图 5-39　小程序 4 个主要 Tab 页的显示效果

在 pages 目录下建立 5 个目录，分别为 index、list、cart、me、detail，并在这 5 个目录下创建对应的同名页面文件。为了实现底部的 tabBar 组件，在 app.json 文件中配置如下代码。

```
{
  "pages": [
    "pages/index/index",
    "pages/list/list",
    "pages/cart/cart",
    "pages/me/me",
    "pages/detail/detail"
  ],
  "window": {
    "backgroundTextStyle": "light",
```

```
    "navigationBarBackgroundColor": "#fff",
    "navigationBarTitleText": "Weixin",
    "navigationBarTextStyle": "black"
  },
  "tabBar": {
    "list": [{
        "pagePath": "pages/index/index",
        "text": "首页",
        "iconPath": "images/index.png",
        "selectedIconPath": "images/index_sel.png"
      },
      {
        "pagePath": "pages/list/list",
        "text": "分类",
        "iconPath": "images/list.png",
        "selectedIconPath": "images/list_sel.png"
      },
      {
        "pagePath": "pages/cart/cart",
        "text": "购物车",
        "iconPath": "images/cart.png",
        "selectedIconPath": "images/cart_sel.png"
      },
      {
        "pagePath": "pages/me/me",
        "text": "我的",
        "iconPath": "images/me.png",
        "selectedIconPath": "images/me_sel.png"
      }
    ],
    "color": "#6b6e70",
    "selectedColor": "#50b1e4",
    "backgroundColor": "#ebf2f7"
  },
  "style": "v2",
  "sitemapLocation": "sitemap.json"
}
```

在上述 app.json 文件中，pages 配置项用于配置小程序页面，window 配置项用于配置全局窗口样式，tabBar 配置项用于配置底部导航图标，其中用到的图标文件（每个 tabBar 组件都包括激活状态和未激活状态两种样式），可以从开放网站上下载或自行设计，应放在 images 目录下；color 属性用于设置 tabBar 组件下方文字的默认颜色，selectedColor 属性用于设置选中时的颜色，backgroundColor 属性用于设置背景颜色。

小程序在初始化时执行 app.js 文件中的 onLaunch 函数，对于上述示例，需要执行登录操作获取用户已绑定信息，并获取被选入购物车的商品及其数量，以及通过 wx.setTabBarBadge({})

接口将购物车项的数量显示在底部的 tabBar 组件中“购物车”图标右上方。app.js 文件的参考代码如下。

```
// app.js文件
App({
onLaunch() {
  wx.setTabBarBadge({index: 2,text: '0'});//初始化购物车项的数量
  wx.setStorageSync("tabBarBadge", 0);
  wx.login({ //执行登录操作
    success: res => {
      wx.showLoading({title: '登录中…'})
      wx.request({ //向后台发送登录请求
        url: this.globalData.serverUrl+'/customer/login',
        method:'POST',
        data:{'code':res.code},
        success:(res)=>{
          if(res.data.errCode==0){//如果登录成功
            var openid=res.data.entity.miniProgramId;
            var unionid=res.data.entity.unionId;
          //将用户标识保存到客户端存储器中
          if(openid!=null)wx.setStorageSync('openid', openid)
            if(unionid!=null)wx.setStorageSync('unionid', unionid)
            this.globalData.userInfo=res.data.entity;//将用户信息保存到全局变量中
            console.log(this.globalData.userInfo)
            wx.showLoading({title: '获取已选商品中…'})
            wx.request({//向后台请求获取购物车项
              url: this.globalData.serverUrl+'/cart/getCart',
              method:'POST',
data:{'openid':this.globalData.userInfo.miniProgramId,'unionid':this.globalData.
userInfo.unionId},
              success:(res)=>{
                if(res.data.errCode==0){
                  wx.setStorageSync('cart', res.data.entity)//将购物车信息保存到存储器中
//循环累加购物车项的数量并更新底部的tabBar组件
var sum=res.data.entity.reduce((prev,cur,index,arr)=>{return prev+cur.quantity;},0);
                  wx.setTabBarBadge({index: 2,text: sum+''})
                  wx.setStorageSync('tabBarBadge', sum) //将购物车项的数量保存到存储器中
                  wx.hideLoading();
                }
              },
            fail:(err)=>{console.log(err);wx.showToast({title:'请求数据异常',icon:
'error'});},
            })
          }else{
            wx.hideLoading();
          }
```

```
        },
        fail:(err)=>{console.log(err);wx.showToast({title:'请求数据异常',icon:'error'});},
      })
    },
    fail:(err)=>{console.log(err);wx.showToast({title:'请求数据异常',icon:'error'});},
  })
},
globalData: {//定义全局变量
    userInfo: null,
    serverUrl:'http://localhost'
  }
})
```

程序初始化后，将已绑定的用户信息保存到全局变量中，并将已绑定的用户的购物车信息保存到本地存储器中。在未完成个人中心页绑定用户信息的情况下，可以先手动在数据库的 customers 表中增加一条测试数据，其中小程序标识可以通过控制台输出获取。

下面将按首页、购物车页、商品分类页、个人中心页的设计要求，实现这些前端页面。

1. 首页实现

1）推荐商品

首页作为程序展示的第一个页面，根据营销策略可以从后台获取指定参数的商品进行展示。本示例简化为选择销量为前 12 名的商品进行展示。

为了显示个性化，这里将首页顶部的导航栏设置成与其他页面不同的搜索栏，即自定义顶部的导航栏，在 index.json 文件中进行如下设置。

```
{ "navigationStyle": "custom"}
```

为此，需要在页面标签中增加搜索栏，且其高度应与默认的顶部导航栏相似，尽量与小程序右上方的“胶囊”按钮持平。为了避免不同的终端型号显示上出现差异，需要对其位置进行动态适配。为此，将搜索栏与手机顶部的距离设置为页面级的动态属性值，在 index.wxml 文件中对搜索栏的标签节点进行如下声明。

```
<!--index.wxml文件-->
<!--搜索栏-->
<view class="searchBox" style="top:{{scrolltop}}px;height:{{top+46}}px;">
  <view style="display:flex;margin-top:{{top}}px;" class="search">
    <icon type='search'></icon>
    <input confirm-type="search" bindconfirm="search" type="text" placeholder="输
入搜索关键字" />
  </view>
</view>
```

在 index.js 文件中，通过 wx.getMenuButtonBoundingClientRect({})接口获取小程序右上方的“胶囊”按钮，在 onLoad 函数中使用 setData 函数让搜索栏样式中的 top 属性的值等于“胶囊”按钮的 top 属性的值，参考代码如下。

```
this.setData({top:wx.getMenuButtonBoundingClientRect().top});
```

为了支持页面垂直滚动时搜索栏所在盒子也能被动态地移动到顶部，应先在 onPageScroll 函数中获取当前页面滚动位置与屏幕顶端的距离，再通过 setData 函数给盒子样式的 top 属性赋值，参考代码如下。

```
onPageScroll:function(e){
    this.setData({scrolltop:e.scrollTop})
 },
```

本示例在设计上将首页的 12 种推荐商品分为 3 类展示方式，即上方使用轮播图展示 4 种商品、中间使用横幅栏展示 4 种商品，底部使用广告卡片展示 4 种商品。为此，分别声明 3 个页面级变量，用于存放从后端请求获取的推荐商品。在 index.js 文件中，获取推荐商品的参考代码如下。

```
// index.js文件
const app = getApp()      // 获取应用实例
Page({
data: {
top:96,
scrolltop:0,
    swiper_data:[],         //轮播图部分
    banner_data:[],         //横幅栏部分
   card_data:[],            //广告卡片部分
   serverUrl:app.globalData.serverUrl
  },
  onLoad() {
    this.setData({top:wx.getMenuButtonBoundingClientRect().top});
    this.getTop12();        //调用获取推荐商品的函数
  },
  getTop12:function(){
   wx.showLoading({title: '获取推荐商品中'})
    wx.request({
      method:'POST',
      url: app.globalData.serverUrl+'/product/getTop12',
      success:res=>{
        console.log(res.data.entity)
        //swiper_data(0-4)
        var data=res.data.entity,swiper_data=[],banner_data=[],card_data=[];
        for(var i=0;i<(data.length>4?4:data.length);i++){
          swiper_data.push(data[i]);
        }
        //banner_data(4-8)
        for(var i=4;i<(data.length>8?8:data.length);i++){
          banner_data.push(data[i]);
        }
        //adv_data(8-12)
        for(var i=8;i<(data.length>12?12:data.length);i++){
          card_data.push(data[i]);
```

```
        }
this.setData({swiper_data:swiper_data,banner_data:banner_data,card_data:card_data})
      },
      fail:(err)=>{console.log(err)},
      complete:()=>{wx.hideLoading();}
})
 },
```

为了在页面中显示存放在服务器中的图片，同时便于向服务器发送请求获取数据，由于这里需要使用保存在全局变量中的服务器访问地址，因此需要先在程序开始时使用 getApp 函数获取应用实例，再从中获取服务器访问地址。

对应 index.wxml 文件的参考代码如下。

```
<!--index.wxml文件-->
<!--搜索栏-->
<view class="searchBox" style="top:{{scrolltop}}px;height:{{top+46}}px;">
  <view style="display:flex;margin-top:{{top}}px;" class="search">
    <icon type='search'></icon>
    <input confirm-type="search" bindconfirm="search" type="text" placeholder="输
入搜索关键字" />
  </view>
</view>
<!--轮播图-->
<view class="recommend swiper">
  <swiper autoplay="true" circular="true" indicator-dots="true">
    <swiper-item wx:for="{{swiper_data}}" wx:key="idx">
      <image src='{{serverUrl+item.image}}'></image>
    </swiper-item>
  </swiper>
</view>
<!--横幅栏-->
<view class="recommend banner">
  <view class="items">
    <!--设置一个类目=图片-->
    <image src="/images/empty.png"></image>
    <view style="padding:8rpx 10rpx;background-color:#ef9;color:#555;margin-top:
10rpx;">科技助农</view>
  </view>
  <view class="items" wx:for="{{banner_data}}" wx:key="idx">
    <image src="{{serverUrl+item.image}}"></image>
    <view class="origin">原价{{item.unitPrice}}元</view>
    <view class="price">{{item.discountedPrice}}</view>
  </view>
</view>
<!--广告卡片-->
<view style="margin:10rpx;">
  <view class="card" wx:for="{{card_data}}" wx:key="idx">
```

```
    <image src="{{serverUrl+item.image}}"></image>
    <view style='font-size:32rpx;'>{{item.name}}</view>
    <view style="height:40px;-webkit-line-clamp: 2;">{{item.description}}</view>
    <view style="display: flex;justify-content: space-between;">
      <view class="price" style="font-size:32rpx;">{{item.discountedPrice}}</view>
      <view class="originPrice" style="font-size:24rpx;">{{item.unitPrice}}</view>
</view>
</view>
</view>
```

为了配置页面的显示效果，在 index.wxss 文件中定义的参考样式如下。

```
<!--index.wxss文件-->
page {
  background-color: #eee;
  font-size:24rpx;
}
view {
  box-sizing: border-box;
  background-color: #fff;
  font-size:12px;
}
.recommend {
  display: flex;
  margin: 20rpx;
  border-radius: 10rpx;
}
.swiper{
  height:400rpx;
  background-color: #fff;
  background-size: 100% 100%;
}
.swiper swiper{height: 100%;width:100%;}
.swiper image{width:100%;height:100%;border-radius: 10rpx;}
.banner {
  height: 200rpx;
  margin: 0rpx 20rpx;
  background-color: #fff;
  box-shadow: 0px 0px 5px #ccc;
}
.banner .items {
  flex: 1;
  display: flex;
  justify-content: center;
  align-items: center;
}
.banner image{
  width:80%;
```

```
  height:80%;
}
.card{
  background-color: #fff;
  box-shadow: 0px 0px 5px #ccc;
  border-radius: 10rpx;
  padding: 0rpx 0rpx 20rpx 0rpx;
  text-decoration: line-through;
  color:#555;
}
.price::before,.originPrice::before{
}
.search {
  margin-left: 50rpx;
  padding: 8rpx 10rpx;
  border-radius: 20px;
  width: 400rpx;
  box-shadow: 0px 0px 10px #ddd;
  margin:10rpx;
  float:left;
  width:344rpx;
}
.card image {
  width: 100%;
  border-radius: 10rpx 10rpx 0rpx 0rpx;
}
.card view {
  height: 60rpx;
  padding: 10rpx 20rpx;
  overflow: hidden;
  text-overflow: ellipsis;
  word-break: break-all;
  display: -webkit-box;
  -webkit-box-orient: vertical;
  -webkit-line-clamp: 1;
}
.banner .items{
  display: flex;
  flex-direction: column;
  padding:10rpx 0rpx;
}
.banner .items image{flex:3;}
.banner .items .origin{
  flex:1;
  padding:2rpx 8rpx;
  background-color:rgba(200,200,100,0.3);
```

```
  color:#955;
  margin-top:10rpx;
  font-size:20rpx;
  border-radius: 20rpx;
}
.price{
  color:#f50;
  font-weight: bold;
}
.originPrice{
  content:'¥';
  font-size: 18rpx;
}
```

使用 3 款常用手机操作的页面的最终显示效果如图 5-40 所示。

图 5-40　使用 3 款常用手机操作的页面的最终显示效果

2）搜索商品

当用户在搜索栏中输入搜索关键词后确认时，将触发 bindconfirm 事件，此时调用 index.js 文件中的 search 函数，需要使用该函数向服务器发送带参数获取商品列表的请求。假设按商品描述模糊匹配关键词，并将返回结果显示在首页底部的广告卡片部分，即修改变量 card_data 的值为返回结果。search 函数的参考代码如下。

```
search:function(e){
  var keyword=e.detail.value;
  if(keyword==''){//如果搜索关键词为空，那么显示默认的推荐
    this.getTop12();
    return;
  }
```

```
  wx.showLoading({title: '正在搜索…'});
  wx.request({//向服务器发送带参数获取商品列表的请求
    method:'POST',
    url: app.globalData.serverUrl+'/product/getProductList',
    data:{description:keyword},//假设按商品描述模糊匹配关键词
    success:(res)=>{console.log(res);this.setData({card_data:res.data.entity})},
    fail:(err)=>{console.log(err)},
    complete:()=>{wx.hideLoading();}
  })
}
```

当搜索结果为空时，底部的广告卡片部分无商品，此时可以按条件显示一个盒子。

index.wxml 文件的部分参考代码如下。

```
<!--index.wxml文件-->
<!--…-->
<view class='empty' wx:if="{{card_data.length==0}}">查无此关键词结果</view>
<!--…-->
```

index.wxss 文件的部分参考代码如下。

```
<!--index.wxss文件-->
<!--…-->
empty{  width:100%;  height:200rpx;  font-size:28rpx; display: flex;  justify-content: center;  align-items: center;}
<!--…-->
```

搜索结果如图 5-41 所示。

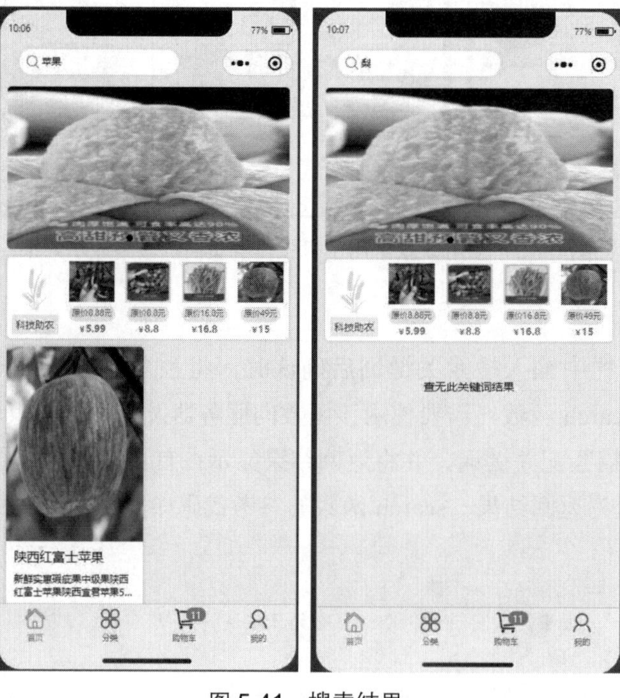

图 5-41　搜索结果

首页所有商品的展示及搜索结果，都应该支持点击时打开对应商品详情页的功能。为此，需要在商品列表的标签节点中增加 bindtap 属性，将其绑定到用于打开商品详情页的函数上，且需要使用 data-*带上商品标识。例如：

```
<view class="card" wx:for="{{card_data}}" wx:key="idx" data-id="{{item.productId}}"
bindtap='detail'>
```

在 index.js 文件中实现 detail 函数，完成带参数到商品详情页的跳转，参考代码如下。

```
detail:function(e){
  var productId=e.currentTarget.dataset.id;
  wx.navigateTo({
    url: '/pages/detail/detail?productId='+productId,
  })
}
```

2．商品详情页实现

在加载商品详情时应先获取参数，再向服务器发送请求，以获取指定参数的商品信息。加载事件的参考代码如下。

```
// detail.js文件
var app=getApp();
Page({
  data: {
    product:{'image':'/upload/empty.png'},//定义用于渲染页面的商品变量，进行图片预填充
    serverUrl:app.globalData.serverUrl,//定义全局服务器访问地址
amount:1, //定义拟加入购物车的商品数量
total:0.00 //定义根据商品数量计算的总价
},
  onLoad(options) {
    var productId=options.productId;
    if(productId==undefined){
      wx.showToast({title: '参数缺失',icon:'error'})
      return;
    }
    wx.showLoading({title: '获取详情中…'})
    wx.request({
      url: app.globalData.serverUrl+'/product/getProductById',
      method:'POST',
      header:{'content-type':'application/x-www-form-urlencoded'},
      data:{productId:productId},
      success:(res)=>{
        if(res.data.errCode==0){
          var product=res.data.entity;
          //对价格格式进行修正
          product.unitPrice=parseFloat(product.unitPrice).toFixed(2);
          product.discountedPrice=parseFloat(product.discountedPrice).toFixed(2);
          this.setData({product:product,total:product.discountedPrice});//渲染页面
```

```
      }
      else wx.showToast({title: res.data.errMsg,icon:'error'})
    },
    complete:()=>{wx.hideLoading();}
  })
},
```

上述代码初始化了一个页面级变量 product，表示商品数据体，使用它渲染页面，显示对应的商品信息。后台获取的价格是双精度型数据，为了强制保留两位小数，上述代码在获取商品信息后进行了修正。同样地，对主页及其他包括价格的页面，也可以使用相同的方法对价格进行修正。

在页面效果方面，页面需要绑定页面级变量 product、amount 及 total 的显示位置。如果页面继续自定义顶部导航栏，那么需要在页面中放置一个用于使首页后退的按钮，将其绑定到一个执行 wx.navigateBack({})接口的函数上。

具体来说，页面分为头部（header）、底部（footer）和中间的主体部分（body）三部分，其中头部和底部在窗口中固定，中间的主体部分允许上下滚动。头部用于展示商品图片、名称，以及“+”/“-”按钮；底部用于展示用户确认加入购物车的按钮；中间的主体部分用于展示商品详情。

页面设计的全部参考代码见本书的附录 A。商品详情页的实现效果如图 5-42 所示。

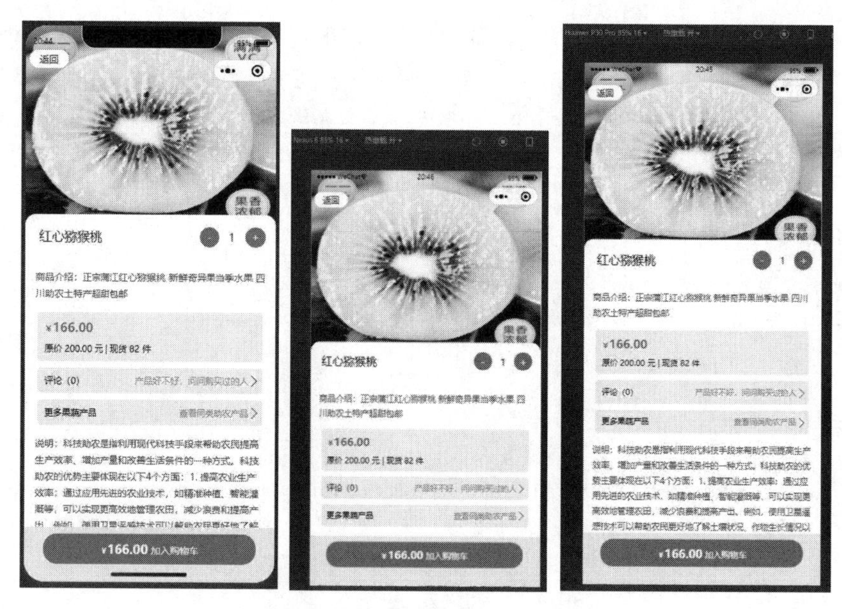

图 5-42　商品详情页的实现效果

图 5-42 中的“+”/“-”按钮可以共用事件，只需要在标签节点中使用 data-*指定参数以示区分即可，参考代码如下。

```
<!--detail.wxml文件-->
  <view class="center" data-value="-1" bind:tap="operate">-</view>
```

```
    <span class="center">{{amount}}</span>
    <view class="center" data-value="1" bind:tap="operate">+</view>
```

这里的“+”/“-”按钮绑定 bindtap 属性的函数名为 operate，参考代码如下。

```
//detail.js文件
operate:function(e){
  var v=e.currentTarget.dataset.value;                        //获取参数
  if(this.data.amount==1&&v==-1)return;                       //确保不少于1件商品
  var amount=this.data.amount+parseInt(v);                    //转换为整数
  var total=amount*this.data.product.discountedPrice; //计算总金额
  total=total.toFixed(2);//保留两位小数
  this.setData({amount:amount,total:total});                  //渲染页面
},
```

当用户点击“加入购物车”按钮时，绑定事件处理函数（addCart 函数）的参考代码如下。

```
  addCart:function(){
    if(app.globalData.userInfo==null){ //如果未绑定账号，那么不能加入购物车
      wx.showToast({
        title: '请先绑定账号',
        'icon':'error'
      })
      return;
    }
    //获取请求参数
    var openid=app.globalData.userInfo.miniProgramId;
    var unionid=app.globalData.userInfo.unionId;
    var amount=this.data.amount;
    var productId=this.data.product.productId;
    wx.request({
      url: app.globalData.serverUrl+'/cart/addCart',
      method:'POST',
      data:{'openid':openid,'unionid':unionid,'productId':productId,'amount':
amount},
      success:(res)=>{
        if(res.data.errCode==0){
          //非Tab页无法直接修改底部的tabBar组件中“购物车”图标右上方的商品数量，可以先将其缓存
          wx.setStorageSync('tabBarBadge',res.data.entity);
          wx.showToast({
            title: res.data.errMsg,
            success:()=>{setTimeout(()=>{wx.navigateBack();},1000);},
            duration:1000
          })
}else{
          wx.showToast({title: res.data.errMsg,icon:'error'});
        }
      },
      fail:(err)=>{console.log(err)}
```

```
    })
  },
```

由于商品详情页不是 Tab 页，无法直接设置底部的 tabBar 组件中“购物车”图标右上方的数值，因此先将其值缓存，待回到 Tab 页时通过 Tab 页的 onShow 函数取出缓存的数值后刷新数值即可。下面先在 app.js 文件中增加一个刷新 Tab 页底部的 tabBar 组件中“购物车”图标右上方的数值的函数，再在 index.js 文件的 onShow 函数中调用它，参考代码如下。

```
//app.js文件
  reFreshTabBarBadge(){
    wx.getStorage({
      key:"tabBarBadge",
      success:res=>{
        wx.setTabBarBadge({index: 2,text: res.data+''});
      }
    })
  },

//index.js文件中的onShow函数
 onShow:function(e){
    app.reFreshTabBarBadge();
  }
```

编写完成实现商品详情页的所有代码后，当用户确定数量加入购物车成功时，将跳转回首页，并更新底部的 tabBar 组件中“购物车”图标右上方的数值。根据后台数据处理逻辑可知，将收到下单成功的公众号的提醒消息。

3. 购物车页实现

点击 Tab 页底部的 tabBar 组件中的“购物车”图标，进入购物车页。对于购物车页，只有授权绑定信息的用户才能访问，这是因为只有明确具体的顾客身份才能获取其对应的购物车项。

购物车页的实现包括页面布局、获取购物车列表、用户交互式操作等。

1）页面布局

页面以带复选框的内容列表形式排版，可以展示已挑选加入购物车的商品图片、名称、价格和数量。其中，支持用户逐个修改（添加或减少）商品数量。本示例将支持逐个加/减购物车商品数量的功能独立出来，作为一个组件。购物车项的自定义组件如图 5-43 所示。

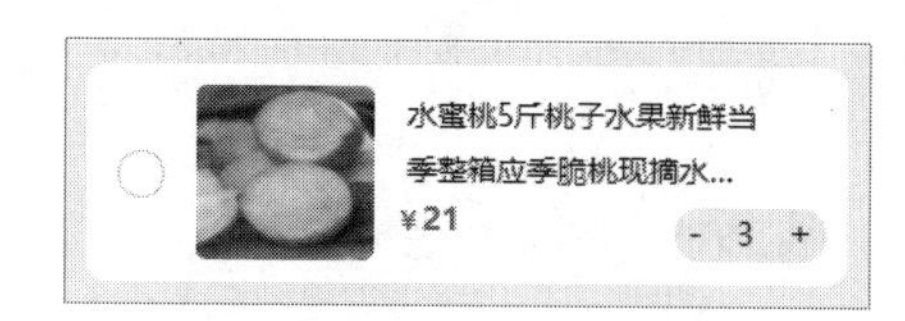

图 5-43　购物车项的自定义组件

定义组件的页面文件（counter.wxml 文件）和脚本文件（counter.js 文件）的参考代码如下。

```
<!-- counter.wxml文件 -->
<view class="cnt">
 <view class='opt' bindtap="minus">-</view>
 <view class='num'>{{cnt}}</view>
 <view class='opt' bindtap="plus">+</view>
</view>

/* counter.wxss文件 */
.cnt{
   width:140rpx;
   height:50rpx;
   border-radius: 50rpx;
   background-color: #eaf1f7;
   display: flex;
   justify-content: space-between;
}
.opt{
   padding:0rpx 12rpx;
   box-sizing: border-box;
}
.num{
   font-size:28rpx;
       }
   }
   padding:5rpx;
}
// counter.js文件
Component({
   //组件的属性列表
   properties: {
      cnt:{
         type:Number,
         default:1
      },
      id:{
         type:Number,
         defalut:-1
      }
   },
   data: {

   },
   methods: {//组件的方法列表
      minus:function(e){ //减
        this.triggerEvent('reCount',-1);
```

```
    },
    plus:function(e){ //加
      this.triggerEvent('reCount',1);
})
```

在触发上述“+”/“-”按钮的点击事件的同时，将触发 reCount 事件，并带上 1 或-1 表示变化的数量。

在购物车页引入自定义组件，即在 cart.json 文件中加入如下参考代码。

```
{
  "usingComponents": {"cnt":"/components/counter"},
  "navigationBarTitleText": "购物车"
}
```

有了上述配置，就可以在购物车页以 cnt 为标签名引用自定义组件了。页面文件的完整参考代码如下。

```
<!--cart.wxml文件-->
<view wx:if="{{list.length==0}}" class='empty'>
<icon type="info" color="#dc0731" />购物车空空如也
</view>
<checkbox-group bindchange="change">
   <block wx:for="{{list}}" wx:key="index">
      <view class="box">
         <view class="sel">
            <checkbox checked="{{item.checked}}" value="{{index}}"></checkbox>
         </view>
         <view class="img">
            <image src="{{serverUrl+item.image}}"></image>
         </view>
         <view class="content">
            <view class="title" data-id="{{item.productId}}" bindtap='detail'>
{{item.description}}
</view>
            <view class="oper">
               <view class="price">{{item.unitPrice}}</view>
               <view class="cpnt">
<!--引用自定义组件-->
 <cnt id="{{index}}" cnt="{{item.quantity}}" bind:reCount="reCount"></cnt>
               </view>
            </view>
         </view>
      </view>
   </block>
</checkbox-group>
<view style="height: 200rpx;"></view>
<view class="sumary">
<view class="selAll">
```

```
<checkbox bindtap="selectAll" checked="{{isAllSelected}}">全选</checkbox>
</view>
  <view style="display: flex;">
  <view class="sum">合计：<span class='price'>{{sum}}</span></view>
  <view class="pay">去结算</view>
  </view>
</view>
```

上述代码引用了页面级变量 list，（在 cart.js 文件的 data 配置项中声明），表示需要刷新显示到页面的购物车列表。下面将在页面加载时向后端接口发送请求的返回结果中获取。此外，上述代码还引用了变量 sum、变量 isAllSelected 等，声明如下。

```
// cart.js文件
var app=getApp();
Page({
 data: {                        //定义页面的初始数据
   serverUrl:app.globalData.serverUrl,//定义服务器访问地址
   list:[],                     //定义购物车列表
   sum:'0.00',                  //定义总金额
   isAllSelected:false          //定义默认选择状态
  },
}
```

首先判断购物车列表是否为空，其次循环显示购物车项，最后在底部显示“全选”按钮、总金额和“去结算”按钮。结合相关样式文件（见附录 A），购物车页的布局效果如图 5-44 所示。

图 5-44　购物车页的布局效果

2）获取购物车列表

在加载或显示页面时应先判断用户是否已绑定信息，如果没有绑定信息，那么跳转到个人中心页中，提示用户进行信息绑定。如果已绑定，那么向服务器请求购物车列表，并将返回结果通过 setData 函数给页面级变量 list 赋值，以渲染页面，显示购物车项，同时刷新 Tab 页底部的 tabBar 组件中“购物车”图标右上方的数值，参考代码如下。

```
onShow:function(e){
  if(app.globalData.userInfo==null){//如果没有绑定信息，那么跳转到个人中心页中
    wx.switchTab({
      url: '/pages/me/me',
    })
  }else{//否则获取购物车列表并刷新Tab页底部的tabBar组件中“购物车”图标右上方的数值
    this.getCart();
    app.reFreshTabBarBadge();
    }
  },
  getCart:function(){ //向服务器请求购物车列表
    wx.showLoading({
      title: '正在加载购物车…',
      icon:'none'
    })
    var openid=app.globalData.userInfo.miniProgramId;
    var unionid=app.globalData.userInfo.unionId;
    wx.request({
      url: app.globalData.serverUrl+'/cart/getCart',
      method:'POST',
      data:{'openid':openid,'unionid':unionid},
      success:(res)=>{
        if(res.data.errCode==0)this.setData({list:res.data.entity});
        else wx.showToast({'title':res.data.errMsg,icon:'error'});
        wx.hideLoading();
      },
      fail:(err)=>{console.log(err);wx.showToast({title:'请求数据异常',icon:'error'});
wx.hideLoading();}
    })
  },
```

点击购物车项也可以打开商品详情页。对应的事件处理函数的功能与首页的 detail 函数的功能一样。

3）用户交互式操作

根据组件的定义可知，当点击购物车项中的“+”/“-”按钮时，将触发 reCount 事件，将该事件绑定到一个同名处理函数中的参考代码如下。

```
reCount: function (e) {                       //修改购物车项的数量
  var idx=e.currentTarget.id;                 //获取购物车项的序号
  var cartId=this.data.list[idx].cartId;  //获取购物车标识
```

```
  var cnt=this.data.list[idx].quantity;//获取购物车项的数量
  var amount=e.detail;
  if(cnt==1&&amount==-1){//如果对数量为1个的购物车项执行减1的操作，那么询问是否删除该项
    wx.showModal({
      title: '确认',
      content: '确认要删除该项吗？',
      complete: (res) => {
      if (res.cancel) return;
      if(res.confirm){this.modifyCart(idx,cartId,amount);}//调用修改购物车项数量的函数
      }
    })
  }else{
    this.modifyCart(idx,cartId,amount);
  }
},
modifyCart:function(idx,cartId,amount){ //到后台修改购物车项的数量
  var openid=app.globalData.userInfo.miniProgramId;
  var unionid=app.globalData.userInfo.unionId;
  var data={'cartId':cartId,'openid':openid,'unionid':unionid,'amount':amount};
  wx.request({
    url: this.data.serverUrl+'/cart/modifyCart',
    method:'POST',
    data:data,
    success:(res)=>{
      if(res.data.errCode==0){
        var list=this.data.list;
        var cnt=list[idx].quantity +amount; //计算更新后的数量
if(cnt==0)list.splice(idx,1); //如果更新后的数量为0，那么从购物车列表中彻底删除对应的购物车项
else list[idx].quantity=cnt;            //否则更新数量
        this.setData({list:list});      //刷新，重新渲染页面
        this.sumary();                  //调用计算选中项总金额和全部购物车项数量的函数
      }else{
        wx.showToast({title:res.data.errMsg,icon:'error'})
      }
    },
    fail:(err)=>{console.log(err);wx.showToast({title:'请求数据异常',icon:'error'})}
  })
},
```

在上述代码中，对数量为 1 个的购物车项执行了减 1 的操作，这样会彻底删除对应的购物车项。为了避免用户因误操作而导致错删购物车项，上述代码使用了 wx.showModal({}) 接口让用户确认操作，用户确认操作且后台返回成功执行的结果后，使用了 JavaScript 中的 splice 函数删除对应的购物车项并重新渲染页面。

无论是使用“+”/“-”按钮修改购物车项的数量，还是全选购物车项或勾选某个购物车项，都要重新计算购物车项的总数量和总金额。为此，下面定义一个统计函数，参考代

码如下。

```
sumary: function () {
  var result = this.data.list.reduce(function (p, c) {//参数p是结果，参数c是当前项
      p.cnt=p.cnt+c.quantity; //累计数量
      if (c.checked) p.sum=p.sum + c.unitPrice * c.quantity;//累计金额
      return p;
  }, {sum:0.0,cnt:0});          //初始化
  this.setData({
      sum: result.sum.toFixed(2),
  });
  wx.setStorageSync('tabBarBadge', result.cnt);//更新Tab页底部的tabBar组件中“购物车”
//图标右上方的数值
  app.reFreshTabBarBadge();//刷新Tab页底部的tabBar组件中“购物车”图标右上方的数值
},
```

上述代码使用了 JavaScript 中的 reduce 函数遍历购物车项，用于同时统计总金额和总数量。

下面处理当用户勾选某个购物车项、全选购物车项时触发的事件。当用户全选购物车项时，需要先把原来的选择状态置反，然后循环遍历所有购物车项的选择状态，使其与“全选”按钮的选择状态一致，最后重新统计被选择的购物车项的总金额。当用户勾选某个购物车项时，事件参数包括复选框按钮组中被勾选按钮的序号数组。因此，应先将所有购物车项置为非勾选状态，然后重新按序号数组将对应的按钮置为勾选状态，最后重新统计被勾选的购物车项的总金额，参考代码如下。

```
selectAll: function (e) {//定义全选按钮事件触发时的处理函数
  this.data.isAllSelected=!this.data.isAllSelected;
  var bool=this.data.isAllSelected;
  this.data.list.forEach(t=>{
      t.checked=bool;
  });
  this.setData({list:this.data.list});
  this.sumary();
},
change: function (e) {//定义复选框按钮组事件触发时的处理函数
  this.data.list.forEach((t) => {
      t.checked = false;
  });
  for (var i = 0; i < e.detail.value.length; i++) {
      this.data.list[parseInt(e.detail.value[i])].checked = true;
  }
  if(e.detail.value.length<this.data.list.length)this.setData({isAllSelected:
false});
  else this.setData({isAllSelected:true});
  this.sumary();
},
```

4．商品分类页实现

商品分类页将从后台获取所有商品列表，并按分类（category）字段分类显示。通常商品分类页左侧以竖向滑动菜单（分类项）为导航，右侧主体显示对应分类的商品列表。

1）商品分类处理

从页面的脚本处理逻辑上来看，要调用后台的 getProductList 接口获取全部商品列表，除需要使用其商品分类页右侧的商品列表外，还需要通过循环列表将分类标识存入一个自动去重的集合，循环这个集合生成商品分类页左侧需要显示的分类项列表，参考代码如下。

```
// pages/list/list.js文件
var app = getApp();//获取全局应用实例
Page({
  //定义页面的初始数据
  data: {
    TabCur: 0, //定义当前分类项索引（左侧导航）
    MainCur: 0, //定义当前分类项锚点（右侧商品列表）
    NavTop: 0,
    list: [], //定义商品列表
    category: [], //定义分类项列表
    load: true, //定义是否为第一次加载页面（仅在第一次滚动菜单时需要计算每个分类项的位置和大小）
    serverUrl: app.globalData.serverUrl, //定义服务器访问地址
  },
  onLoad(options) {//定义页面加载函数，在加载时获取商品列表
    this.getAllProducts();
  },
  onShow() {//在重新显示时刷新Tab页底部的tabBar组件中“购物车”图标右上方的数值
    app.reFreshTabBarBadge();
  },
  detail: function (e) {//定义函数，实现点击商品时进入商品详情页
    var productId = e.currentTarget.dataset.id;
    wx.navigateTo({
      url: '/pages/detail/detail?productId=' + productId,
    })
  },
  getAllProducts: function () { //获取所有商品
    wx.showLoading({
      title: '加载中…',
    })
    wx.request({
      url: this.data.serverUrl + '/product/getProductList',
      method: 'POST',
      data: {},
      success: (res) => {
        console.log(res)
```

```
      if (res.data.errCode == 0) {
        var list = res.data.entity;
        var set = new Set();      //定义可去重的集合对象
        var category = [];        //定义分类项列表
        list.forEach((e) => {     //定义循环汇总分类项
          set.add(e.category);
        })
        set.keys().forEach((e, idx) => { //遍历集合，生成分类项列表
          category.push({
            'name': e,                      //e表示分类项的名称
            'id': idx                       //idx表示分类项的索引标识
          });
        });
        this.setData({
          category: category,
          list: list,
          NavTop: 0
        });
      }
    },
    fail: (err) => {
      console.log(err)
    },
    complete:()=>{wx.hideLoading()}
  })
},
```

2）页面布局

对于页面布局的实现，左侧要实现商品的分类项列表，右侧要实现商品列表。商品列表按商品类别排序，每个类别的开始位置都需要标注一个锚点，以便关联左侧导航，参考代码如下。

```
<!--pages/list/list.wxml文件-->
<view class="body">
<!--左侧导航滚动窗-->
  <scroll-view class="nav" scroll-y scroll-with-animation scroll-top="{{NavTop}}"
style="height:calc(100vh-0rpx)">
    <view class="box-item {{item.id==TabCur?'text-green cur':''}}" wx:for="
{{category}}" wx:key="index" bindtap='tabSelect' data-id="{{index}}">
      {{item.name}}
    </view>
  </scroll-view>
  <!--右侧商品列表滚动窗-->
  <scroll-view class="main" scroll-y scroll-with-animation style="height:calc
(100vh - 0rpx)" scroll-into-view="main-{{MainCur}}" bindscroll="mainScroll">
    <view class="category" wx:for="{{category}}" wx:key="index" id="main-{{item.
id}}">
```

```
    <view class='title'>
      <view class='action'>
        <text class='icon-title'></text> {{item.name}}
      </view>
    </view>
    <view class="box-list menu-avatar">
      <block wx:for="{{list}}" wx:key="idx" wx:for-item="it">
        <view class="box-item" bindtap='detail' data-id="{{it.productId}}" wx:if=
"{{item.name==it.category}}">
          <view class="box-avatar round lg" style="background-image:url
('{{serverUrl+it.image}}');"></view>
          <view class="content">
            <view class="text-grey text-cut">{{it.name}}</view>
            <view class="text-grey text-sm text-cut">{{it.description}}
            </view>
          </view>
          <view class="action">
            <view class="price">{{it.discountedPrice}}</view>
            <view class="box-tag round bg-grey sm">{{it.stockQuantity}}</view>
          </view>
        </view>
      </block>
    </view>
  </view>
 </scroll-view>
</view>
```

为了实现要求的页面效果，需要配套使用相应的样式。参考的 list.wxss 文件见附录 A。

3）菜单导航

页面左、右侧滚动窗关联设计的基本思路是：左、右侧均使用 scroll-view 组件，左侧滚动选择分类，右侧联动显示对应分类的商品列表。此处的“联动”，不仅需要通过左侧竖向滑动菜单的点击事件来改变右侧 scroll-view 组件的 scroll-into-view 属性的值，使其滚动到指定的锚点，而且当右侧商品列表滚动到相应的分类时，应将左侧对应的菜单设置为当前状态。根据设计，左侧每个菜单都不仅需要知道自己在右侧商品列表中对应的锚点，而且需要知道自己对应的商品列表组在全部商品列表中的开始位置和结束位置。由于这些商品列表组的位置是由商品的数量动态确定的，因此需要在首次滚动商品列表时计算这些商品列表组的位置。

实现上述设计的参考代码如下。

```
tabSelect(e) { //定义点击左侧竖向滑动菜单时的事件处理函数
  this.setData({
    TabCur: e.currentTarget.dataset.id,
    MainCur: e.currentTarget.dataset.id,
    NavTop: (e.currentTarget.dataset.id - 1) * 20
```

```
    })
  },
  mainScroll(e) { //定义滚动右侧商品列表时的事件处理函数
    let that = this;
    let category = this.data.category;
    let tabHeight = 0;
    if (this.data.load) {
      for (let i = 0; i < category.length; i++) {
        let view = wx.createSelectorQuery().select("#main-" + category[i].id);
        view.fields({
          size: true
        }, data => {
          category[i].top = tabHeight;
          tabHeight = tabHeight + data.height;
          category[i].bottom = tabHeight;
        }).exec();
      }
      that.setData({
        load: false,
        category: category
      })
    }
    let scrollTop = e.detail.scrollTop + 20;
    for (let i = 0; i < category.length; i++) {
      if (scrollTop > category[i].top && scrollTop < category[i].bottom) {
        that.setData({
          NavTop: (category[i].id) * 20,
          TabCur: category[i].id
        })
        return false
      }
    }
  },
```

上述代码在初次滚动右侧商品列表时使用了 wx.createSelectorQuery 方法，选择获取每个商品列表组所在盒子标签节点的引用，并使用了 fields 方法的回调函数获取盒子的高度，从而自上而下求得每个商品列表组的位置。之后，当滚动商品列表到达某商品列表组的位置的范围内时，在左侧将该商品列表组对应的分类项置为当前项。

商品分类页的实现效果如图 5-45 所示。

5．个人中心页实现

在个人中心页可以实现用户信息的绑定和显示服务。绑定的用户信息将从全局应用实例的全局变量 globalData 中获取，如果为空，那么页面显示为表单，输入用户信息后，应将数据提交到后台接口进行绑定；如果不为空，那么显示用户信息。

图 5-45　商品分类页的实现效果

绑定用户信息的表单，除可以作为普通表单使用外，有两项功能的实现可以充分使用微信开放平台提供的功能：一是使用云存储功能保存用户头像文件，并返回一个文件标识，可以将这个标识保存到数据库中；二是先获取用户保存在微信中的收货地址，再将其自动填充到表单域中，实现快速输入。不过，这两项功能的使用有前提条件，即云开发不支持测试号，需要切换为正式号并开通云环境，取得云环境标识；用户收货地址的获取需要在全局应用实例的 app.json 文件中声明，格式如下。

```
"requiredPrivateInfos":[
  "chooseAddress"
]
```

满足了上述前提条件，就可以使用微信开放平台提供的功能了。用户头像和昵称的获取也可以使用微信开放平台提供的功能，在用户不想选择或输入时使用。然而，作为开发者，既要支持用户使用默认的微信头像，又要支持用户从相册中选择自定义的头像。

在页面的 button 组件中先设置其 open-type 属性的值为 chooseAvatar，然后让其 bindchooseavatar 属性指向一个回调函数，这样只需要在这个回调函数的参数中获取用户已选择头像的临时文件，将临时文件保存到云端即可。

为了将云端成功保存后回传的云端文件标识与其他表单域内容一并保存到数据库中，需要在表单中增加一个表示头像的隐藏域，在云端保存成功回传后将其一并刷新。

对于用户昵称的获取，既应支持用户使用默认的昵称，又应支持用户自定义昵称，只需要将 input 组件的 type 属性的值设置为 nickname 即可。

为了快速填充其他表单项，应在页面中增加一个用于获取收货地址的文本块，点击这个文本块时，事件处理函数会调用内置的 wx.chooseAddress({})接口，使用成功回调的参数给收货地址信息模板变量赋值，页面将自动使用模板消息填写绑定的表单域。

绑定页面表单的参考代码如下。

```
<!--/pages/me/me.wxml文件-->
<view class="banner">
  <button open-type="chooseAvatar" bindchooseavatar="changeAvatar">
    <image class="userinfo-avatar" src="{{userAvatarUrl}}"></image>
  </button>
  <view wx:if="{{userInfo!=null}}">尊贵的 <span>{{userInfo.name}}</span> 顾客! </view>
</view>
<block wx:if="{{userInfo==null}}">
  <view bindtap="chooseAddress" class='tip'>点击快速从微信中读取信息自动填写*</view>
  <form bindsubmit="bind">
    <input hidden="true" name='avatar' value="{{avatar}}" />
    <view class="infor">
      <view>用户昵称</view>
      <input type="nickname" name="nickname" placeholder="请输入或选择昵称" />
    </view>
    <view class="infor">
      <view>真实姓名</view>
      <input type="text" name="name" value="{{Address.userName}}" placeholder="请
输入真实姓名" />
    </view>
    <view class="infor">
      <view>性别</view>
      <radio-group name="gender">
        <radio value="男" checked="checked" />男
        <radio value="女" />女
      </radio-group>
    </view>
    <view class="infor">
      <view>手机号码</view>
      <input type="number" name="phone_number" value="{{Address.telNumber}}"
placeholder="请输入手机号码" />
    </view>
    <view class="infor">
      <view>收件地址</view>
      <input type="text" name="address" value="{{Address.provinceName+Address.
cityName+Address.countyName+Address.detailInfo}}" placeholder="请输入收件地址" />
    </view>
    <view class="infor">
```

```
      <view>邮政编码</view>
      <input type="number" name="postal_code" value="{{Address.postalCode}}"
placeholder="请输入邮政编码" />
    </view>
    <button form-type="submit">绑 定</button>
  </form>
</block>
```

交互式绑定页面的参考代码如下。

```
// pages/me/me.js文件
var app=getApp();
Page({
    data: {
        userAvatarUrl:'/images/avatar.jpg',//定义需要显示头像的URL
        avatar:'',//定义待保存到数据库的头像云端的文件标识
        userInfo:null,//定义绑定用户的信息
        Address:{//定义收货地址信息模板
          cityName: "",
          countyName: "",
          detailInfo: "",
          postalCode: "",
          provinceName: "",
          telNumber: "",
          userName: ""
        }
},
   onLoad: function (options) {
    if(app.globalData.userInfo!=null){
      this.setData({
        userInfo:app.globalData.userInfo,
        userAvatarUrl:app.globalData.userInfo.avatar});
     }
},
changeAvatar:function(e){ //定义用户选择头像后的回调函数
      var temp=e.detail.avatarUrl;//定义用于获取头像的临时文件地址
      wx.cloud.init({'env':'jiaocai-test-1g6brn7te8b27397'})//初始化云环境
      wx.cloud.uploadFile({//上传临时文件到云端
        cloudPath:new Date().getTime()+".jpg",//把当前时间戳作为保存到云端的文件名
        filePath:temp,
        success:(res)=>{
          this.setData({userAvatarUrl:res.fileID,avatar:res.fileID});
        },
        fail:err=>{console.log(err)}
      });
    },
    chooseAddress:function(){//定义用于获取用户收货地址的回调函数
      wx.chooseAddress({
```

```
      success:res=>{this.setData({Address:res})}//刷新表单域
    });
 },
```

在上述代码中，如果满足微信开放接口的权限规则，那么和收货地址的获取方法一样，手机号码的获取也可以通过 wx.getPhoneNumber({})接口来实现。

完成表单的填写后，当用户点击“绑定”按钮时，会先对表单域的完整性进行验证，验证无误后，再将表单数据提交给后台的/customer/bind 接口，最后使用成功返回的结果刷新全局应用实例中的用户信息变量，并重新渲染个人页面，参考代码如下。

```
bind:function(e){ //定义绑定按钮事件触发时的处理函数
var data=e.detail.value;//获取全部表单域
if(data.name==''||data.phone_number==''||data.address==''||data.postal_code==''|
|data.nickname==''||data.avatar==''){
      wx.showToast({
        title: '信息不完整',
        'icon':'none'
      })
      return;
    }
    wx.login({//获取临时登录凭证，以便在后台使用临时登录凭证换取用户标识
      success: (res) => {
        data['code']=res.code;//将临时登录凭证加入表单域，一并提交
        wx.request({
          url: 'http://localhost/customer/bind',
          method: 'POST',
          data: data,
          success: res => {
            if(res.data.errCode==0){
              app.globalData.userInfo=res.data.entity;
              this.setData({userInfo:res.data.entity})
            }
          },
          fail: err => {console.log(err)}
        })
      },
    })
},
makeCall:function(){//拨打手机号码
   wx.makePhoneCall({
     phoneNumber: '1388888****',
   })
},
common:function(e){
  wx.showToast({'title':'敬请期待…','icon':'none'})
},
```

已绑定用户信息的页面显示的参考代码如下。

```
<block wx:if="{{userInfo!=null}}">
<view class="pocket">
<view class="item">
  <view>钱包</view>
  <view>588.99</view>
</view>
<view class="item">
  <view>积分</view>
  <view>9988</view>
</view>
</view>
<view class="service">
<view class="arrow">
  <view class="arrow-left">我的订单</view>
  <view class="arrow-right"></view>
</view>
<view class="order">
  <view class="order-item" bindtap="common">
    <image src="/images/pay.png" />
    <view>待付款</view>
  </view>
  <view class="order-item" bindtap="common">
    <image src="/images/send.png" />
    <view>待发货</view>
  </view>
  <view class="order-item" bindtap="common">
    <image src="/images/shou.png" />
    <view>待收货</view>
  </view>
  <view class="order-item" bindtap="common">
    <image src="/images/comment.png" />
    <view>待评价</view>
  </view>
</view>
</view>
<view class="service">
<view class="arrow" bindtap="common">
  <view class="arrow-left">优惠券</view>
  <view class="arrow-right"></view>
</view>
<view class="arrow" bindtap="common">
  <view class="arrow-left">交易明细</view>
  <view class="arrow-right"></view>
</view>
<view class="arrow" bindtap="common">
```

```
  <view class="arrow-left">收货地址</view>
  <view class="arrow-right"></view>
</view>
<view class="arrow" bindtap="common">
  <view class="arrow-left">线上客服</view>
  <view class="arrow-right"></view>
</view>
<view class="arrow" bindtap="makeCall">
  <view class="arrow-left">拨打电话</view>
  <view class="arrow-right"></view>
</view>
</view>
</block>
```

个人中心页对应的完整样式的参考代码如下。

```
/* /pages/me/me.wxss文件 */
page {
  background-color: #ebf2f7;
  font-size: 14px;
}

.banner {
  background-color: #1296db;
  widows: 100%;
  height: 240rpx;
  display: flex;
  align-items: center;
  color: #fff;
}
.banner button{flex:1;}
.banner view{flex:3;font-size:28rpx;}
.banner view span{font-size:36rpx;}
.userinfo-avatar {
  width: 140rpx;
  height: 140rpx;
  border-radius: 50%;
  box-shadow:0rpx 0rpx 20rpx #fff;
}
.userinfo-avatar image {
  width: 100%;
  height: 100%;
}
.tip {
  margin: 10rpx 30rpx 10rpx auto;
  color: red;
  width: fit-content;
}
```

```
.pocket {
 display: flex;
 background-color: #fff;
 height: 150rpx;
 color: #807d80;
 font-size: 32rpx;
}

.pocket .item {
 flex: 1;
 display: flex;
 flex-direction: column;
 align-items: center;
 justify-content: center;
}
.service{
 margin-top:20rpx;
 background-color: #fff;
}
.order {
 display: flex;
 padding: 10rpx 30rpx 30rpx;
 height: 132rpx;
}

.order image {
 width: 70%;
 height: 70%;
}

.order-item {
 flex: 1;
 text-align: center;
 padding: 20rpx 40rpx;
 box-sizing: border-box;
 font-size: 28rpx;
 color: #807d80;
}

.arrow {
 display: flex;
 justify-content: space-between;
 border-bottom: 1px solid #eee;
 font-size: 30rpx;
 color: #807d80;
```

```
  padding-right: 40rpx;
  position: relative;
}

.arrow-left {
  padding: 20rpx;
}

.arrow::after {
  content: "";
  display: inline-block;
  height: 6px;
  width: 6px;
  border-width: 3rpx 3rpx 0 0;
  border-color: #c8c8cd;
  border-style: solid;
  transform: rotate(45deg);
  top: -2px;
  position: absolute;
  top: 50%;
  margin-top: -4px;
  right: 20rpx;
}

.arrow-right {
  color: #ccc;
  font-family: Tahoma;
  padding: 20rpx;
}

.infor {
  display: flex;
  justify-content: space-between;
  padding: 20rpx;
  font-size: 28rpx;
  background-color: #fff;
  color: #808080;
  margin-top: 20rpx;
}

.infor input,
radio-group {
  width: 70%;
}

button {
```

```
    margin-top: 20rpx;
    background-color: #1296db;
    color: #fff;
}
```

个人中心页的实现效果如图 5-46 所示。

图 5-46　个人中心页的实现效果

5.3　部署测试

至此，项目面向客户端的主要功能的开发工作都完成了。然而，对于商品管理功能在前面只是模拟了一个基础的接口，并未提供真正的可以由商家自行增加商品信息、上传图片的页面。理论上来说，商家在管理商品时需要编辑文字、修饰图片等。因此，商品管理功能更多会在桌面端而非小程序端实现。对于完整的商品管理功能在桌面端的实现，限于篇幅关系这里不再全面展开介绍。如下仅以增加商品功能在桌面端的实现为例，在解决小程序端测试素材问题的同时，介绍桌面端程序的构建流程。

5.3.1　完善增加商品功能

增加商品的难点是商品图片的上传和保存。在进行系统设计时，商品图片字段仅是一个可变长字符串，即保存的是图片的访问地址。如果使用云存储，图片字段保存云端返回的图片文件标识即可，这与上述头像的保存原理是一样的。

下面以商家在浏览器本地上传图片到服务器中并将其保存为例展开介绍。在 resources/

static 目录下新建一个用于增加商品的 HTML 静态文件，即 addProduct.html 文件，其主体部分是两个表单，即商家登录表单和商品输入表单（涉及图片文件上传信息）。当商家未登录时，显示商家登录表单而隐藏商品输入表单；当商家成功登录时，隐藏商家登录表单而显示商品输入表单。商家登录信息被保存在客户端浏览器的本地存储器中。引用 jQuery 对交互过程和本地变量的存取、判断等进行操作，参考代码如下。

```
<!DOCTYPE html>
<html>
  <head>
    <title>增加商品</title>
     <meta charset='utf-8'>
  </head>
  <style>
  label{margin:20px;}
  form{line-height:30px;margin:auto;}
  #form1{width:450px;height:160px;}
  #form2{width:650px;height:350px;}
  button{
  margin: 20px;
  padding: 5px 40px;
  }
  </style>
  <script src="jquery-3.7.1.min.js"></script>
  <script src="addProduct4Desktop.js"></script>
  <body>
  <form id="form1">
    <fieldset>
    <legend>商家登录</legend>
    <label>登录账号</label><input type="text" name="username" /><br/>
    <label>登录密码</label><input type="password" name="password" /><br/>
    <button id="login" type="button">登录</button>
    </fieldset>
  </form>
<!--->
    <form method="POST" enctype="multipart/form-data" id="form2">
    <fieldset>
    <legend>增加商品</legend>
    <label>商品名称</label><input type="text" name="name" required placeholder="请
输入" /><br />
    <label>商品描述</label><input type="text" name="description" required placeholder=
"请输入" /><br />
    <label>商品单价</label><input type="text" name="unitPrice"  required placeholder=
"请输入" /><br />
    <label>优惠价格</label><input type="text" name="discountedPrice" required
placeholder="请输入" /><br />
```

```
  <label>商品分类</label>
  <select name="category" title="商品分类">
   <option value="粮食作物">粮食作物</option>
   <option value="经济作物">经济作物</option>
   <option value="食用水果">食用水果</option>
   <option value="食用蔬菜">食用蔬菜</option>
   <option value="畜牧产品">畜牧产品</option>
   <option value="海鲜产品">海鲜产品</option>
  </select>  <br />
  <label>商品库存</label><input type="number" value="10" min="1" max="100" name=
"stockQuantity" required placeholder="请输入" /><br />
  <label>商品图片</label><input type="file" name="file" accept="image/jpeg,image/
png" /><br />
  <button id="add" type="button">添加</button>
  <button id="logout" type='button'>退出登录</button>
  </fieldset>
  </form>
 </body>
</html>
```

上述代码仅用于实现两个表单和其基础样式，其中由于商品输入表单涉及图片文件上传信息，因此需要在商品输入表单中指定 enctype 属性的值为支持多媒体对象的 multipart/form-data。无论是商家登录表单还是商品输入表单，都以接口请求的方式与后端接口进行交互，都不需要被直接提交，也不需要指定 action 属性或加入 submit 类型的提交按钮，而使用 jQuery 的 Ajax 异步请求方法（需要引入 jQuery 文件到 resources/static 目录下），被封装成一个对象先提交到指定接口，再处理返回结果。上述示例涉及使用 JavaScript 进行交互式操作的代码被独立到 addProduct4Desktop.js 文件中，下面说明该文件的三部分内容。

第 1 部分内容是页面初始化时显示其中一个表单的操作。定义一个用于切换登录态的开关函数，使用其可以切换两个表单的可视状态，页面加载完成后，从本地存储器中取出登录态，以登录态为参数调用上面定义的开关函数，参考代码如下。

```
function update(login){ //定义用于切换登录态的开关函数
   localStorage.setItem("login", login);
   $("#form1").css("display",login==0?"block":"none");
    $("#form2").css("display",login==1?"block":"none");
 }
 $(function(){ //页面准备好后执行代码
 //初始化
 if(localStorage.getItem("login")==null)update(0);
 else{
  var login=parseInt(localStorage.getItem("login"));
  update(login);
 }
```

第 2 部分内容是登录操作。页面加载完成后，监听 id 属性的值为 login 的点击事件，在点击事件处理函数中获取第一个表单数据，完成数据的合规性校验后，把数据整理成JSON对象发送给后端接口，根据接口返回结果更新页面表单的显示状态，参考代码如下。

```
//商家登录
$("#login").on('click',function(){
    var data=new FormData($("form")[0]);
    var bool=data.get("username")==''||data.get("password")==null;
    if(bool){alert('请输入完整登录信息');return;}
    var json={};
    data.forEach((v,k)=>{json[k]=v;});
    console.log(json)
    $.ajax({
        url:'/merchant/login',
        type:'POST',
        contentType:'application/json',
        data:JSON.stringify(json),
        success:(res)=>{
            if(res.errCode==0){
                update(1);
                alert("已登录商家姓名："+res.entity.name);
            }else{
                alert(res.errMsg);
            }
        },
        fail:(err)=>{console.log(err);}
    });
});
```

第3部分内容是十分重要的商品增加操作。与商家登录操作类似，商品增加操作也是在页面加载完成后，监听id属性的值为add的点击事件，同样是获取表单数据并进行合规性校验（此处还需要对是否选择了图片文件进行判断），之后向后端接口发送请求。因为这里涉及多媒体数据的封装，所以在请求时不缓存、不指定内容类型且不进行数据预处理，而保持了表单原来的设置，参考代码如下。

```
//增加商品
$("#add").on('click',function(){
    var data=new FormData($('form')[1]);
    var bool=data.get("name")==''||data.get("description")==''||data.get
("unitPrice")==''||data.get("discountedPrice")==''||data.get("stockQuantity")=='';
    if(bool){alert('请输入完整商品信息');return;}
    if(data.get("file").size==0){alert('请选择商品图片');return;}
    $.ajax({
    url:'/product/addProduct',
    type:'POST',
    data:data,//将表单元素封装为表单对象
    cache:false,//不缓存
    contentType: false,//不指定内容类型
```

```
    processData:false,//不进行数据预处理
    success:(res)=>{
        if(res.errCode==0){
            $("form")[1].reset();//成功后重置表单
        }
        alert(res.errMsg);
    },
    fail:(err)=>{console.log(err);}
    });
    return false;
});
//退出登录
$("#logout").on('click',function(){
    $.ajax({
    url:'/merchant/logout',
    type:'GET',
    data:{},
    success:()=>{update(0);}
    })
});
```

为了配合前端页面的商家登录操作和商品增加操作，后端也需要对接口进行修改或添加，登录的接口地址为/merchant/login。在 MerchantController 类中增加/merchant/login 接口的参考代码如下。

```
@Autowired
    MerchantMapper merchantMapper;
    @PostMapping("/merchant/login")
    ReturnMessage<Merchant> login(@RequestBody(required=false)Merchant merchant,
HttpServletRequest request){
        if(merchant==null||StringUtils.isNullOrEmpty(merchant.getUsername())||
StringUtils.isNullOrEmpty(merchant.getPassword())){
            return new ReturnMessage<Merchant>().errCode(-1).errMsg("参数错误").
entity(null);
        }
        QueryWrapper<Merchant> queryWrapper=new QueryWrapper<Merchant>();
        String username=merchant.getUsername().replace("'", "").replace(" ", "");
        String password=merchant.getPassword().replace("'", "").replace(" ", "");
        queryWrapper.eq("username", username).eq("password",password);
        Merchant m=merchantMapper.selectOne(queryWrapper);
        if(m==null){
        return new ReturnMessage<Merchant>().errCode(-3).errMsg("用户名或密码错误").
entity(null);
        }else{
            request.getSession().setAttribute("merchant", m);
    return new ReturnMessage<Merchant>().errCode(0).errMsg("登录成功").entity(m);
        }
```

```
    }
    @GetMapping("merchant/logout")  //这里是退出登录的接口
    ReturnMessage<Boolean> logout(HttpServletRequest request){
        request.getSession().removeAttribute("merchant");
    return new ReturnMessage<Boolean>().errCode(0).errMsg("成功退出").entity(true);
    }
```

由于包含多媒体的表单直接被提交给了后台的/product/addProduct 接口，因此需要对这个接口进行一些修改，使其也能支持并获取多媒体数据。原来使用@RequestBody 注解无法直接处理 multipart/form-data 数据，需要删除@RequestBody 注解。同时，Product 类也没有保存多媒体数据的成员变量，可以通过增加一个 Spring 下的 MultipartFile 类成员变量来对实体类进行扩展，但必须使用@Transient 注解和@TableField 注解将其声明为非数据库表中的字段，否则在执行查询表操作时会报错。Product 类修改后的部分代码如下。

```
//Product.java文件
//…
@Transient
@TableField(exist=false)
private MultipartFile file;
public MultipartFile getFile() {
return file;
}
public void setFile(MultipartFile file) {
    this.file = file;
}
//…
```

这样，就可以在商品的 ProductController 类中修改相应的增加商品的接口方法了，参考代码如下。

```
@PostMapping(value="/product/addProduct",consumes=MediaType.MULTIPART_FORM_DATA_
VALUE)
    ReturnMessage<Boolean> addProduct(Product p,HttpServletRequest request){
        Object merchant=request.getSession().getAttribute("merchant");
        if(merchant==null){
            return new ReturnMessage<Boolean>().errCode(-2).errMsg("未授权访问！").
entity(false);
        }
        File dir=new File("D:\\demo\\src\\main\\resources\\static\\upload");
        File dir=new File(request.getServletContext().getRealPath("/")+"upload");
        if(!dir.exists())dir.mkdir();
        String newFileName=UUID.randomUUID().toString().replaceAll("-","")+".jpg";
        File file=new File(dir,newFileName);
        try {
            p.getFile().transferTo(file);
            p.setImage("/upload/"+newFileName);
        } catch (IllegalStateException e) {
```

```
            e.printStackTrace();
            return new ReturnMessage<Boolean>().errCode(-3).errMsg("文件上传失败！").
entity(false);
        } catch (IOException e) {
            e.printStackTrace();
            return new ReturnMessage<Boolean>().errCode(-3).errMsg("文件上传失败！").
entity(false);
        }
        if(productService.save(p)){
    return new ReturnMessage<Boolean>().errCode(0).errMsg("操作成功").entity(true);
        }else{
    return new ReturnMessage<Boolean>().errCode(-4).errMsg("操作失败").entity(false);
        }
    }
```

在上述代码中，@PostMapping 注解使用了参数 consumes，用于声明这个控制器接收的数据类型，即让其可以支持表单的多媒体类型。

完成上述代码后，商家登录和增加商品的前端页面的显示效果分别如图 5-47 和图 5-48 所示。

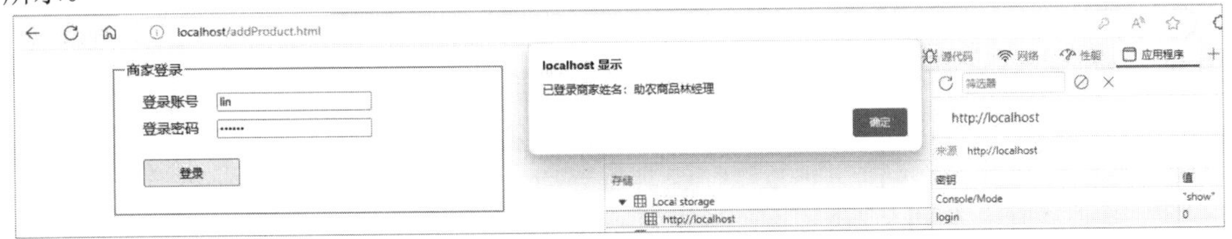

图 5-47　商家登录的前端页面的显示效果

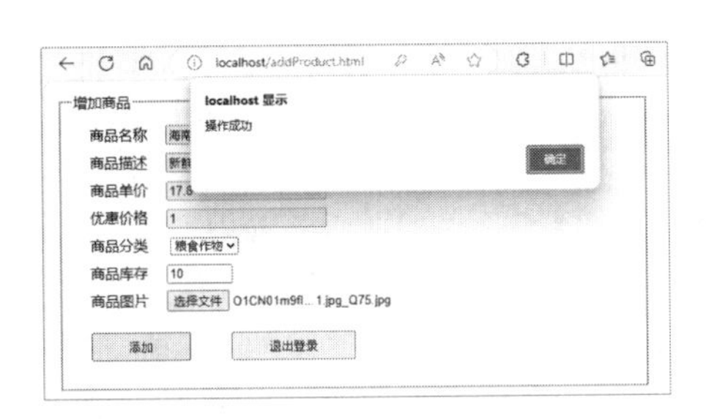

图 5-48　增加商品的前端页面的显示效果

5.3.2　部署服务器环境

根据本示例的架构设计，服务器环境应包括如下几部分。

（1）安装和运行 MySQL，并执行建库脚本（见附录 A）以生成数据库。

（2）安装和运行 Redis。

（3）以管理员身份安装 Java 运行环境 JDK 1.8 或以上版本。

（4）使用 MySQL 和 Redis 的登录信息配置好后端的 application.yml 文件，并对测试通过的项目文件进行打包，在命令行窗口中运行打包好的项目文件。

打包项目文件，使其以 JAR 格式独立运行于 Java 虚拟机上，而不再依赖开发工具。为了避免出现在打包时 MyBatis-Generator 重新生成模型类、映射类和映射文件，可能覆盖或重复原有代码的风险，应先在 pom.xml 文件中注释掉 MyBatis-Generator 在 build 标签节点中的插件配置，然后右击项目文件，在弹出的快捷菜单中点击“Run As”→“7 Maven install”命令，如图 5-49 所示。此时，将在项目文件夹的 target 文件中生成一个 JAR 文件。

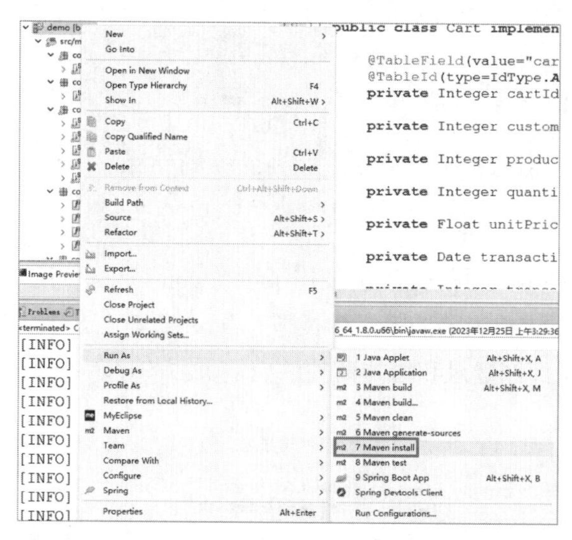

图 5-49　点击“Run As”→“7 Maven install”命令

在安装了 JDK 的服务器中，以管理员身份在命令行窗口中运行“java -jar 项目文件.jar”文件即可开始独立运行后端程序。后端程序运行界面如图 5-50 所示。

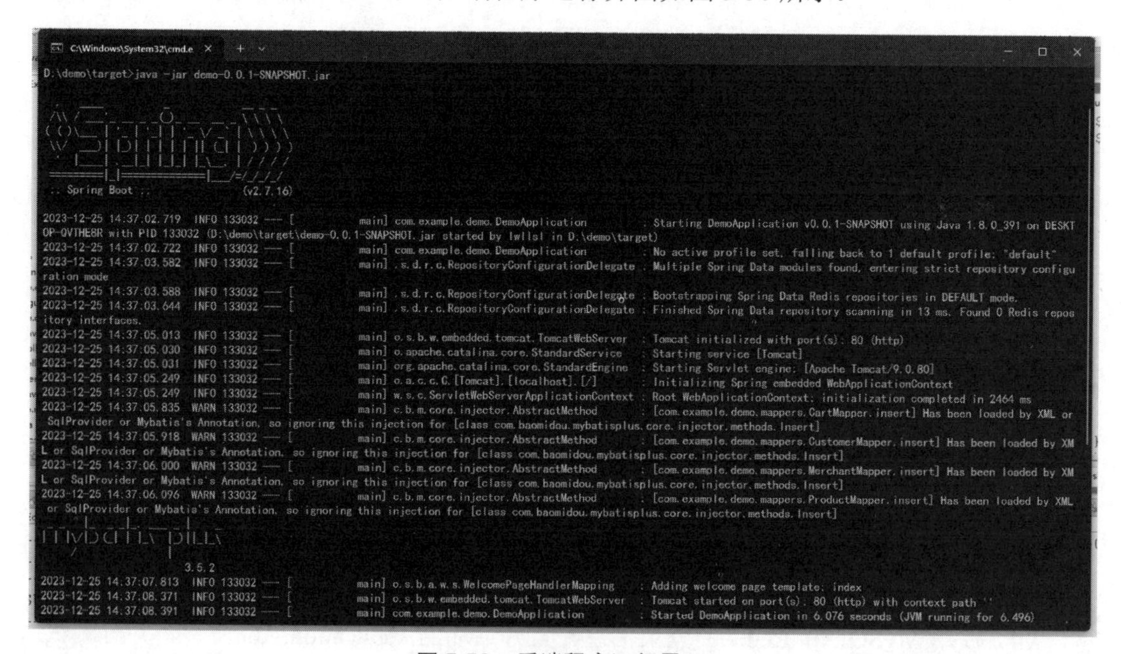

图 5-50　后端程序运行界面